水利水电施工

2019年第6辑

中国电力建设集团有限公司
中国水力发电工程学会施工专业委员会　主编
全国水利水电施工技术信息网

中国水利水电出版社
www.waterpub.com.cn
·北京·

图书在版编目（CIP）数据

水利水电施工. 2019年. 第6辑 / 中国电力建设集团有限公司，中国水力发电工程学会施工专业委员会，全国水利水电施工技术信息网主编. -- 北京 : 中国水利水电出版社，2020.4
ISBN 978-7-5170-8563-8

Ⅰ. ①水… Ⅱ. ①中… ②中… ③全… Ⅲ. ①水利水电工程－工程施工－文集 Ⅳ. ①TV5-53

中国版本图书馆CIP数据核字(2020)第080651号

书　　名	水利水电施工　2019年第6辑 SHUILI SHUIDIAN SHIGONG 2019 NIAN DI 6 JI
作　　者	中国电力建设集团有限公司 中国水力发电工程学会施工专业委员会　主编 全国水利水电施工技术信息网
出版发行	中国水利水电出版社 （北京市海淀区玉渊潭南路1号D座　100038） 网址：www.waterpub.com.cn E-mail：sales@waterpub.com.cn 电话：（010）68367658（营销中心）
经　　售	北京科水图书销售中心（零售） 电话：（010）88383994、63202643、68545874 全国各地新华书店和相关出版物销售网点
排　　版	中国水利水电出版社微机排版中心
印　　刷	清淞永业（天津）印刷有限公司
规　　格	210mm×285mm　16开本　8.5印张　343千字　4插页
版　　次	2020年4月第1版　2020年4月第1次印刷
印　　数	0001—2500册
定　　价	36.00元

位于四川省宁南县和云南省巧家县境内的白鹤滩水电站 1 号机组安装工程，由中国水利水电第四工程局有限公司（以下简称水电四局）承担

正在施工中的白鹤滩水电站，水电四局承担了左岸坝肩开挖、土建，缆机安装运行、混凝土拌和系统及金属结构制安施工

白鹤滩水电站混凝土拌和系统，由水电四局负责系统建设、安装和运营

位于云南省兰坪县境内的黄登水电站工程，水电四局承担了该电站进场公路、坝肩开挖、大坝土建及金属结构安装等施工

位于陕西省佛坪县的引汉济渭三河口水利枢纽工程，由水电四局承建

甘肃省兰州市水源地工程二标段双护盾全断面硬岩隧洞掘进施工，由水电四局承建

西藏自治区拉林高等级公路三标段工程，由水电四局承建

四川省广汉市金雁湖公园桥闸工程，由水电四局承建

青海省玉树市灾后重建康巴风情商街工程，由水电四局承建

甘肃省永靖县刘家峡金河湾大桥工程，由水电四局承建

四川省成都市洺悦玺小区二期工程，由水电四局承建

云南省昆明市晋红高速四标段工程，由水电四局承建

太行山高速公路河北省邢台段沙河 2 号大桥右幅钢混工字梁工程，由水电四局承建

广东省中山至开平高速公路江门段银洲湖特大桥工程，由水电四局总承包

四川省凉山州大跨径“溜索改桥”工程，由水电四局承建

青海省格尔木光伏电站 250MWp 工程，由水电四局承建

广东省阳西沙扒海上风电塔筒，由水电四局制造

水电四局福建省福清装备制造基地

水电四局甘肃省酒泉市装备制造基地

北京至沈阳客运专线辽宁段（阜新市境内）JSLNTJ-9 标铁路工程，由水电四局承建

京沈铁路半截塔特大桥，由水电四局承建

江苏省境内的徐宿淮盐城际铁路 2 标段双沟转体特大桥工程，单个 T 构长 132m、重 9951t，由水电四局承建

湖北省武汉市地铁 11 号线 2 标段光谷七路站采光天窗工程，由水电四局承建

广东省深圳地铁 12 号线桃园站、中山公园站、同乐站等 4 站 3 区间工程，由水电四局承建

由水电四局承建的河南省洛阳市地铁 1 号线 2 站 2 区间工程，正在进行盾构施工

由水电四局承建的河南省洛阳市地铁 2 号线 3 站 2 区间工程，正在进行封顶施工

由水电四局承建的河南省洛阳市地铁 2 号线 3 站 2 区间工程，正在进行盾构机“牡丹 6 号”始发

本书封面、封底、插页照片均由中国水利水电第四工程局有限公司提供

《水利水电施工》编审委员会

前　言

《水利水电施工》是全国水利水电施工技术信息网的网刊，是全国水利水电施工行业内刊载水利水电工程施工前沿技术、创新科技成果、科技情报资讯和工程建设管理经验的综合性技术刊物。本刊以总结水利水电工程前沿施工技术、推广应用创新科技成果、促进科技情报交流、推动中国水电施工技术和品牌走向世界为宗旨。《水利水电施工》自2008年在北京公开出版发行以来，至2019年年底，已累计编撰发行66期（其中正刊44期，增刊和专辑22期）。刊载文章精彩纷呈，不乏上乘之作，深受行业内广大工程技术人员的欢迎和有关部门的认可。

为进一步提高《水利水电施工》刊物的质量，增强刊物的学术性、可读性、价值性，自2017年起，对刊物进行了版式调整，由杂志型调整为丛书型。调整后的刊物继承和保留了原刊物国际流行大16开本，每辑刊载精美彩页，内文黑白印刷的原貌。

本书为调整后的《水利水电施工》2019年第6辑，全书共分7个栏目，分别为：特约稿件、地下工程、混凝土工程、地基与基础工程、机电与金属结构、路桥市政与火电工程、企业经营与项目管理，共刊载各类技术文章和管理文章29篇。

本书可供从事水利水电施工、设计以及有关建筑行业、金属结构制造行业的相关技术人员和企业管理人员学习、借鉴和参考。

编者

2020年2月

目　录

前言

特约稿件

地下工程

混凝土工程

地基与基础工程

机电与金属结构

路桥市政与火电工程

企业经营与项目管理

Contents

Foundation and Ground Engineering

Electromechanical and Metal Structure Engineering

Road & Bridge Engineering, Municipal Engineering and Thermal Power Engineering

Enterprise Operation and Project Management

特约稿件

审稿人：杜永昌

谈大型土石方工程施工作业机群的合理配置

吴高见/中国水利水电第五工程局有限公司

【摘　要】 本文针对大型土石方工程施工机群作业，从机群成套、流水作业方式和实现最佳协调方面，提出了机群作业中主导机械、配套机械、辅助机械合理配置的原则、程序、方法及机群系统费用综合比选优化等途径，可指导机群作业机械设备合理配置。

【关键词】 大型土石方工程　机群作业　机械配置　效率

1　引言

进入21世纪以来，随着我国基础设施建设的快速发展，超高土石坝、高填方道路、大型机场等大型土石方工程数量越来越多，规模越来越大，对施工进度、工程质量和成本控制等的管理提出了更高的要求。作为工程施工的重要资源，机械装备不仅在实现项目施工作业信息化、数字化、智能化和促进项目施工管理规范化、标准化、专业化方面具有重要的基础作用，在加快工程项目的施工进度，提高作业效率，降低劳动强度，保证工程质量，实现经济效益等方面也具有不可替代的保障作用。随着工程施工机械化、信息化水平逐年提高，施工机械费用占整个施工费用的比重已达30%～35%。大型工程施工项目，机械化施工所要求的机群联合作业已成为常态，它不仅要求组成机群作业的各种机械具有良好的技术经济指标，而且要求各组成机械相互间在技术参数、工艺方法等方面具有最佳的协调性。怎样以最低的投入、最短的时间、最好的质量完成工程建设，机械设备的合理配置至关重要。

2　施工机械配置任务及原则

成套、流水作业是机群作业机械组合的理想作业模式。施工机械配置应是系统的、组合的、动态变化的，贯穿于施工初期、高峰期和后期等阶段，包括在不同阶段的设备来源、补充方式、工完退场等内容。

2.1　配置任务

大型机械化施工所需技术装备的种类、规格和数量繁多，各种机械又有其自身独特的技术性能和作业范围，某种机械可能有多种用途，可完成多种作业内容；某项施工内容可以采取不同的机械来完成，或选用不同的机械组合来完成。

对于某一具体工程项目施工作业来说，在多种施工机械组合中，总有一种或几种是控制施工进度和施工质量的机械，称之为主导机械。直接配合主导机械形成配套的作业组合一起完成施工作业的机械称之为配套机械。为保障主导机械、配套机械正常作业而配置的保养维修机械、动力供应设备，以及为维护现场环境、道路交通、指挥通信等配置的服务型机械设备称之为辅助机械，如加油车、空压机、发电机、变压器、材料配送车、洒水车、扫雪车、护路车等。

主导机械的主要特点：①控制着施工进度，其生产率对整个流水作业的效率至关重要，当其因故停产时流水作业停止；②控制着施工质量，其工作状况的好坏，直接影响工程质量；③数量较少，仅一种或几种，除备用机械外无替代机械。配套机械直接配合主导机械共同作业且数量众多，少数机械因故停产时对流水作业影响不大。辅助机械是为主导机械、配套机械提供保障服务的设备，一般不直接参与机群作业和占用工序作业时间。

施工机械配置的任务即是确定机群作业中主导机械、配套机械和辅助机械的型号、性能、数量，使其能够满足进度、质量要求，且系统效率最佳，综合费用较低，管理简便易行。

2.2 配置原则

机械设备配置应符合先进性、适用性、可靠性、安全性、合理性、易维修性、经济性等原则。按照技术先进、生产适用、性能可靠、使用安全、经济合理、操作和维修方便，因地制宜，结合工程特点科学合理地进行配置。

机械配置的基本原则：

（1）主导机械及配套机械都应充分满足工程项目所给定的施工内容、工艺条件及水文地质、气候气象等环境条件。

（2）主导机械的生产能力及数量应与工程量、工期进度、施工阶段相适应，主导机械应性能稳定，故障率低，最高配置时应能满足最大施工强度的要求。

（3）配套机械的生产率（考虑到机型的规格、经济运距或经济转角）、技术参数等应保证主导机械最有效地工作。

（4）配套机组应能保证施工过程的连续性及可靠性。

（5）辅助机械应能保障主导机械、配套机械的正常施工。

（6）组成某一施工机群中的机械组合数量应是最少的。

（7）应尽可能选择标准化、系列化的同厂家产品，并保持合理的机械及零配件储备。

（8）机械在施工区段上的配置应避免干扰。

除了上述原则，有时还须考虑到节能环保及设备来源等其他方面。一般来说，企业自有设备可作为机群作业的主导机械和基本的配套机械，市场租赁机械可作为高峰期机械设备补充来源。

符合施工作业内容、施工工艺规定和地质、气候、经济运距以及工程相关的各种条件，是机械合理配置的前提。只有当机械特性最佳地适应这些要求，才能充分发挥机械各自的效能和机群整体效益。特殊的如湿地、沙地、多雨环境下黏土地区、高海拔高寒缺氧地区、高热沙漠地区等的施工机械配置都应符合施工机械适用具体环境的特殊要求。

3 施工机械配置程序及方法

3.1 机械合理配置的程序和内容

3.1.1 机械合理配置程序

机械的合理配置，一方面要按工艺及其他作业条件选择机械的组成，从而形成可行的机群系统；另一方面要对各种可行机群组合方案进行优化，从而确定出最佳机群系统。机械合理配置的主要程序有：

（1）计算工程量，明确工程规模、施工强度、施工工艺规定、质量要求、施工工期等。

（2）收集拟选用机械在理想工作状态下的最佳机械性能、用途及运行要求，如机械相对位置、行走路线等。

（3）确定主导机械及配套机械。

（4）选定各种机械组合方案。

（5）对可行方案进行技术经济分析，确定最佳机群配置方案。

（6）确定机械化工艺流程图。

（7）确定机械进场计划和配件供应计划。

3.1.2 机械合理配置内容

大规模的机械化施工，多是两种以上的机械进行配合作业，一机多用或采用不同的机械组合来进行，机械化施工机群组合的合理匹配是发挥机械设备效率的重要因素。机群合理匹配一般围绕以下四方面内容进行：

（1）同一种施工机械型号及数量的选择。

（2）需要两种以上机械配合作业完成的某一工作的机械型号、数量的选择。

（3）采用不同的机械组合方案完成某一工程时，对不同组合的机械型号、数量的选择。

（4）确定完成工程所需的机械种类、型号、数量以及组合的类型和组合数。

3.2 机械设备配置的方法

3.2.1 作业方式的选择

流水作业的机械组合中有并联和串联两种组合方式。在机械的并联组合方式中，各组成机械的工作相互独立，机群中某一机械停运，不会导致施工过程全面停止；而在机械的串联组合方式中，各组成机械的工作互相联系，形成生产链，某一机械的停运，将会导致整个施工过程的中断，且整个机群作业的生产率取决于生产能力最小的机械。因此，机群作业在可能情况下宜优先采用机械并联组合作业，以保持施工作业的连续性。由于机群作业的总效率等于组合机械效率的乘积，当机群组合的机械数量过多时，不仅需要较多的人力、物力，造成工作面的拥挤，产生机械间干扰，而且会使机群总效率降低，故机械组合数量也不宜过多。选择标准化、系列化同厂家产品，将有利于机械维护、维修管理工作，并使得操作人员、维修人员培训和易损件备件备存等一系列工作大为简化，节省各项费用。由于施工中的机械故障和施工组织等原因，会造成停工现象而严重影响施工进度和施工效率，在某些情况下还会使施工质量下降。因此，机械化施工应保持一定的机械储备，以维持机群的配套性、施工的连续性。

3.2.2 主导机械配置及其定量化

施工机械配置问题，首先要研究主导机械的配置，这是机群合理配置的关键。主导机械的选择在本质上是工艺的选择，决定了其他次要工序的大部分内容以及机械化施工的方法。如：挖掘机斗容的选择基本决定了石料爆破块度要求及运输车辆配置容积等参数；光碾振动碾或凸块振动碾的选择应与填筑料（砂土、砂卵石、块石、黏性土等）相匹配。主导机械对于工程的施工质量、施工进度和经济效益起到重要的作用，因而主导机械的性能参数必须符合工程规模、工程质量、施工工期等方面的要求。

施工机械配置的定量化主要用于主导机械。主导机械的需用量与施工强度关系为

$$q=\eta T(n_1\mu_1F_1+n_2\mu_2F_2+n_3\mu_3F_3) \tag{1}$$

式中 q——月施工强度，m^3/月，最高配置时采用高峰月施工强度 q_{max}；

η——机群作业机械的利用率，一般取85%；

T——月实际施工天数，d，可按25d取值，也可按 $T=kt$ 计算，t 为月日历工期，k 为假日及不良气候影响系数；

n_1、n_2、n_3——每类主导机械需用数量，台；

F_1、F_2、F_3——每类主导机械的额定生产能力，m^3/d；

μ_1、μ_2、μ_3——每类主导机械的生产率，可按其机械状况取值，一般取95%。

定量化公式是以主导机械相互独立投入生产、作业内容相同、发生故障能及时修复等为条件，未考虑机械的故障率及现场修复能力不足等。

3.2.3 配套机械及辅助机械的配置

配套机械的生产能力应保证主导机械最大效率的工作状态。每个主导机械的配套机械数量可用下列公式进行计算：

$$n=\frac{\alpha F}{\beta f} \tag{2}$$

式中 n——配套机械的数量，辆或台；

F——主导机械的额定生产能力，m^3/d；

f——配套机械的额定生产能力，m^3/d；

α——均衡系数，一般取0.7；

β——配套机械出车率，按实际状况取值，一般取95%～100%。

各个主导机械的配套机械数量之和即为配套机械的总和。为充分发挥主导机械的生产效率，一般配套机械的生产率应超配10%～15%。

辅助机械可为主导机械、配套机械单独配置，保障其正常工作，也可与其他作业共同配置、协调使用。

3.3 机群系统费用优化的方法

施工机械的经济性选择的基础是施工单价，主要与机械的固定资产消耗、运行费用等因素相关。采用大型机械进行施工，虽然一次性投入大，但可以分摊到较大的工程量当中，对工程的成本影响较小。在选用机械时应权衡工程量与机械费用的关系，同时考虑机械的先进性和可靠性，这是影响经济效益的重要因素。

优化选择可采用富余系数法、排队理论、灰色关联度分析法、费用折算法、时间-费用目标模型法、基于粒子群算法的机械配置模型，从费用最低、效率最高、工期最省等方面为优化选择提供依据。

富余系数法是施工机械配置的生产能力相对于施工所需的生产能力的比值，是指施工连续进行并保证机械设备充分发挥生产效率时，要求各工序机械的富裕系数（不小于1）之差值最小。但在高海拔地区气压低、空气稀薄、氧含量减少对机械设备功率有较大的影响，沙漠地区的施工有效天数减少，材料松散行驶困难，空滤使用周期变小，设备磨损增加，出勤率降低15%～20%，机械效率下降10%～20%，设备配置必须考虑一定富裕系数。

排队理论又称随机服务系统理论。根据排队理论，可以把土石方装运卸系统运行过程看作是一个排队服务系统的运行，自卸汽车相当于服务对象，挖装设备相当于服务机构以及一定的排队规则。由于各挖装机械的工作是相互独立且平均服务率相同，因此整个服务机构的平均服务率与系统的状态有关。服务机构的服务强度与车辆平均到达率成正比，与服务机构个数和平均服务率成反比。建立以挖装机械全部空闲概率、平均排队长、平均队长、车辆排队时间平均值、车辆逗留时间为变量的开挖料场排队模型，进行系统设计静态优化（在一定的质量指标下要求系统最为经济）和系统控制动态优化（在给定的系统下进行运营规划以使目标函数最优）。

灰色关联度分析法是把多个机械配置方案中的“配置方案”视为一灰色概念，认为基于单个评估指标所进行的分析和综合过程，是一种在信息不完整的情况下进行的综合判断，需用灰色关联度来描述这一过程。灰色关联度实质是比较其数据与曲线的几何形状接近程度。在机械设备配置中，认为任何一种机械配置方案都会有对应的质量、工期和成本，一个机械配置方案便组成了该项工程所有可能的机械化施工机械配置方案集，根据配置方案的特点，把反映机械配置合理的指标进行分类、归纳，构成评估目标层、评估准则层、评估指标层三个评判层次，并根据他们的关系建立灰色关联度评估基准的数学模型，分析计算灰色关联度值，并进行排序，从中选出最佳配置方案。

费用折算法是通过一定的换算方法，将全部投资与运行成本换算成可比费用而进行方案比优的一种方法。它是以取得施工机械单位折算费用最小值的那种配置方案为最优方案，兼顾了施工机械的投资因素和使用成本。折算费用法的特点就在于它把一次性投资折算成为单位费用，从而可以与单位生产费用相加，形成一个新

指标，称之为折算费用，解决了投资与成本优劣发生矛盾时，各方案进行比较时的计算简化。单位折算费用能够充分地反映施工机群配置及其作业组织的技术水平。

时间-费用目标模型法是以施工工期、施工费用随施工机械设备数量增减而变化规律为依据而建立的，当施工机械设备增加时，工期在缩短而费用在增加，工期目标与费用目标可能出现矛盾。如何进行机械设备合理配置使得工期与费用总目标达到最优，是一个多目标优化问题。

粒子群算法是一种群体智能优化方法，它具有对目标问题要求不高、收敛速度快、全局搜索能力强等特点。针对工程施工中机械配置问题，粒子群算法应用中设计了以机械的型号和数量为自变量，以基于动态权重系数的时间-费用目标为评价函数的求解过程，在分析机群运行系统特点的基础上，构建基于排队论的机群运行系统过程仿真模型，通过模型的运行得到每个配备方案的总费用、总工期等指标；利用多目标优化理论，改进以时间-费用为目标函数的机械配置模型，引入动态赋权法，实现随机分配目标权重系数。利用粒子群算法求解，分析优化效果，提供多种优化配备方案；建立机械配备管理系统，为仿真工程机械配备的初始化方案提供依据。

机械设备配置另外还可采用隐枚举法、模糊综合评判法等方法。

4　土石方施工机械配置要素分析

不同生产厂家、型号性能、新旧程度的机械，以及企业自有或市场租赁等不同来源的机械，决定了机械的完好率状态和生产率水平，是机械配置的物质基础；先进的施工方案和施工工艺，是机械化施工先决条件，机械的合理选型与配置及机群的优化组合在一定条件下是影响施工效率的关键因素，决定着机群的作业能力和质量；操作人员的技术水平和精神状态是机群高效施工的重要影响因素；科学的机械维护制度和较高的维修技术是保障机群作业连续性、节奏性的重要条件；严密的施工组织与管理措施，是施工协调、有序、稳定运行及机群效率的重要保证。

4.1　工程与结构特征

工程与结构特征决定了施工的内容和限制条件，而施工内容是选择土石方机械的主要依据，这种选择一般是基于正常的施工条件下的施工经验或成熟的施工工艺进行的初步机械设备选择。如进行大坝堆石料场开采、运输及填筑碾压作业会选择凿岩钻机、散装炸药车、挖掘机、自卸汽车、推土机、振动碾等设备；大坝土料厂开采、运输及填筑碾压作业会选择挖掘机、自卸汽车、推土机、平地机、振动碾等设备。路基、机场的土石方装运及挖填方的压实整形作业会选择挖掘机、推土机、铲运机、自卸汽车、平地机、光轮压路机、振动压路机等。

设计结构和设计指标的限制或要求对土石方机械配置至关重要。如陡坡结构上的削坡作业机械运行应安全稳定；硬岩堆石料压实需要选择重型振动碾，而软岩堆石料则要选择中、小型振动碾，以防石料二次破碎。

4.2　工程量及工期

当工程量大、工期短、施工强度高而集中时，应优先选择大型、专用履带式机械；工程量小而分散时，应选择中、小型和机动性好的轮式机械。如对于1.5～3m^{3}以上不同斗容的挖掘机，月施工强度可达3万～15万m^{3}不等，最小工作量范围则以2.5万～4万m^{3}更适宜或更经济。

4.3　气候和水文地质环境

在低温条件下使用的土石方机械，应考虑被选机械的有关系统或装置的低温性能；在高温气候条件下使用的土石方机械，应考虑被选机械的散热能力；泥泞区域或雨季应选用湿地式机械，至少应选用履带式机械或越野性能好的轮胎式机械。

在高寒缺氧的高原地区作业的机械设备，其机械效率将会下降，应考虑选择专用设备。沙漠地区作业的机械设备可能会因为风沙等原因，磨损增加，因而对机械的各机构密封效果带来考验。

4.4　现场地形与环境条件

4.4.1　岩土等级

岩土的状态和性质是选择施工机械的重要依据。按16级分类法，一般Ⅳ级以下土体可用机械直接开挖；Ⅴ级、Ⅵ级、Ⅶ级要辅助爆破法才能开挖；更高级别的则必须采用爆破法。

4.4.2　工点位置

如用推土机修筑半挖半填的傍山坡道，应选用活动铲推土机；在相对平整的地段上作业，可选用固定铲推土机。挖掘机挖掘地面以下物料时，宜选择反铲挖掘机；挖掘地面以上物料时，一般选择正铲挖掘机。

4.4.3　运送距离

运送距离是选择施工机械的主要依据，各种土石方机械都有合适的运距。如推土机的运距在100m内较合适，运距在30～50m内经济性最佳；运距在50～200m内可选用装载机；铲运机可以独立完成土方的挖、装、运、卸及粗平压实作业，是一种效率较高的铲土运输机械，运距在100～500m内选用拖式铲运机，运距在400～2000m范围内选用自行式铲运机；运距在100～3000m或更长时，选用挖掘机/装载机与自卸车配合作业效益更好。一般根据经验数据，在现场条件具备时，可按表1进行选择配置。

表1　经验性土石方施工机械配置方案

路基土石方情况	运距/m	机械配置
从路基单、双侧取土填筑	≤80	平地机、推土机、压路机
从专用取土场取土填筑	≤800	铲运机、平地机、压路机
	>800	挖掘机或装载机+自卸汽车、平地机、压路机
移挖作填	≤80	推土机、平地机、压路机
	≤800	铲运机、平地机、压路机
	>800	挖掘机或装载机+自卸汽车、平地机、压路机
半挖半填	≤80	推土机、挖掘机、铲运机、压路机
往路基两侧堆、弃土	≤80	推土机、平地机、压路机
	≤800	铲运机、平地机、压路机
往专用弃土场堆、弃土	>800	挖掘机或装载机+自卸汽车、平地机、压路机

4.5　工序和作业方式

工序是组成生产过程的基本单位，工序可分为开挖、运输、填筑、碾压等。作业方式有单机作业、多机联合作业和人、机、爆综合作业。多机、多工序作业时，应以主体土石方机械的作业能力为基准选择，并保证配套协调；如装载机/挖掘机与自卸车配合，应分别以2～3斗或3～4斗装满一车为宜。

4.6　机械用途和性能

土石方施工机械的种类繁多，熟悉了解各种土石方机械及其性能是进行机械配置的基础。

4.6.1　机械用途

按土石方机械用途选择机械时，必须熟悉和了解各种土石方机械并严格按照其使用范围进行选择，避免因改变其设计用途而影响施工效率和施工安全。对于挖掘为主的作业应选用挖掘机；铲运土体并平整的作业应根据作业场地大小选择推土机或者铲运机；路基构筑的平整作业可以视情况选用平地机或推土机等。

4.6.2　机械性能

按土石方机械性能进行机械选择，必须熟悉和了解各种土石方机械的性能及其生产能力。若土石方机械长期低速、小负荷运转，不仅机械的性能不能得到充分发挥，而且还会造成磨损加剧，储备磨耗小时减少；若超速、超负荷运转，将大大缩短机械的寿命，甚至发生事故，因此所选土石方机械的性能应与工况相适应。下面就典型凿岩机、挖掘机及振动碾依设备性能进行生产能力的分析计算。

（1）凿岩机生产能力可根据岩石硬度、磨蚀性及钻孔直径、深度等按下列公式进行计算：

$$F_b = 0.6\lambda_b v_b T \tag{3}$$

式中　F_b——凿岩机台班生产能力，m/台班；

T——凿岩机工作时间，h，一般取8h；

λ_b——凿岩机时间利用系数，可取0.6～0.4；

v_b——凿岩机钻进进度，cm/min，按实际情况选取。

其中，凿岩机钻进进度还可近似地用下列公式进行计算：

$$v_b = \frac{400k\rho a}{\pi D^2 E} \tag{4}$$

或

$$v_b = 3.75\frac{P\gamma}{Df} \tag{5}$$

式中　v_b——凿岩机钻进进度，cm/min；

ρ——冲击功，kg/m；

a——冲击频率，次/min；

D——钻孔直径，mm；

E——岩石凿碎功比耗，kg·m/cm³；

k——冲击能利用系数，可取0.6～0.8；

P——轴压，t；

γ——钻头转速，r/min；

f——岩石坚固性系数。

（2）挖掘机生产能力可根据其物料形态、斗容、作业循环时间等参数按下列公式计算：

$$F_c = 3600\frac{k_1\lambda_c TV}{k_2 t} \tag{6}$$

式中　F_c——单斗挖掘机台班生产能力，m³；

V——挖掘机铲斗容积，m³；

k_1——挖掘机铲斗满斗系数；

T——挖掘机台班工作时间，一般为8h；

λ_c——台班工作时间利用系数，一般取0.8；

t——挖掘机铲装作业循环时间，s；

k_2——岩土在铲斗的松散系数。

不同坚固性系数的岩土，其物料工作系数及作业循环时间可参见表2和表3。

表2　物料工作系数

岩土坚固性系数 f 或种类	物料工作系数	
	满斗系数 k_1	松散系数 k_2
湿黏土	1.00～1.10	1.00～1.10
土砂	0.95～1.00	1.10～1.23
2～5	0.90～0.90	1.23～1.33
5～6	0.85～0.95	1.33～1.40
6～8	0.75～0.85	1.33～1.40
>8	0.75～0.85	1.45～1.50

表 3　　作业循环时间　　单位：s

岩土坚固性系数 f 或种类	铲斗容积/m^3				
	1	2	4	6	8
湿黏土	30	32	34	37	39
土砂	30	32	34	37	39
2～5	32	34	36	39	41
5～6	34	36	38	41	43
6～8	36	38	40	43	45
>8	38	40	42	45	47

装车循环时间与操作手熟练水平、装车角度有很大关系。较好的操作手可控制在22s左右，不熟练的操作手一般要28s左右。以22s来计算，2.72次/min，理论上168次/h循环。如果装车角度控制在90°以内，一般回转时间为8s以内。如果在90°以上则回转时间会在10s左右。两次回转则会多耗4s。增加油耗的同时降低了效率。另外减少容积损失也是较好的措施，铲斗上沾满泥土不仅耗油，又降低了装满系数。合理的爆破程度，加上良好的铲斗情况会提高每斗的装载容量。

（3）碾压设备生产能力可按碾压长度、碾压宽度、铺料厚度、碾压遍数、行驶速度等按下列公式进行计算：

$$F_z=3600\frac{\lambda_z TLh(b-c)}{m\left(\frac{L}{v}+t\right)} \tag{7}$$

或

$$F_z=3600\frac{\lambda_z Tvh(B-c)}{m} \tag{8}$$

式中　F_z——振动碾台班生产能力，m^3/台班；

L——碾压区段长度，m；

B——碾压区段宽度，m；

b——碾压带宽，m；

c——碾压搭接宽度，m；

h——碾压层压实厚度，m；

m——碾压变数，遍；

v——碾压行驶速度，一般按碾压试验参数选取，m/s；

T——台班时间，h，可取8h；

λ_z——台班工作时间利用系数，一般取0.8；

t——转弯、调头时间，s，一般按实际测试取值，无测试时可取20s。

4.7　配置的经济性

两种以上土石方机械都可完成同一任务时，应比较其完成任务的经济性，尽量选用作业效率高、成本低的机种；若工程量较大、工期较长，而且电力供应能保障，为充分发挥机械效能和便于管理，选用较大功率的电动机械则更为适宜。

以某一挖运工程量为15万m^3的工程为例，可以有多个机械配套方案，见表4。

表 4　某工程不同机械配套组合的土石方单价

方案序号	机械组合	台班产量/m^3	单机台班费用/元	组合台班费用/元	土石方单价/(元/m^3)
1	1.0m^3挖掘机1台、6.5t自卸车4台	330	1200	4000	12.12
			700		
2	2.0m^3挖掘机1台、12t自卸车4台	700	1600	6400	9.14
			1200		
3	3.0m^3挖掘机1台、20t自卸车4台	1200	2400	8800	7.33
			1600		

从表中可看出，不同组合方案单方成本是有差别的。以15万m^3工程量计算，采用第3方案比第1方案可节约150000×(12.12－7.33)＝718500元，可提前150000/330－150000/1200＝329个台班完成任务。当然机械购置投入及使用时间跨度也是需要综合考虑的重要方面。

如在同一作业点有多种作业需要完成，为减少投入机械台数和提高机械作业范围，最好选用多功能土石方机械。在同一个作业点实施同样任务的土石方机械，尽量选择同一种类同一型号的机械，以便于管理、维护和油料、配件的供应。

所以，施工机械的合理配置应以经济效益为中心，结合工程的实际特点，认真分析工期和工程量、工程特征和结构限制、设计限制、地质水文及气候限制、现场地形道路条件、资源供应等诸多要素进行综合分析确定。

5　结语

大型土石方工程施工机群作业机械配置是一项十分重要又十分复杂的工作，需要有施工技术、机械运维、经营管理、生产管理等多学科的基础与专业知识、丰富的工程实践经验，需要利用现在科技手段处理并分析大量数据和信息，从而找到更科学合理的组合方案。不同作业方式的选择，决定着不同的机械配置方案，不同的机械配置方案决定了不同的机群作业的工程质量、施工效率和施工成本，有时甚至可以决定一个工程施工履约的成败，应予以足够的重视。

关于在深化国有企业改革中构建容错纠错机制的思考

何建东/中国电力建设集团有限公司

【摘　要】党的十九届四中全会提出要深化国有企业改革，完善中国特色现代企业制度，在市场竞争中增强国有经济的竞争力、创新力、控制力、影响力、抗风险能力。国有企业作为中国特色社会主义的重要物质基础和政治基础，当前正处于全面深化改革的关键时期，迫切需要一批敢担当有作为的干部。而随着国有企业改革不断向纵深发展，改革的风险与日俱增，在全面从严治党的新形势下，部分国有企业干部出现了工作畏难、求稳怕乱、担心干多错多被追责、不作为、不敢为的现象。本文以习近平总书记的重要讲话精神为指导，围绕容错纠错机制的建立进行了问题梳理与原因分析，提出了对策及建议。

【关键词】容错纠错　机制　构建　对策

2016年1月，习近平总书记在省部级主要领导干部学习贯彻党的十八届五中全会精神专题研讨班的讲话中指出："要把干部在推进改革中因缺乏经验、先行先试出现的失误和错误，同明知故犯的违纪违法行为区分开来；把上级尚无明确限制的探索性试验中的失误和错误，同上级明令禁止后依然我行我素的违纪违法行为区分开来；把为推动发展的无意过失，同为谋取私利的违纪违法行为区分开来。"

为认真贯彻习近平总书记提出的"三个区分开来"要求和党的十九大精神，2018年5月，中共中央办公厅印发了《关于进一步激励广大干部新时代新担当新作为的意见》（以下简称《意见》），要求各地区各部门建立健全容错纠错机制，严肃查处诬告陷害行为，宽容干部在改革创新中的失误、错误，切实为敢于担当的干部撑腰鼓劲。但在具体实践过程中，由于部分企业及干部认识上的模糊、把握执行容错纠错政策不准确等问题，一定程度上造成部分干部不作为、不敢为的局面还没有根本扭转，干部干事创业的担当精神由此得到激发的效果并不明显。需要认真梳理存在的问题，深入分析原因，并提出有针对性的改进措施。

1　目前国有企业实施容错纠错机制中的主要问题

（1）当前国有企业改革已进入深水期、攻坚期，各类矛盾错综复杂，群体利益诉求纷繁多元，面对新形势新挑战，一些干部大胆改革、锐意创新，势必会打破原有利益格局，触动到少数人的利益，从而受到质疑、攻击甚至是诬告。由于这些负面舆论极易发酵，即便澄清也需要过程及时间，容易使干事创业的干部背负较大的思想压力，甚至产生不敢为、不作为的消极情绪。

（2）随着全面从严治党向纵深推进，对干部履职行权公开化、透明化的要求越来越高，围绕国有企业安全生产、环境保护、投资经营决策等方面的追责问责力度日渐加大，一些干部不能适应发展新理念新形势，在工作中变得手足无措、谨小慎微，一种新的懒政怠政现象悄然而生，"多干多出事、少干少出事、不干不出事"的消极心态在部分干部的思想中比较普遍。

（3）客观来讲，目前国有企业容错纠错机制实施仍处于摸索阶段，机制还不够完善，氛围和环境尚未形成，运用容错纠错的成功典型案例较少，正向宣传和激励不足；部分企业政策把握不够精准，能容敢纠的信心不足，实践中出现"操作性困局"，干部干事创业的担当精神由此得到激发的效果并不明显。

2　造成上述问题的原因分析

（1）对容错纠错机制的内涵认识理解不准确、不全面。在企业层面，虽然多数企业能够认识到容错纠错机制对于激发干部干事创业精神有很好的正向激励作用，但一提起容错纠错，有的企业还习惯于只讲厚爱不讲严管，只注重激励作用而忽视了约束作用，对有能力、有业绩的干部出现失误和错误时，片面强调“容”而忽视了“纠”，事实上形成了“一俊遮百丑”，一定程度上放任了错误。在党员干部层面，部分党员干部错误地认为容错纠错机制的提出是“护身符”和“挡箭牌”，从而未在工作理念、工作方式等方面进行积极转变，仍习惯按传统思维和惯性思维做事，履职过程中经常会出现同类错误纠正了再犯或错上加错。

（2）对容错纠错机制的贯彻落实不够细化有效。主要表现在：有的企业对建立容错纠错机制还停留在照搬上级制度层面，未结合企业实际制订相关细化落实措施；有的企业虽在组织层面上成立了工作机构，印发了相关制度，但在具体实施中，由于工作流程不明确、界限不清晰、研判认定的标准不够全面客观，一方面造成在容错纠错时拥有较大的自由裁量权，结果容易引发争议；另一方面在容错纠错时会久议不决、难下结论，使被容错对象承受较大的思想压力；有的企业忽视容错纠错等配套制度的建设，未能将容错纠错机制的相关要求细化内嵌入企业选人用人、绩效考核、生产运营等关键环节；有的企业仍处于传统的粗放式发展阶段，制度化、规范化的问题还没解决，尚不具备实施容错纠错的工作基础。

（3）容错纠错机制的认定主体不明确、专业能力有待提高。《意见》明确：各级党委（党组）及纪检监察机关、组织部门等相关职能部门是容错纠错的主体。但在具体实施中，有的企业将容错纠错的职责全部推给了纪委，其他相关主体发挥作用的效果不够明显；有的企业容错纠错主体由于专业能力限制，要么在容错纠错时自由裁量权过大，只容不纠、过度容错，要么偏于谨慎，不敢容错、不会纠错；同时由于容错纠错机制是一项缺乏前例经验可循的工作，相关认定主体在容错纠错研判协商时经常会出现看法不一甚至相互矛盾的情况，造成实践中同类事项尺度把握的不一致。

3 关于深入推进容错纠错机制实施的对策

3.1 深刻理解、准确把握容错纠错的制度设计内涵

健全容错纠错机制，是认真贯彻习近平总书记提出的“三个区分开来”要求的重要举措。“三个区分开来”体现了容错纠错应该遵循的原则，是开展容错纠错的关键和前提，要深刻理解和准确把握。一是“三个区分开来”的鲜明导向是保护改革者、支持担当者，鼓励创新、宽容失误，要准确把握其边界和尺度，具体来讲要坚持“四看”标准，明辨“无心”还是“有意”、“无禁”还是“有禁”、“为公”还是“为私”、“遵纪守法”还是“违法乱纪”，同时在判断具体事项时，不能孤立地去依照一个标准，而是要去综合评判，综合考虑动机态度、客观条件、程序方法、性质程度、后果影响以及挽回损失等情况。二是要深刻理解容错纠错机制是“一枚硬币的两面”。容错是纠错的前提，没有容错作为前提的纠错很可能会限制干部的履职行权和创新担当精神，纠错有助于更好地容错，没有纠错作为补充的容错很可能演变为权力的自我免责与包庇；容错与纠错必须要统筹兼顾，否则就会背离制度设计的初衷。三是要深刻理解容错纠错机制的目的虽然是帮助干部对已发生的失误错误主动采取补救措施，激浊扬清，让担当有为者有位。但容错不是纵容，不等于什么错都可以容，也不等同于免责。容错是在纪律法律框架内的容错，必须要坚持在依纪依法的前提下容错，划定可容的“边线”和坚决不容的“红线”“底线”。

3.2 切实增强容错纠错的研判能力

一是要把坚持党的领导贯穿于企业容错纠错的全过程，着力强化党组织的领导和把关作用，使纪检监察与组织等相关职能部门密切协作配合，建立沟通会商机制，实行集体研判和集体决策，防止在容错纠错尺度和界限把握上出现不一致的问题。二是要进一步细化完善容错纠错操作落地机制。要进一步明确清晰工作流程，细化申请、核实、认定、处理、反馈、免责等实施环节，规范容错纠错的实施程序；要鼓励探索创新、主动作为，各企业应结合本单位重点工作和发展目标，按照政策要求，制定本单位容错纠错正面清单和负面清单，并对清单实行动态化管理，根据政策和形势变化及时调整，确保容错纠错的针对性和有效性；对复杂问题或当事人主动提出的容错纠错研判，必要时建立听证制度，邀请有关专家和职工代表共同参与，认真甄别，准确研判，妥善处置。三是纪检监察机关作为落实容错纠错机制的重要部门，要正确处理好执纪问责与容错纠错之间的关系，对执纪追责对象提出容错纠错申请的，应将容错纠错与责任追究同时启动，提升处理能力。对于出了问题后还拿容错纠错机制来开脱，实质为不担当、不作为、乱作为的干部，对其逾越容错“边线”的违纪违法行为必须要严肃查处，确保容错在纪律红线、法律底线内进行，防止其混淆问题性质，拿容错当“保护伞”。对于已经查明可以容错免责的干部，要注重在政治上激励、工作上支持、待遇上保障、心理上关怀，及时为其消除有关负面影响。同时，要严肃查处诬告陷害行为，及时为受到不实反映的干部澄清、正名；要重视容错纠错案例收集整理工作，尽快积累和推出一批典型案例，以案析理、以案引路，以案例来推动容错纠错机制细化实化具体化，为企业全面深化改革营造风清气正的政治生态。

3.3 推动容错纠错机制及理念融入企业改革发展各环节

一是要大力营造落实容错纠错机制氛围。通过层层

宣讲、专家解读、政策培训、案例解析等形式，及时把容错纠错重要意义和具体内涵传递给每名党员干部，使各级党组织精通容错纠错机制、每名干部熟悉容错纠错机制，增强干部适应新时代发展要求的能力，注重培养干部担当作为的专业作风、专业精神，进一步消除改革创新者的“畏惧”心理，营造宽松、宽容、和谐的干事创业环境。二是要强化事前防错。多措并举提升企业精细化管理水平，明规矩于前、严约束于后，对干部工作中出现的苗头性、倾向性问题，及时掌握动态，有针对性地教育引导，早发现、早纠正，及时帮助干部汲取教训、改进提高，并使他们放下包袱、轻装上阵。对于干事创业者受到明显属于主观臆测、恶意举报的，在履行集体研判审议机制后，高效进行处置，及时在一定范围内予以澄清，防止好干部被“污名化”，保护他们的创新担当精神。三是要坚持以人为本，探索创新完善干部考核评价机制，切实通过考核评价的激励与约束导向，解决干部“干与不干、干多干少、干好干坏一个样”的问题。要通过合理设置考核指标，突出政治考核、作风考核和业绩考核，引导干部牢固树立正确业绩观，力戒形式主义、官僚主义。要运用好干部考核结果，真正使考核结果与干部的选拔任用、评先奖优、治庸治懒、问责追责、能上能下等挂起钩来，树立鲜明用人导向，大力选拔敢于负责、勇于担当、善于作为、实绩突出的干部。四是要进一步健全完善相关配套制度，特别是围绕三重一大决策制度，围绕企业改制重组、产权变更与交易、工程招投标、物资采购、资金管理、海外业务、履职待遇、商务接待和业务支出等重要领域和关键环节，制定权力清单，明确哪些可以为、哪些不能为、哪些必须为，做到规章制度明、政策界限清，并不断结合实践中遇到的新问题，及时完善制度、创新制度，通过加强制度建设，为广大干部干事创业提供有力的制度保障。

4 结语

容错纠错机制是新时代推进改革创新的必要举措。对此，应深刻理解容错纠错机制对推动国有企业深化改革、高质量发展的重要意义，按照问题导向，查找差距不足，深刻剖析原因，在推动容错纠错机制理念宣贯、操作实践、经验总结等方面出实招、求实效，为推动国有企业改革发展进一步释放活力、提供动力。

参考文献

[1] 赵迎辉. 建立干部容错纠错机制需把握的几个问题[J]. 学习时报，2018-06-25.

[2] 蔡新燕. 落实容错纠错机制要避免三个“不平衡”问题[J]. 群众，2018 (18).

审稿人：常焕生　秦健飞

白鹤滩水电站大坝泄洪深孔施工技术

曾凡杜/中国水利水电第八工程局有限公司

【摘　要】本文结合白鹤滩水电站工程，对大坝泄洪深孔施工工艺进行了详细阐述，介绍了施工流程、混凝土分仓分层、模板规划、关键部位施工、质量控制等内容，可为类似工程提供借鉴。

【关键词】白鹤滩水电站　泄洪深孔　钢衬　施工

1　工程概况

白鹤滩水电站位于四川省宁南县和云南省巧家县境内，是金沙江下游干流河段梯级开发的第二个梯级电站。电站的开发任务以发电为主，是西电东送骨干电源点之一，兼顾防洪，并有拦沙、发展库区航运和改善下游通航条件等综合效益。水库总库容 206.27 亿 m^3，正常蓄水位 825.00m，电站装机容量 16000MW，多年平均发电量 625.21 亿 kW·h。本工程为Ⅰ等大（1）型工程，枢纽工程由拦河坝、泄洪消能建筑物和引水发电系统等主要建筑物组成。拦河坝为混凝土双曲拱坝，坝顶高程 834.00m，最大坝高 289.00m，坝下设水垫塘和二道坝。地下厂房对称布置在左、右两岸，厂房内各安装 8 台单机容量为 1000MW 水轮发电机组。电站建成后，将仅次于三峡水电站，成为世界第二大水电站。

根据大坝泄洪要求，坝身自下而上分层布置了 6 个导流底孔、7 个泄洪深孔、6 个泄洪表孔。其中，泄洪深孔孔口按水舌“纵向分层起跃，横向充分扩散，空中碰撞消能，分散入水”的原则进行布置，7 个泄洪深孔对称布置在表孔闸墩下方，采用孔身上翘（或下弯）型有压泄水孔。深孔流道均采用全断面钢衬衬护，钢衬上游与事故门门槽埋件连接，下游与弧形工作门埋件连接，使深孔流道全断面钢衬形成整体。泄洪深孔进口底槛高程：1 号、7 号深孔 726.11m，2 号、6 号深孔 722.66m，3 号、5 号深孔 719.75m，4 号深孔 717.53m。深孔进口为喇叭形，孔顶与进口侧面采用椭圆曲线。进口设事故闸门，并预留检修闸门门槽。深孔孔身为有压长管型式，进口段断面尺寸为 4.80m×12.00m（宽×高），孔身段断面尺寸为 5.50m×12.00m（宽×高），出口工作闸门底槛高程均为 724.00m，孔口尺寸 5.50m×8.00m（宽×高），工作水头 100m，出口挑流消能。1～4 号深孔分别布置于 15～18 号坝段，5～7 号泄洪深孔分别布置于 19～21 号坝段。

2　泄洪深孔施工特点

大坝泄洪深孔结构复杂，上游牛腿倒悬体坡度为 1：1，下游牛腿倒悬体坡度为 1：0.75，坡度及跨度较大；深孔过流面及通气孔表面均采用不锈钢复合钢板，钢衬体积比较大，孔身段钢衬距左、右横缝面最近处直线距离 4～8m，空间狭小，缆机吊运混凝土卸料及浇筑困难。

（1）深孔施工部位多、工序多。包括预制模板安装、钢衬安装、钢筋安装、预埋件安装、锚索套管安装及模板提升等。各工作空间狭窄，各工序在空间上相互重叠，存在相互施工干扰。

（2）深孔进口事故闸门门槽采用一期直埋，埋件的安装与模板、钢筋、钢衬等工序施工交叉进行，施工工序多且相互衔接，需要做好工序间的施工协调。

（3）深孔浇筑混凝土级配多。混凝土浇筑需用多台缆机联合浇筑，闸墩、胸墙、牛腿、深孔两侧边墙及顶部 1.5m 范围为二级配混凝土，其余部位浇筑三级配（含富浆三级配）、四级配混凝土。二级配混凝土需采用缆机吊立罐浇筑，需合理组合缆机并解决多台缆机同时入仓时的相互干扰问题。

(4) 混凝土温控要求严格。深孔部位容许最高温度为27℃，钢衬两侧混凝土先浇筑至和钢衬齐平形成斜槽后，再进行钢衬底部自密实混凝土施工，此时钢衬两侧混凝土并未到达收仓高程，该部位的混凝土临时保温是施工的重点。

(5) 钢衬底板纵向宽度为4.8～5.5m，跨度较大，钢衬底部锚筋、钢筋、支撑架、冷却水管、灌浆管路等布置密集，如何保证钢衬底部浇筑密实度及后期接触灌浆质量是施工的关键点。

3 主要施工方法

3.1 施工程序

大坝泄洪深孔主要施工程序为：上下游倒悬牛腿部位混凝土浇筑→进出口及流道部位钢衬安装→深孔混凝土浇筑（含孔口结构、出口闸墩、支撑大梁和钢衬接触灌浆）→事故及检修门槽施工→深孔出口闸墩锚索施工→启闭机工作平台施工及工作闸门安装。

3.2 混凝土浇筑分层分仓

深孔部位混凝土浇筑原则上按3.0m分层，深孔孔口、钢衬底板、支撑大梁、启闭机平台及部分进出口圆弧段等部分特殊结构部位则根据具体情况稍有调整，如深孔钢衬底部距收仓面的高度按照2m左右进行控制。由于深孔出口段为渐变体形，混凝土浇筑高度随深孔体形变化而变化。为防止钢衬底板与收仓面浇筑形成薄层并保证浇筑密实，局部进行倒角，在具体混凝土浇筑仓面设计时予以确定。泄洪深孔混凝土浇筑分层如图1所示。深孔弧门支撑大梁混凝土浇筑分层整体与各坝段浇筑分层分块相同。

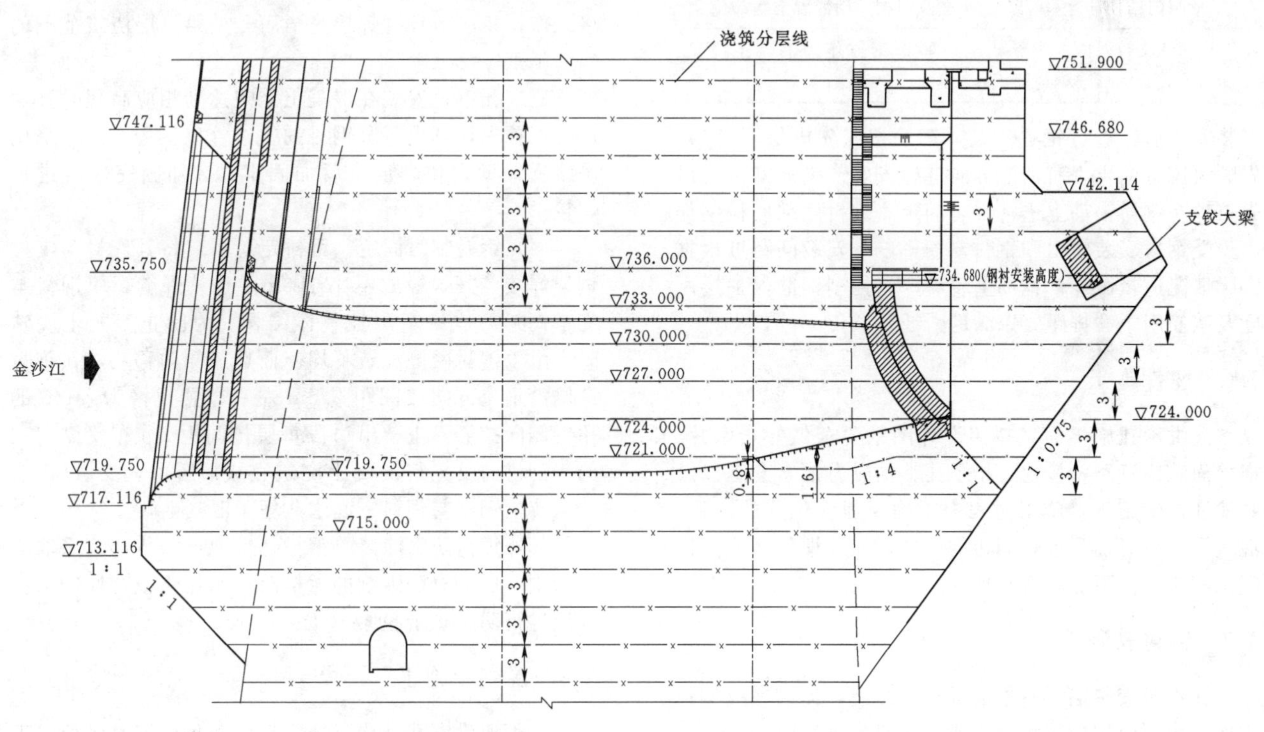

图1 泄洪深孔（5号）混凝土浇筑分层图（单位：m）

3.3 模板规划

按照深孔坝段混凝土结构图及分层分仓规划要求，泄洪深孔混凝土浇筑模板主要包括上下游牛腿模板、深孔进出口模板、横缝面模板、上下游止水模板、预留二期混凝土的相应模板以及下游面模板等，各部位采用的模板规划见表1。

3.4 测量放样

缝面处理完毕后，测量人员进行测量放样，以便进行模板安装调节和日后混凝土收方，根据图纸的设计参数，现场放出各主要控制点及高程，做好标记，以便指导现场施工。

3.5 钢筋安装

由于钢衬安装顺序是从泄洪深孔中间往上下游两个方向同步进行起吊安装，因此进行钢衬底部钢筋和钢衬安装顺序同步进行，即当钢衬中上游段吊装到位固定完成后，在进行环缝焊接及下游钢衬吊装安装时，中上游同步进行钢筋施工。在钢衬底部锚筋及灌浆管路等焊接

表 1　　泄洪深孔各部位模板规划表

序号	部位	模板类型	备　注
1	上下游牛腿	混凝土预制模板	起始层局部不规则部位采用定型钢模板辅助
2	牛腿侧面	悬臂模板	起始层、牛腿与坝面结合部位等特殊结构部位采用组合钢模板＋改装大面板（木模板）辅助
3	横缝面	全悬臂键槽模板	
4	深孔进出口及流道	深孔钢衬	利用钢衬作为混凝土浇筑施工模板，在钢衬肋板处每隔1.5m设置一道反拉杆件固定钢衬
5	钢衬底板倒角部位	免拆模板或组合钢模板	
6	深孔出口弧形闸门结构	标准定型木模板	包括深孔弧形工作门槽、底槛及门楣一期混凝土等部位
7	深孔支铰大梁	内埋式桁架＋钢衬面板	顶部钢衬作为混凝土浇筑模板

安装完成后，进行钢筋安装。钢筋按照先内层再外层，先顺河流方向再垂直河流方向进行安装。钢筋安装时可先点焊在钢衬锚筋上进行临时固定。钢衬底部底板钢筋由于受钢衬安装轨道和钢衬锚筋影响，安装间距可根据实际情况适量微调。钢筋安装需严格控制钢筋保护层厚度及钢筋间距、排距，以满足图纸要求。

3.6　埋件施工

泄洪深孔施工时，按照设计图纸要求做好止水片、横缝面灌浆管路、接地、排水孔、预应力锚索套管以及其他埋件的施工，施工过程中要确保埋件位置的准确，混凝土浇筑时加强埋件周边的振捣，保证埋件部位的混凝土密实，但不应触碰到埋件。

3.7　钢衬安装

在钢衬安装层下一层混凝土浇筑前，提前完成钢衬支架埋板、斜拉杆埋板等预埋件的安装施工。

钢衬断面形状为矩形，断面尺寸顺水流方向由14.043m×4.8m渐变至12m×5.5m，再渐变至8.0m×5.5m（高×宽）。钢衬材质为不锈钢复合钢板，复层厚度4mm，基层厚度20mm；钢衬外侧肋板厚度20mm，阻水环钢板厚度30mm。钢衬外侧肋板上焊接ϕ36锚筋。进口底槛、出口闸墩、通气孔及流道均采用钢衬作为混凝土浇筑模板。

（1）钢衬底部钢支撑架固定。钢衬部位混凝土浇筑至离钢衬底板2m左右时进行放样并预埋加固埋件，预埋件作一期埋件，保证牢固可靠。混凝土初凝后进行二次放样，放出钢衬的中心轴线里程控制点及高程控制点。根据样点安装支承钢架，根据钢衬分节位置将支承钢架与预埋钢板焊接，且各支墩间采用型钢进行连接。并在钢架上安装工字钢轨道，便于钢衬调整。

（2）钢衬吊装方案。泄洪深孔单孔钢衬共分为23～26节，根据缆机吊装能力，采取在场外钢衬临时组拼平台将2节单节钢衬组拼成大节安装单元，最大单元重约52.3t，由2台缆机抬吊。因此单孔钢衬现场拼装、焊接最大节数为12～13节。

（3）钢衬安装。钢衬安装顺序为：以中间节为始装节，从中间向上下游两个方向进行。考虑上下游不相互影响施工的因素，在支承钢架架设长度超过15m后开始钢衬安装，边架设支承钢架边安装钢衬。钢衬安装尺寸经检测合格后进行拼缝、固定。钢衬拼缝时先将钢衬的底衬、侧衬、顶衬的中点进行对位、点焊固定，然后以此四点为起点，分四组进行拼缝。拼缝时注意不要伤及钢衬母材。钢衬节拼装形成上下游两条环缝后开始钢衬节间焊接，第一环缝焊接开始后可开始后续节的拼装对接工作，相应节环缝焊接完毕后开始第一层浇筑范围的锚筋施工。

通气孔钢衬安装在混凝土浇筑达到相应高程时开始进行。首先计算出每节钢衬的上端管口里程，然后采用吊线垂辅助定位，定位后加固牢靠，加固完成后进行焊接。

（4）钢衬临时固定。钢衬定位后，将其底衬与支撑钢架焊接，其焊缝取不小于6mm连续焊缝，使钢衬与支承钢架形成一个刚性整体结构。为防止混凝土浇筑时，由于钢衬两侧浇筑不均衡而造成侧向移动，在钢衬两侧沿水流方向按间距2.5m左右布置规格为∠140的角钢侧向拉筋，进、出口段每层按间距2m布置侧向拉筋。钢衬内支撑待混凝土浇筑完成后拆除，支墩轨道、侧向拉槽钢则与钢衬一起永久埋于混凝土内。

（5）钢衬防腐涂装。钢衬外壁现场安装焊缝采取均匀涂刷一层加有缓蚀剂的无机改性水泥浆或苛性钠水泥浆液进行防腐，干膜厚300～500μm。

3.8　混凝土施工

大坝泄洪深孔结构复杂，钢筋密集，钢衬底板以下混凝土进料及振捣困难，浇筑自密实混凝土以确保钢衬周边混凝土密实，仓面其他部位浇筑常态混凝土。

（1）施工准备。混凝土浇筑之前，对浇筑仓面采用高压水或其他方法进行彻底清洗，并排净积水。仓面钢衬、模板、钢筋、止水（浆）片、预埋件等准备工作完毕并经验收合格后进行混凝土浇筑。

（2）混凝土生产及运输。混凝土由大坝混凝土拌和系统供料，缆机直接下料入仓。

（3）混凝土入仓。上下游牛腿等无法采用机械设备入仓作业的钢筋及埋件密集区域，振捣和平仓采用人工“赶浆法”施工。混凝土浇筑施工时须控制好下料点和单次下料量，每罐混凝土应尽量在钢筋竖向架立筋位置下料，避免冲击钢筋造成移位。大坝深孔预应力锚索预埋钢管区域，利用 $3m^3$ 卧罐吊运混凝土，利用型钢支撑搭设斜溜槽和溜筒输送混凝土入仓。

(4) 混凝土浇筑。考虑缆机浇筑强度和混凝土坯层允许停歇时间要求，混凝土浇筑采用平铺法施工。由横缝方向向深孔方向推进，在钢衬底部形成 8～10m 的 U 形槽后，开始浇筑自密实混凝土。第一坯层浇筑 45cm 厚的三级配富浆混凝土，第二坯层及以上浇筑四级配混凝土，坯层厚度为 50～55cm。钢衬两侧及顶部 2m 范围内浇筑二级配混凝土，底板以下 2m 以及两侧 2～3m 范围内（U 形槽）浇筑自密实混凝土。

对有面层钢筋部位和牛腿部位布置负弯矩钢筋区域，人员无法进入下部进行振捣作业时，根据现场情况可先在钢筋上预留进人孔，以便人员进入振捣作业，待该部位混凝土振捣到位后再将钢筋恢复。振捣棒主要采用 ϕ70、ϕ80、ϕ100 的型号。

(5) 自密实混凝土浇筑。在钢衬一侧设置主受料口，受料坑间距按 6m 布置，采取在坯层面临时设置预留坑或安装免拆模板的方式，吊罐直接下料至预留坑内后流入 U 形槽内。另一侧受料口作为辅助进料口，与主进料口按梅花形布置受料坑。为使混凝土浇筑过程中充分排气，采用由一侧向另一侧浇筑的顺序，并打开钢衬底部灌浆孔排气，直到浇过钢衬底部。对自密实混凝土顶部可浇筑部分低坍落度混凝土，有效减少收面浮浆。为保证钢衬底部浇筑密实，在钢衬底板上开 ϕ180 的振捣孔和 ϕ25 的排气孔，浇筑过程采用锤击法（橡皮或木槌）检查浇筑质量，减少钢衬底部出现夹气脱空现象，并配备适当长柄振捣器和软管振捣器。为防止钢衬底部有可能出现浇不满的现象，保证浇筑质量，需布置混凝土泵，对钢衬底部的浇筑空隙进行补充浇筑。钢衬设置三个观测断面，设置抬动变形观测装置，观测混凝土下料浇筑过程中钢衬变形情况。

(6) 混凝土温度控制。针对泄洪深孔结构复杂，温控要求严、标准高，质量和外观要求高的特点，施工中主要从混凝土出机口温度控制、混凝土运输过程温控措施、混凝土入仓及浇筑温度控制以及一期、中期、二期全过程智能测温和智能通水冷却技术、混凝土表面保温保湿等方面进行混凝土温控。通过降低浇筑温度、加快混凝土运输吊运及平仓振捣速度、仓面喷雾、仓面覆盖保温被等措施减少或防止热量倒灌，有效防止预冷混凝土的温度回升。

(7) 养护和保温。高温和较高温季节的混凝土浇筑完成后，采用喷水、蓄水或不间断洒水养护，保持仓面潮湿，使混凝土充分散热。对侧边利用悬挂的多孔水管（花管）喷水养护。夏季高温季节保温被覆盖 24～36h 后，当混凝土温度高于气温时则揭开保温被散热，采用混凝土表面流水养护。

3.9 钢衬底部接触灌浆施工

钢衬接触灌浆采用“预埋灌浆槽＋补钻孔灌浆”的方法进行。钢衬接触灌浆施工程序为：钢衬底板灌浆槽预设→钢花管安装→灌浆槽检查、连接引管施工→灌浆系统检查和维护→灌前检查→灌浆施工→灌后检查。

钢衬接触灌浆在底板混凝土二期冷却结束后自低向高分区进行，每灌区布置 1～2 个抬动观测点。灌浆完成后 14d 采用锤击法进行质量检查。

4 质量控制措施

泄洪深孔为白鹤滩水电站大坝施工的关键部位，涉及的专业多，质量要求高，在施工中采取了一系列有效的质量控制措施。

(1) 建立健全以岗位责任制为主的各项规章制度，认真做好各工序的检查与验收。

(2) 做好原材料现场质量检查，不合格的材料、零配件严禁使用。

(3) 严格按图纸和规范要求组织实施，按照经审批的方案施工，做好技术交底。

(4) 切实贯彻“预防为主”和“事前把关”的质量管理方针，严格执行“三检制”。加强对各道工序特别是仓面模板、钢筋、预埋件等关键工序或技术复杂部位的专职检查，严格把关。

(5) 对混凝土拌制及运输、混凝土浇筑、混凝土温控、接触灌浆等关键环节加强过程管控，严格按照技术要求实施、监督、检查。

(6) 定期召开质量分析会议，对过程检查发现的质量问题及时处理，严格执行项目质量奖惩制度。

5 结语

白鹤滩水电站大坝泄洪深孔施工涵盖了混凝土浇筑、金属结构制作安装、灌浆等专业，施工周期长，工艺多且复杂。现场通过对各专业的精心组织、有效沟通协调，不仅保证了施工质量，也极大地缩短了深孔施工工期，解决了大坝混凝土整体浇筑上升的瓶颈，为工程的度汛及投产发电奠定了基础。本技术可在其他高坝的底孔、深孔施工中推广应用。

浅析超前小导管在长斜井中富水洞段的应用

李宗荣/中国水利水电第十四工程局有限公司

【摘　要】本工程隧洞地质条件复杂，围岩破碎，泥化特性明显，性状极差，受地下水影响，平均渗水量约在100m³/h以上，最大渗水量约160m³/h，且隧洞为斜井施工，泥化破碎的掌子面围岩被渗水浸泡后，岩体无自稳性，极易发生变形和塌方。经研究，本工程地下洞室渗、涌水治理的总体思路和原则是“预防第一、以堵为主、堵排结合、限量排放，统筹兼顾”。

【关键词】超前小导管　长斜井　富水洞段

1　工程概述

香炉山隧洞5号施工支洞是滇中引水工程最长的深埋隧洞，洞口高程2508.0m（1985国家高程基准，下同），与香炉山隧洞的交点桩号为DLⅠ28+052，交点高程2014.0m，高差494m，支洞洞身长约1.25km，平均坡度24.71°；断面为城门洞型，净断面尺寸为6.5m×6.0m（宽×高），洞长约1246m，Ⅴ类围岩长约1016m，Ⅳ类围岩长约230.45m，围岩稳定问题突出。

2　超前堵水方案

2.1　地下水处理原则

本工程地下洞室渗、涌水治理的总体思路和原则是“预防第一、以堵为主、堵排结合、限量排放，统筹兼顾”。具体安排如下：

（1）散状小流量渗水采用“汇集导流、加强观测、衬砌后灌浆处理”。

（2）股状中流量涌水采用“表面及侧向有序引排、周边浅层固结、深部灌浆封堵”。

（3）股状大流量突涌水采用“表面有序引排、深部泄水降压、浇筑止浆墙、浅层固结、择机封堵或可控排放”。

（4）由于渗漏水治理与隧洞开挖、支护、混凝土衬砌等工序存在施工干扰，在实施治理方案时应统筹兼顾对其他工序的影响，同时考虑整体排水能力以及特殊工况下的施工安全等情况，根据实际情况选择封堵的时机及工艺。

2.2　超前堵水方案选择

为安全通过断层破碎带及富水洞段，施工中坚持以“先勘探后处理”的原则认真进行超前预测、预报工作，采用动态设计管理。通过对断层破碎带围岩注浆，达到堵水和加固围岩的目的后再进行开挖。开挖时采用上下台阶法进行施工，初期支护紧跟掌子面施作，开挖支护后对局部渗水地段采用径向小导管注浆堵水。

根据超前地质钻孔揭露的地质情况和地下水情况的不同，通过断层破碎带及富水洞段时可选用以下三种方案进行施工：

（1）排水。这是优先考虑方案。当地下水水量不是太大，可以采用抽排的方式解决洞内积水问题且水压力小于等于1MPa时，先进行开挖，初期支护时预留注浆孔，二衬混凝土施作后进行径向小导管注浆止水，加固围岩。此方案优点是开挖和注浆止水同时进行，不影响施工进度。

（2）超前导管注浆止水。当开挖面仅采用抽水满足不了要求且水压力小于等于1MPa，围岩节理发育，但单块岩石不是太软弱时，采用超前小导管进行注浆。施工中，仍采用抽排的方式解决洞内积水问题。此方案优点是小导管注浆所需设备简单，易于操作，注浆效果可靠。注浆时要控制注浆压力，避免对初期支护造成破坏。

（3）帷幕注浆。当围岩较差，涌水量较大（抽排困难），采用帷幕注浆方案。帷幕注浆要按照先外后内、间隔钻孔、逐步加密、随钻随注的方式进行，用后序注浆孔检查前序注浆孔的注浆效果，开挖时辅以小导管超前支护。

2.3 大管棚与超前小导管方案对比分析

2.3.1 采用大管棚进行超前支护的缺点

（1）大管棚施工需要大型水平钻机，且钻孔速度较慢，会降低施工进度，且大管棚施工需专用钻头，将增加施工成本投入。另外，大型水平钻机所需施作空间较大，隧洞施作空间受限，同一工作面无法投入多台钻机同时施工。

（2）大管棚施工需扩挖管棚施作空间，该隧洞本身地质围岩条件就比较差，进行管棚施作空间开挖时难度较大、风险高。

（3）管棚钻机对施工平台要求较高，当采用回填洞渣作为工作平台时，钻机在松散体上就位较为困难，需采用人工对回填洞渣进行夯实。当采用搭设架体作为工作平台时，钻机作业时易导致架体摆动，钻孔方向不易控制，钻孔精度无法得到有效保障。

（4）一般管棚施工长度比小导管长，由于该支洞整体围岩较破碎，容易导致钻头和管棚被卡。

（5）管棚钻机施工扰动较大，易造成人为塌方。

（6）采用大管棚施工，施工成本投入较大。

2.3.2 超前小导管方案与大管棚方案相比具有的优点

（1）超前注浆小导管施工工艺简单快捷，采用常规手风钻更换钻头后即可作业。

（2）同一工作面可投入多台钻机同时作业。

（3）造孔深度不大，基本不存在造孔方向不易控制的问题，造孔精度较高。

（4）超前注浆小导管施工作业时间较短，且施工成本投入较低。

2.4 超前小导管注浆堵水施工操作要点

当开挖面仅采用抽水满足不了要求，且水压较小，围岩节理发育，但单块岩石不是太软弱时，采用超前小导管周边全断面注浆，加固底层同时封堵地下水，减少渗水对隧洞施工的影响。此方案优点是小导管注浆所需设备简单，易于操作，注浆效果可靠。

2.4.1 注浆钻孔布置

超前小导管采用 ϕ42×3.5mm 无缝钢管，长 3.0m，外偏角 15°，环向间距 20cm，纵向排距 1.5m，搭接 1.5m，进行超前支护后开挖，且将小导管注纯水泥浆改为注“双液”（水泥＋水玻璃）。

2.4.2 孔口段封闭

超前小导管孔口段采用麻丝固定，具体方法如下：在安装孔口管前，将孔口管通体环状缠上麻丝，插入钻孔后，麻丝吸水膨胀将其固定，如图 1 所示。此方法适宜水压较低地段。

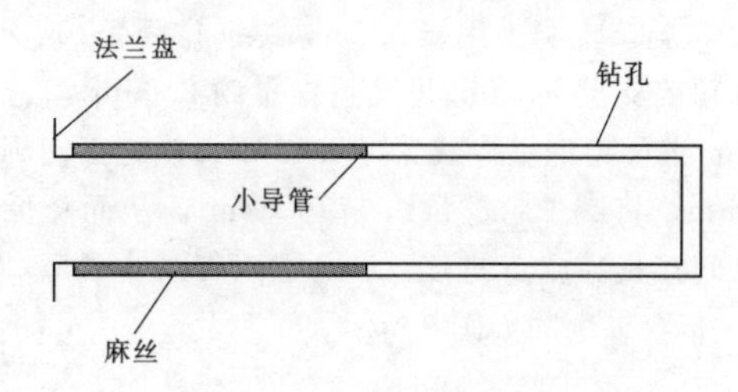

图 1　超前小导管孔口布置

耐压试验：造孔完成后，安装超前小导管，待强度达到设计要求后，安装闸阀，采用 1.2～1.5 倍的设计注浆压力进行耐压及抗渗试验，经试验确认无泄漏且满足耐压要求，才可进行下一步工作，否则必须进行处理直到满足设计要求为止。

2.4.3 造孔、插管

（1）造孔。搭设简易施工平台，采用手风钻造孔，孔间距、孔深、孔径符合施工技术要求。采用高压风管将钻孔清理干净。

（2）插管。人工配合机械将钢管穿过工字钢预留孔深入岩体。

2.4.4 注浆

采用水泥＋水玻璃双液注浆：水玻璃（波美度 35～40，模数 3.2），浆液凝结时间在 20s 左右。初拟水灰比为 0.5∶1～1∶1，水泥浆∶水玻璃为 1∶0.7～1∶0.6。

通过试验段施工情况，试验成果如下：

（1）将超前注浆小导管注纯水泥浆改为注“双液”后，根据现场施工情况，浆液凝结时间可达到 20～40s，极大地缩短浆液待凝时间，从而提高了施工进度。

（2）采用小导管管长 4.5m，纵向排距 3.0m，施工时，每循环进尺为 0.5～0.8m；采用小导管管长 3.0m，纵向排距 1.5m，施工时，每循环进尺可达为 1.0～1.5m，可减少开挖支护循环，加快施工进度。小导管布置纵剖图如图 2 所示。

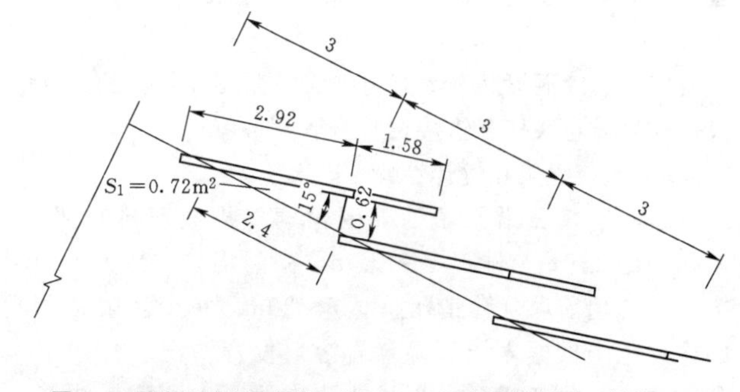

图 2　5 号施工支洞小导管（L＝4.5m）布置纵剖图（单位：m）

（3）根据实际开挖情况，5 号施工支洞围岩自稳性较差，且在现有设计压力下注浆时进浆量较小，小导管四周浆液扩散范围较小，开挖揭露后小导管下方围岩会自然掉落，造成超挖。施工支洞采用长 4.5m，纵向排距 3.0m，小导管进行超前支护时，3.0m 进尺超挖量约

7.38m³，施工支洞采用长 3.0m，纵向排距 3.0m，小导管进行超前支护，3.0m 进尺超挖量约 2.05m³，施工支洞 3.0m 进尺超挖量将减少约 5.33m³，该施工支洞剩余约 1000m，将减少超挖量约 1776.67m³，从而降低施工成本，间接提高施工进度。5 号施工支洞小导管（$L=3.0$m）布置纵剖图如图 3 所示。

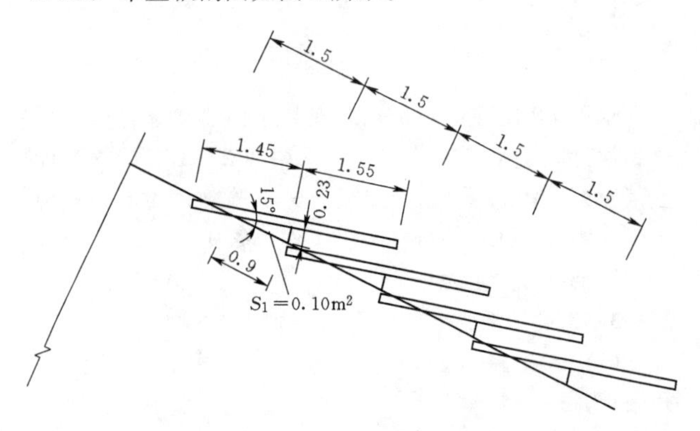

图 3　5 号施工支洞小导管（$L=3.0$m）布置纵剖图（单位：m）

2.5　超前灌浆施工工艺及操作要点

2.5.1　超前灌浆施工要求

（1）为确保施工安全，在特殊不良地质洞段，应根据掌子面前方超前地质预报判断的围岩破碎和赋水情况，提出针对性的开挖支护措施及必要的超前处理措施。

（2）根据掌子面前围岩情况可对掌子面前方围岩周圈、周圈的局部、部分断面或全断面进行超前灌浆。

（3）超前灌浆施工前，根据设计地质资料和超前地质预报提供的信息，掌握地质情况以及地下水分布部位和特点，采取相应的超前灌浆材料和灌浆工艺。

（4）当掌子面岩层较破碎或已经出现明显集中涌水时，应浇筑混凝土止浆墙，必要时采用钢筋混凝土止浆墙，超前灌浆钻孔应在止浆墙混凝土强度达到 75%后进行。

（5）后续洞段超前灌浆利用前一循环灌浆时的搭接段作为岩体止浆墙，搭接长度不小于 5.0m。

2.5.2　超前灌浆孔设计参数

超前灌浆孔沿掌子面外围轮廓单排或双排布置，钻孔间距 1.0m，排距 1～1.5m，中间均匀布置 6～10 个钻孔，超前灌浆孔钻孔深度 7～30m。单个注浆钻孔的作用范围根据岩层裂隙（岩溶）发育情况、含水层分布情况、井身断面大小和钻孔作业要求而定。注浆孔自掌子面沿开挖方向，以斜井中轴为中心呈伞状布置，钻孔外偏角 10°～15°，钻孔按照先外后内、间隔钻孔、逐步加密的方式进行，开孔直径 $\phi 90$，终孔直径 $\phi 75$。

2.5.3　注浆方式和分段长度

（1）注浆方式。单孔注浆方式可分为分段式注浆和全孔一次注浆。为使浆液在岩层裂隙中均匀扩散，保证注浆质量，提高注浆堵水率，宜采用分段注浆方式。分段注浆方式又可分为分段前进式或分段后退式注浆两种方式。本工程围岩裂隙发育或破碎，难以成孔，为避免灌浆过程中冒浆，提高灌浆质量，本工程分段式灌浆采用前进式注浆。

（2）分段长度。分段注浆的分段长度根据岩层裂隙发育程度、涌水量大小而定。根据工程实践，超前预注浆分段长度选择可参考表 1。

表 1　注浆方式和分段长度参考表

岩层裂隙程度	钻孔涌水量 /(m^3/h)	注浆方式	注浆段长度 /m
发育	＞10	分段前进式	3～5
较发育	5～10	分段前进式	5～8

2.5.4　浆液扩散半径

浆液扩散半径初步定为 3.0m，可根据现场情况进行调整。

2.5.5　钻孔施工

（1）根据施工图纸孔位布置，采用测量仪器进行孔位放样。

（2）开孔控制。预注浆孔的开孔孔位与设计偏差不得大于 10cm，因故变更孔位应征得监理人同意，并记录实际孔位。

（3）角度控制。灌浆孔和注浆孔孔底偏差都应不大于 1/40 孔深。

（4）钻孔设备。钻爆段孔深 5m 以内的超前灌浆孔采用 YT28 型手风钻钻孔，其余孔采用 YG－40 型全液压锚固钻机，手风钻孔径 $\phi 42$，YG－40 型全液压锚固钻机钻孔孔径 $\phi 90$。

（5）钻孔方式。钻孔分段方式根据地下水实际情况确定，采用分段式或全孔一次钻孔方式。即在钻孔过程中未发现涌水，就一次钻至设计孔深，在钻孔过程中，一旦发现涌水，立即停止钻孔，安设水表和压力表等，测量涌水流量和压力，并适时进行堵水灌浆处理后再继续钻进。

（6）钻孔结束后进行孔深、孔向、孔位的测试，确定钻孔是否合格，并对已完钻孔进行加塞保护。

（7）对整个钻孔施工过程进行详细记录（钻孔记录），钻孔结束后，应及时通知监理人进行检查验收，并经监理人签认后，方可进行下一步操作。

2.5.6　注浆施工工艺

注浆的主要目的是加固围岩，减少涌水量，保证井身围岩稳定，确保施工及运营安全。

（1）孔口段封闭根据渗水压力采用以下三种措施：

1）渗水压力小于 1MPa，采用膜袋进行封闭。

2）渗水压力大于 1MPa，采用预埋直径大于

108mm 的带法兰盘孔口管，长度 3m 以上。

3）渗水压力高于 1.5MPa，采用预埋直径大于 108mm 的带法兰盘孔口管，孔口管长度应大于 5m，并安装孔口防喷装置。

孔口管的固定有下列三种方式，可根据现场情况任选其一：

1）麻丝、浆体固定。在安装孔口管前，在管口段环状缠少量麻丝，插入钻孔后，再灌注双液浆或早强、高强水泥浆固结。此方法适宜水压较高，孔末端高于孔口的部位。

2）水泥块、浆体固结。在安装孔口管前，先在钻孔内灌入固结体（早强水泥浆或环氧树脂），将孔口管末端用水泥预制块封堵后，插入钻孔，直到浆体从孔口管外侧溢出。待强度达到设计要求后，再行钻进。此方法适宜水压较高、孔末端低于孔口的部位。

3）麻丝固定。在安装孔口管前，将孔口管通体环状缠上麻丝，插入钻孔后，麻丝吸水膨胀将其固定。此方法适宜水压较低地段。

（2）钻孔冲洗。注浆时，必须先进行钻孔冲洗工作，钻孔冲洗的目的是清除钻孔中的残留岩粉、岩石裂隙中所填充的黏土等杂质，冲孔质量的好坏直接影响注浆质量的好坏。冲洗干净的钻孔，水泥浆液能充填进入裂隙中，与岩石紧密胶结。冲孔方式采用压力骤升骤降的放水方式。冲洗结束的标准为：出水管的水洁净后再延续 10min，总冲洗时间不低于 30min，对个别特殊情况还要增加冲洗时间。冲孔时应测记出水量。在溶洞、断层、破碎带等地质条件复杂孔段是否需要冲洗以及如何冲洗，视具体情况确定。

（3）灌浆材料。

水泥：选用新鲜 P.O 42.5 普通硅酸盐水泥。

水玻璃：选用液体硅酸钠型的水玻璃，浓度为 35～40Be，模数 2.8～3.2。

聚氨酯：LW 水溶型聚氨酯。

对于出水量较小的孔（≤20L/min）采用 2∶1 纯水泥浆灌注，随着注入量增加逐步增加浓度至 0.5∶1；对于出水量较大的孔（≤100L/min）直接采用 0.5∶1 纯水泥浆灌注；对于出水量很大的孔（≥100L/min）采用 0.8∶1 水泥浆掺加 10%～25% 水玻璃灌注，涌水较大且外漏较严重时采用水溶性聚氨酯灌注。

对于富水砂层采用丙烯酸盐类灌浆材料灌注。

（4）灌浆方法与顺序。灌浆全部采用孔口封闭纯压式灌浆法，全孔一次性压力灌浆，并按照“先无水后有水、先小水后大水、先浅层后深层、先两端后中间、先仰拱块后顶拱再边墙”的顺序依次进行灌注。根据出水情况，可以调整灌浆顺序。

（5）注浆压力。注浆压力是浆液扩散的动力，是监测浆液在裂隙中充填扩散过程是否正常的主要依据。注浆压力系指注浆所承受的全压力，施工过程中一般将压力表安装在孔口处。注浆压力与岩层裂隙发育程度、涌水压力、浆液材料的黏度和凝胶时间长短有关，目前均按经验确定，通常情况下按如下经验公式计算：

$$P=P_w+0.5\sim2.0$$

式中 P——设计终压值，MPa；

P_w——静水压力，现场实测所得，MPa。

即所测的地下水静水压力加上 1.5～2.0MPa 作为设计终压值。在溶洞有充填物及细小裂隙段，注浆终压宜加大，加大值根据现场具体情况确定。注浆初始压力一般应低于注浆终压，现场根据浆液消耗量，灵活掌握，应逐渐升至注浆终压，并稳定一段时间达到终灌结束标准。

注浆前要首先测定地下水静水压力。测定静水压力时，将压力表与孔口管连接，并将周围的注浆孔和待测孔封闭，以保证测量数据的真实性，随着水压表读数的上升，最终趋于稳定。稳定后的读数即为该处静水压力值。

压力表的选择：量程刻度的极限值应为注浆设计终压的 1.5 倍。要建立油压表和孔口压力表之间的对应关系，以便孔口压力表堵塞时可以根据油压表确定注浆结束标准。

（6）浆液浓度变换。注浆浆液一般采用先稀后浓逐级加浓的原则进行浆液浓度的变换。初始浓度根据岩石单位吸水率确定，一般在裂隙岩层中注浆连续灌注 30～40min 仍不起压，则改用浓一级的注浆，压力上升很快，则应立即变稀回到原来的浓度继续灌注。当采用最浓的浆液仍不起压时，则应采用间歇注浆（间歇时间为注浆初凝以后，终凝以前），必要时可采用其他措施（如加速凝剂等）。

（7）注浆结束标准。注浆结束标准对注浆质量起控制作用，掌握好注浆结束时机，可以使注浆达到设计要求，取得比较好的堵水效果。单孔结束标准：注浆压力逐步升高至设计终压，并继续注浆 10min 以上；注浆结束时的进浆量小于 20L/min。全段注浆结束标准：所有注浆孔均符合单孔结束条件，无漏注现象；注浆后涌水量小于 $1m^3/(m\cdot d)$；浆液有效注入范围值不小于设计值。

3 结语

总之，采用超前小导管施工工艺简单快捷，同一工作面可投入多台钻机同时作业，造孔深度不大，基本不存在造孔方向不易控制的问题，造孔精度较高，超前注浆小导管施工作业时间较短，用后序注浆检查前序注浆孔的注浆效果，开挖时辅以小导管超前支护，有效地保证了富水洞段开挖进度、质量，效果显著，节约工期，且施工成本较低。

参考文献

[1] 李海军. 超前小导管在软弱浅埋隧道中的应用 [J]. 交通科技，2012 (3)：63-65.

[2] 许德龙，郭宗河，张海波. 管棚注浆预支护技术在富水砂层地铁施工的应用 [J]. 青岛理工大学学报，2015 (2)：19-25.

[3] 程传过. 浅谈超前小导管在南水北调穿黄工程盾构出洞中的应用 [C] //中国土木工程学会第十五届年会暨隧道及地下工程分会第十七届年会，2012：563-567.

[4] 吴军民. 管棚注浆法在浅埋破碎地层隧道开挖中的加固机理及效用研究 [J]. 国外建材科技，2004，25 (2).

压力管道超深竖井充水试验工法分析

周洪利/中国电建集团国际工程有限公司
卢玉斌/中国水利水电第十四工程局有限公司
刘小林/中国水利水电第十工程局

【摘　要】 中国电建承建的厄瓜多尔科卡科多辛克雷水电站项目采用高水头冲击式发电机组，引水压力管道系统最大静水头 618.4m，结构包括上平洞、竖井和下平洞，其中上平洞采用限裂设计，竖井及下平洞采用透水衬砌结构，下平洞后部及岔管采用钢衬结构。电站机组投入运行前，压力管道需进行充水并试验，以验证充水方案的可操作性和压力管道结构的可靠性，及其施工质量。

【关键词】 压力管道　超深竖井　充水　试验

1　工程概述

中国电建在厄瓜多尔承建的科卡科多辛克雷水电站项目为所在国单项投资额最大的水电站项目。该项目包括首部枢纽、输水隧洞、调蓄水库、压力管道和地下厂房等。其中，压力管道建设 2 条，长度分别为 2083m 和 2163m，均由调蓄水库进水口、上平洞、竖井、下平洞、引水岔管、引水支管组成。压力管道最大静水头 618.40m。压力管道采用混凝土衬砌和高强钢衬砌相结合的方式，压力管道自进水口至下平洞前半段为混凝土衬砌段，衬砌厚度 0.6m，衬后直径 5.8m；下平段后半段至机组前缘为钢管衬砌，采用高强钢板内衬，钢衬主管段衬砌直径 5.2m，钢板厚 72mm；岔管后引水支管内径为 2.6m，钢板厚 38mm。

2　压力管道充水条件及原则

压力管道系统是该建设项目的技术核心之一，其施工具有极强的复杂性和挑战性，同时为全长超过 2000m 的压力管道进行充水试验，是电站投产运营前的关键环节，更是项目重要的里程碑节点。压力管道系统建设示意图见图 1。

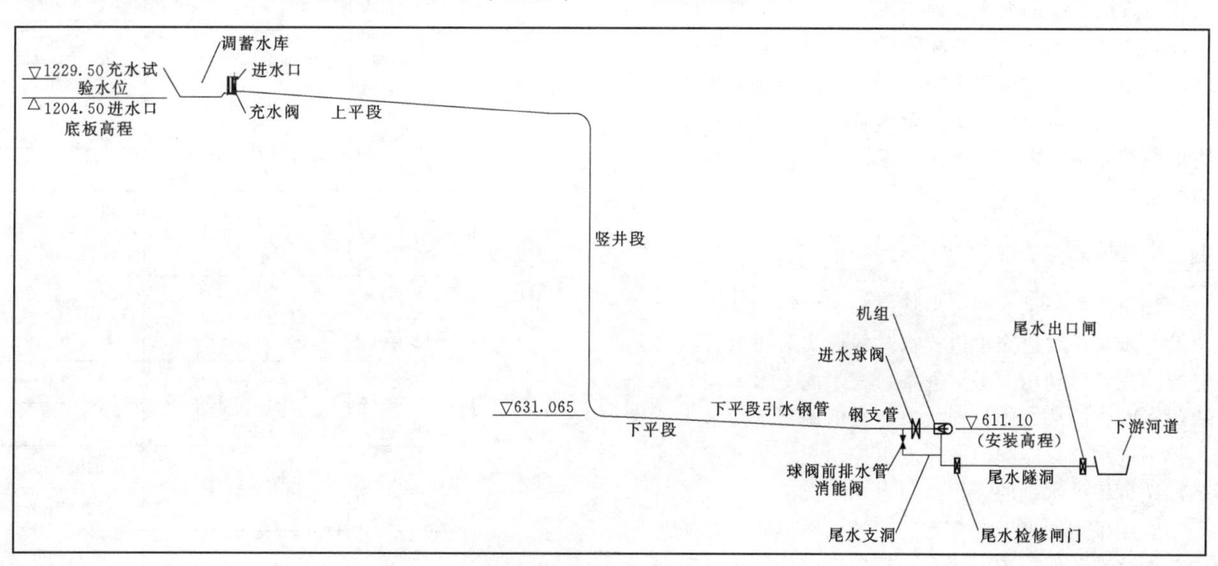

图 1　压力管道系统建设示意图（高程单位：m）

对超深竖井的压力管道系统充水具有一定程度的风险，因此充水前项目必须具备必要的条件，制定并采取适当的充水原则。

2.1 充水条件

为保证充水顺利和过程安全，对压力管道进行充水前，首先应确保压力管道系统及其衔接项目的土建工程内容全部完工并通过验收，其中包括进水口、压力管道、引水支管岔管、施工支洞、发电厂房、尾水主洞、尾水支洞等土建工程，具备过流条件；其次与压力管道系统相关的水力机械设备和一二次电气设备安装调试完毕，包括进水口闸门、尾水闸门、拦污栅、排水管阀门等机电设备，确认各项机械设备能正常启闭并可投入运行；再者各项监测系统已形成，并取得对应的初始数据；最后确保调蓄水库水量充足，具备持续平稳充水的水量条件。

根据以上初步条件，编制压力管道充水方案，经专家组评审，报监理和业主单位批准后实施，落实充水的安全应急措施，保证充水过程的数据监测、安全稳定。

2.2 充水原则

压力管道系统充水采用“低水位时速度快，高水位时速度慢”“稳压、监测、调整”的基本指导原则。根据计算分析，充水水位的上升流速总体控制在5～10m/h以内；此外压力管道充水水位每上升50～100m，应暂停充水进行稳压，每级稳压时间在24～36h不等；时刻监测充水过程的渗漏量和原型监测，并对监测数据进行分析，结合压力管道竖井水位高程、竖井围岩情况，对水位上升速度及稳压时间及时进行调整。

3 压力管道充水程序

压力管道系统的充水过程主要包括两个阶段，即冲洗阶段和正式充水阶段。冲洗阶段的主要目的是将压力管道内的施工残余物清洗干净，避免留存的残余物在发电时进入机组产生损伤；正式充水阶段按照既定的充水基本原则和充水方案进行充水，保证安全、稳定地充满压力管道。

3.1 冲洗阶段

冲洗阶段主要采取两个步骤。

第一步采用“边充水边放水”的形式对压力管道系统进行冲洗，即利用上平洞进水口充水阀充水，同时保持机组球阀前的放空阀打开状态，根据调蓄水库蓄水情况，控制进水口对应阀门的开度以控制充水的速度，此步骤冲洗可根据水量的大小控制为5h。

第二步采用“下平洞充满后再放水”形式，将机组球阀前的放空阀保持关闭状态，利用进水口充水阀对压力管道下平洞进行充水，直至充满且水位至下弯段（高程631m）时停止充水，此时打开球阀前放空阀进行放水至全部放空，并将压力管道支管内水抽空，此后检查人员通过球阀进人孔进入压力管道进行肉眼检查，对残余物进行清理。

执行上述第二步骤2～3次，直至下平洞内无任何残余物，冲洗阶段结束。

3.2 正式充水阶段

依照压力管道系统的结构构造，采取不同的充水策略和充水速度。为简化起见，将充水段次划分为3部分：第一部分为下平洞以及竖井高程750m以下部分，第二部分为竖井高程750～1150m部分，第三部分为竖井高程1150.0m以上至上平洞进水口高程1229.5m部分。

充水过程时，针对第一部分，关闭机组放空阀、球阀，利用进水口充水阀充水，水位至750m时，稳压24h；针对第二部分，水位上升速度按5～10m/h控制，水位每上升50～100m稳压24～36h不等；针对第三部分，继续由进水口充水阀充水，压力管道整体充水完成后，稳压72h。按照上述步骤逐次进行充水，根据前文充水基本原则，需对充水过程中的渗水量、原形监测数据始终进行监测和分析，根据监测数据随时对充水速度进行调整，确保压力管道充水过程安全受控。压力管道充水过程控制数据统计见表1。

表1　压力管道充水过程控制数据统计表

充水阶段		充水高程/m	时间
冲洗阶段	冲洗a阶段	611～631	5h
	冲洗b阶段		71h46min
正式充水阶段	充水	611～750	24h14min
	稳压		24h
	充水	850～750	12h
	稳压		23h30min
	充水	950～850	23h
	稳压		24h
	充水	1000～950	11h30min
	稳压		17h30min
	充水	1000～1050	14h
	稳压		36h
	充水	1050～1100	12h
	稳压		36h
	充水	1100～1150	18h30min
	稳压		12h30min
	充水	1150～1229.5	8h10min
	稳压		29h50min

4 压力管道数据监测及评估

为确保压力管道系统结构的安全，在压力管道系统充水过程中和充水后进行安全监测。该建设项目主要从以下几个方面进行数据监测，以此分析结构的稳定性和安全性。

4.1 渗水量监测

压力管道充水过程中，对关键部位进行渗水量监测，如下平洞施工支洞、厂房上游边墙、厂房上层排水廊道、下层排水廊道、上平洞施工支洞等部位进行渗水量测量。通过对上述部位的渗水进行连续一个月的测量，计算得出各关键部位的渗水量数据，见表2。

表2　关键部位渗水量监测表

序号	部位	平均渗水量/(L/s)	设计渗水量/(L/s)
1	下平洞施工支洞(M8施工支洞)	36.18	—
2	上层排水洞(含新增排水洞)	7.9	166
3	下层排水洞	1.8	260

以上关键部位的渗水量在监测期间有所增加，但观测数据无异常变化，且渗水流量远小于设计计算流量，渗漏水量基本稳定。

4.2 原型监测

在压力管道下平洞和竖井设置监测点，对渗透水压力、衬砌混凝土应变、衬砌段钢筋应力、围岩变形、支护锚杆应力等进行监测，各项监测分析如下。

4.2.1 渗透水压监测

压力管道下平洞和竖井设置监测断面，渗压计布置如图2所示。

下平洞渗压计计算水头滞后于压力管道水位上升，但随着充水水位升高，压力增大，渗压计计算水头逐渐接近充水水位，在竖井充满时，渗压计水头与压力管道水位差最小为17m；之后上平洞充水，渗压计计算水头上升滞后竖井充水期，至上平洞充满水时，渗压计计算水头与实际水头差为36.1m。压力管道充水期间，压力管道衬砌段监测外水压力与内水压力基本一致，钢衬段渗压计基本不变，由此说明压力管道没有出现异常渗漏。

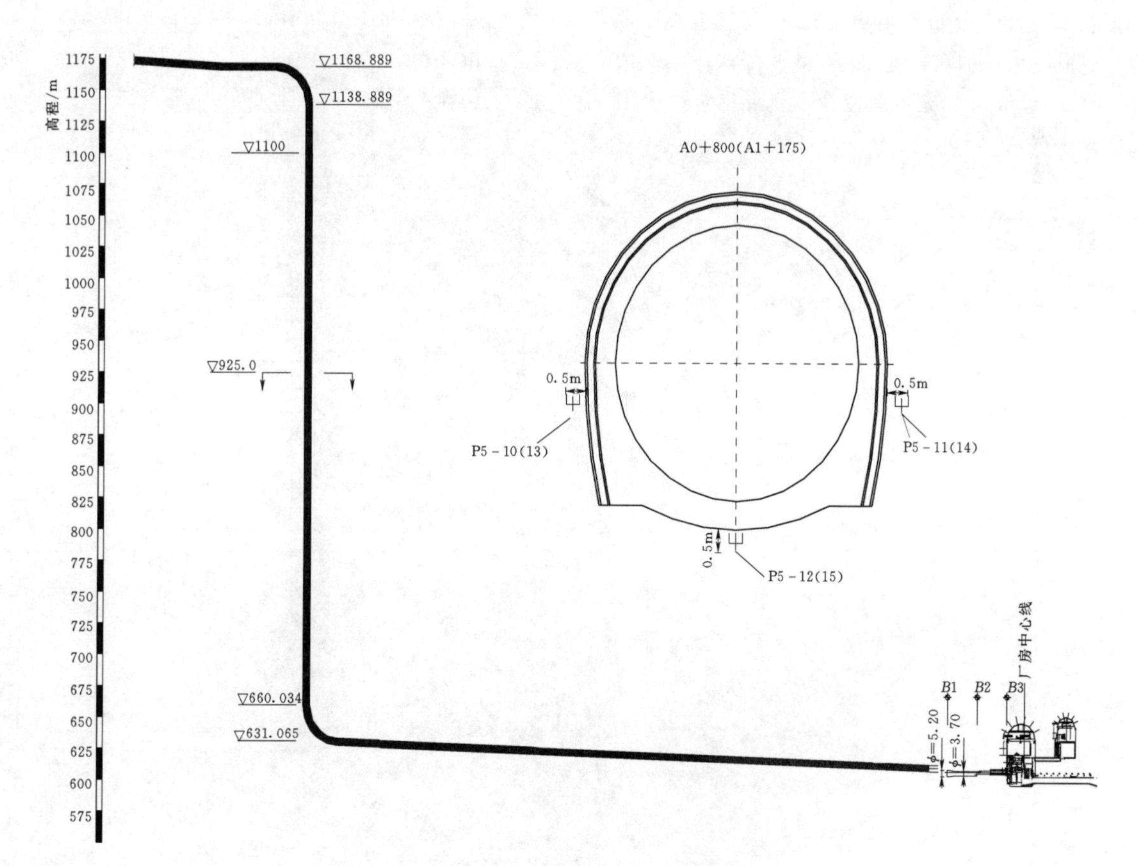

图2　压力管道下平洞和竖井渗压计布置位置图

4.2.2 衬砌混凝土应变和钢筋应力监测

压力管道充水期，压力管道下平洞钢筋计和应变计变化规律一致，充水初期受内水压力作用，钢筋应力和混凝土应变均随水头压力增加而拉应力和拉应变增加，至水位超出仪器安装部位约 230m 时（水位约 850m），出现一次明显的应力释放，之后受内水压力作用，顶拱部位钢筋计和应变计持续受拉，充水结束后，下平洞钢筋应力和混凝土应变已经基本平稳。同样，1 号竖井高程 925m 钢筋计和应变计变化规律一致，充水初期钢筋应力和混凝土应变均随水头压力增加而拉应力和拉应变增加，至水位超出仪器安装部位约 225m 时（水位约 1150m），也出现一次明显的应力释放，充水结束后，钢筋应力和应变已经基本稳定。

在衬砌混凝土允许开裂的情况下，衬砌混凝土在内水压力作用下完成应力释放之后，应变计监测到混凝土应力重新分布的时间点，并且充水完成后，混凝土应变也同时基本稳定；压力管道钢筋应力计监测最大钢筋拉应力为 92.2MPa，远低于钢筋设计抗拉强度 420MPa。混凝土应变计和钢筋计监测数据说明混凝土应变和钢筋应力情况正常。

4.2.3 围岩变形监测

压力管道充水期间，压力管道 0＋800 多点位移计跟随充水高程变化，累积最大增加量 1.7mm，至充水完成后，变形稳定；钢衬段 1＋175 多点位移计充水期变化量－0.1～0.2mm。充水完成后，变形稳定说明围岩变形情况正常。

4.2.4 支护锚杆应力

压力管道充水期，下平洞衬砌段支护锚杆应力初期受内水压力作用，锚杆受压，之后随着内外水压力平衡，锚杆受拉，充水结束后，锚杆应力基本稳定，累积锚杆应力远远小于 62.9 锚杆拉拔力 190kN（28mm 锚杆）；下平洞钢衬段主要受内水压力作用，锚杆全程受压。

综合以上原型监测数据，压力管道充水试验期间，各部位的监测数据未发生异常变化；充水完成后，监测数据随之稳定。

5 结论

压力管道超深竖井充水历时约 17d，从观测的数据分析，充水过程顺利，没有出现异常情况。在正常高水位情况下，压力管道总渗漏量约为 19.5L/s，充水过程安全受控，达到压力管道充水目标，充水试验满足设计要求，充水试验成功意味着拟定的充水原则和充水方案具有可操作性和执行性。通过监测数据分析，充水过程和充水后，压力管道结构未发生任何异常变化，充分说明了压力管道建造结构的可靠性，施工质量得以保证。

参考文献

[1] 陈伯汉．周宁水电站引水道充排水试验［J］．水力发电，2006，32（12）：82－84.

[2] 闫锋，张宏，段庆全，等．管道气试压稳压时间的计算与分析［J］．石油机械，2008（1）：33－35.

抽水蓄能电站地下工程施工通风排烟技术研究

尹高云/中国水利水电第十一工程局有限公司

【摘　要】 本文以河南LN抽水蓄能电站地下工程施工通风排烟为例，研究探索地下工程通风排烟施工技术。针对该项目长距离大断面洞室群开挖爆破施工，通过洞室群通风需求量及通风压力计算，做好设备的选型和配置，并采取一系列的通风排烟防护措施，有效地解决了地下工程洞室群施工通风排烟的难题，可为类似工程施工提供借鉴经验。

【关键词】 抽水蓄能电站　地下工程　施工通风排烟技术

1　工程概述

河南LN抽水蓄能电站装机容量1400MW，装设4台单机容量为350MW的水泵水轮发电机组。厂房系统、引水系统及尾水系统特性见表1。

2　通风规划

本工程地下洞室群通风按照三期进行规划。

表1　**工程特性表**

序号	工程部位	布置位置/作用	洞长/m	典型断面尺寸/(m×m)	断面型式
1	厂房系统				
1.1	通风兼安全洞	主副厂房洞上层的施工支洞	1423	7.5×7.0	城门洞型
1.2	进厂交通洞	主副厂房洞中层、主变洞中层施工支洞	1698.404	7.8×7.8	城门洞型
1.3	5号施工支洞	主副厂房洞中下层的施工支洞	212.896	7.5×6.5	城门洞型
1.4	6号施工支洞	主副厂房洞下层、尾水主洞、尾水支洞、尾闸室下层、尾调室下层施工支洞	507.429	7.5×6.5	城门洞型
1.5	主变排风洞	主变洞上层施工支洞	118.82	9.85×8.0	城门洞型
2	引水系统				
2.1	1号施工支洞	引水隧洞上平洞上游段施工支洞	534.105	7.5×6.5	城门洞型
2.2	2号施工支洞	引水隧洞上平洞下游段施工支洞	865.292	7.5×6.5	城门洞型
2.3	3号施工支洞	引水隧洞中平洞施工支洞	1279.60	7.5×8.0	城门洞型
2.4	4号施工支洞	引水下平洞、下压力钢管斜井段施工支洞	639.249	7.5×8.0	城门洞型
3	尾水系统				
3.1	尾闸通风洞	尾闸室上层施工支洞	91.848	4.5×5.0	城门洞型
3.2	尾闸交通洞	尾闸室中层施工支洞	46.615	7.5×6.5	城门洞型
3.3	尾调交通洞	尾调室上层施工支洞	767.407	7.5×7.0	城门洞型

一期通风在洞室单头掘进阶段。主体工程施工前期，引水隧洞、尾水隧洞、地下厂房系统及其他洞室等单头掘进的洞室均采用压入式通风方式。

二期通风在洞挖高峰期，施工通风已具备整体联动通风条件。此时，进厂交通洞与通风兼安全洞贯通，厂房排风竖井、主变排风洞、高压电缆竖井、引水洞调压井导井及斜井导井等排风通道形成。各主体洞室的通风排烟平洞与竖井、高压电缆平洞与竖井贯通，创造自然通风与机械通风相结合的条件，提供良好的施工环境。

三期通风在洞挖基本结束，进入混凝土衬砌、灌浆和金属结构及设备安装阶段。地下厂房系统、输水系统全部贯通，所有与地面连通的竖井等都将起到烟囱效应，将废气直接排出。

2.1 地下厂房系统

厂房开挖施工期间，尽快完成高压电缆平洞与竖井、排风排烟竖井、母线洞、电缆交通洞等导井的贯通，使地下厂房系统尽早形成循环通风，以改善洞内的通风条件。主副厂房洞及主变洞顶拱开挖期间，拟采用压入式与吸出式相合的混合式通风。

厂房系统施工通风分为三期：第一期在主副厂房洞、主变洞及尾闸室上部开挖阶段，第二期在中下层开挖阶段，第三期在下层开挖及此后各部位施工阶段。

2.2 输水系统

在1～4号、6号施工支洞、尾调交通洞洞口布置轴流式通风机，分别向引水隧洞上平段、上斜井、中平段、下斜井、下平段，以及尾水隧洞、尾调交通洞开挖工作面输送新鲜空气，同时尽早将斜井、竖井的导井开挖贯通，以形成循环通风，改善洞内通风条件。

尾水系统通风分为两期：尾水进口、尾水支管与厂房或尾调室导井贯通前，各施工作业面施工通风为第一期；贯通后，尾水洞的施工环境得到改善，此后阶段各作业面施工通风为第二期。

引水系统通风分为两期：前期各竖井、导井未贯通前，各施工作业面施工通风为第一期；导井贯通后，地下洞室施工环境得到改善，此后阶段各作业面施工通风为第二期。

输水系统进出水口段及其闸门井在施工期间采用自然通风。

3 通风量估算

3.1 通风量计算

主副厂房洞第三层中部拉槽开挖，采用液压钻机钻垂直孔，梯段爆破法开挖，采用混合式通风。其开挖断面为16.5m×8.0m的矩形，断面面积$A=132.0\text{m}^2$，计划循环进尺$\Delta L=8.0\text{m}$，炸药单耗$q=0.46\text{kg/m}^3$，通风距离$L=1862.5\text{m}$，通风时间$t=30\text{min}$。出碴采用1台1.2m^{3}反铲配合1台3m^{3}装载机装车，2台20t自卸汽车运输，其中反铲额定功率为125kW，装载机额定功率为162kW，自卸汽车额定功率为191kW。

现以主副厂房洞第三层开挖为例，计算洞室群的通风需求量。

(1) 排除炮烟计算风量，按下列公式进行计算：

$$Q_1=\frac{2.25}{t}\sqrt[3]{\frac{G(AL)^2\phi b}{P^2}} \tag{1}$$

式中 Q_1——排除炮烟所需风量，m^3/min；

t——通风时间，min，本工程取30min；

G——一次爆破所用炸药量，kg，按$G=S\Delta Lq$进行计算，本工程取486kg；

A——隧洞开挖断面，m^2，本工程取132m^2；

L——隧洞全长或临界长度，m；

ϕ——淋水系数，取0.8；

b——炸药爆炸时有毒气体生成量，L/kg，取40L/kg；

P——风筒漏风系数。

其中，风筒漏风系数P按下式进行计算：

$$P=1/[(1-\beta)^{L/100}] \tag{2}$$

式中 β——平均漏风率，取0.01；

L——单独掘进长度，本工程取1862.5m。

经计算：$P=1/[(1-\beta)^{L/100}]=1/[(1-0.01)^{1862.5/100}]=1.21$。

隧洞临界长度按下式计算：

$$L_1=12.5\times(GbK/AP^2) \tag{3}$$

式中 L_1——隧洞临界长度；

K——紊流扩散系数，与风洞口距工作面长度及风洞直径有关，本工程取0.67；

其他符号意义同前所述。

经计算：$L_1=12.5\times(GbK/AP^2)=12.5\times(506\times40\times0.67/132\times1.21^2)=842\text{m}$。

计算得工作面所需风量：

$$Q_1=\frac{2.25}{t}\sqrt[3]{\frac{G(AL)^2\varphi b}{P^2}}=3811\text{m}^3/\text{min}=63.5\text{m}^3/\text{s}$$

(2) 稀释和排除内燃机废气所需风量，按下列公式进行计算：

$$Q_2=\sum_{i=1}^{N}T_ikN_i \tag{4}$$

式中 Q_2——稀释和排除内燃机废气所需风量，m^3/min；

k——功率通风计算系数，我国现行规范规定为4m^3/(min·kW)；

N——某工作面内柴油设备总台数；

N_i——各柴油设备的额定功率，kW；

T_i——各台柴油机利用率系数，本工程取0.8，各台柴油机负荷率取0.7。

经计算：$Q_2=\sum_{i=1}^{N}T_ikN_i=669\times4\times0.7\times0.8=1499m^3/min$。

(3) 洞内工作人员所需新鲜空气量，按下式进行计算：

$$Q_3=qmk \quad (5)$$

式中 Q_3——施工人员所需风量，m^3/min；

m——同时工作最多人数，本工程取60人；

k——风量备用系数，取1.15；

q——每人供给新鲜空气量，取$3m^3/min$。

经计算：$Q_3=3\times60\times1.15=207m^3/min$。

(4) 最小风速校核风量，按下式进行计算：

$$Q_4=60V_{min}S \quad (6)$$

式中 Q_4——保证洞内最小风速所需风量，m^3/min；

V_{min}——洞内所需最小风速，根据开挖面的大小取值，在全断面开挖时不小于0.15m/s；

S——最大断面面积。

经计算：$Q_4=60\times132\times0.15=1188m^3/min$。

(5) 风机风量计算：

工作面所需风量：$Q=\max(Q_1,Q_2,Q_3,Q_4)=63.5m^3/s$。

风机风量按下式进行计算：

$$Q_{机}=QP/K_r \quad (7)$$

式中 $Q_{机}$——风机额定供风量，m^3/min；

K_r——风机实际效率系数，取0.9；

其余符号意义同前所述。

经计算：$Q_{机}=QP/K_r=85.4m^3/s$。

3.2 纵向通风压力计算

通风阻力包括摩擦阻力和局部阻力。摩擦阻力在风速的全部流程内存在，局部阻力发生在流道断面变化处。风机应具备的风压为：

$$h_{机}>h_{阻}=h_{沿}+h_{局} \quad (8)$$

(1) 沿程压力损失按下式计算：

$$h_{沿}=R_fQ^2=(6.5alQQ_{机})/D^5$$

式中 a——风筒摩擦阻力系数，取0.00213；

l——风筒长度，m，$l=1862.5m$；

Q——工作面所需风量，m^3/s，取$63.5m^3/s$；

$Q_{机}$——风机额定供风量，m^3/s，取$85.4m^3/s$；

D——风筒直径，m，$D=2.0m$。

经计算：$h_{沿}=R_fQ^2=(6.5alQQ_{机})/D^5=4369Pa$。

(2) 局部压力损失按下式计算：

$$h_{局}=R_xQ^2=(Q^2+\zeta Q_{机}^2)/D^4 \quad (9)$$

式中 ζ——为局部阻力系数，一般采用沿程压力的10%～20%，取$\zeta=0.15$；

其余符号意义同前所述。

经计算：$h_{局}=R_xQ^2=(Q^2+\zeta Q_{机}^2)/D^4=320Pa$。

综上所述，纵向通风压$h_{机}=h_{沿}+h_{局}=4369+320=4689Pa$。

采用同样的方法计算施工期各开挖工作面通风量，计算成果见表2。

表2 施工期各开挖工作面通风量计算成果表

开挖工作面	断面面积 A/m²	隧洞长度/m		循环进尺 ΔL /m	炸药单耗 q /(kg/m³)	总炸药量 G/kg	通风时间 t/min	漏风率 β	漏风系数 P	风筒直径 D/m	需风量 Q /(m³/min)	$Q_{机}$ /(m³/min)	纵向风压 h/Pa
		全长 L	临界 L_1										
主副厂房洞第Ⅰ层中导洞	94.0	1587	836	3.0	1.14	321	30	0.01	1.17	2.0	44.9	58.4	1958
主副厂房洞第Ⅲ层中部拉槽	132.0	1862	842	8.0	0.46	486	30	0.01	1.21	2.0	63.5	85.4	4689
主变洞第Ⅰ层中导洞	79.1	1540	836	3.0	1.14	270	30	0.01	1.17	2.0	37.8	49.1	1349
主变洞第Ⅱ层中部拉槽	96.0	1858	834	8.0	0.46	350	30	0.01	1.21	2.0	45.8	61.5	2431
尾闸室第Ⅰ层	50.1	1540	1090	3.0	1.48	223	30	0.01	1.17	1.6	31.2	40.6	2762
高压电缆平洞	43.6	638	1094	3.0	1.25	163	30	0.01	1.07	1.25	19.0	22.6	1422
引水洞1号支洞下游	49.8	1099	1153	3.2	1.35	215	30	0.01	1.12	1.6	30.9	38.4	1901
引水洞2号支洞上游	49.8	1405	1094	3.2	1.35	215	30	0.01	1.15	1.6	31.1	39.8	2480
引水洞3号支洞上游	37.7	1501	872	2.5	1.40	132	30	0.01	1.16	1.25	18.8	24.2	3279
引水洞4号支洞上游	22.7	2349	604	2.0	1.45	66	30	0.01	1.27	1.0	7.8	11.1	2895
尾调交通洞	48.3	767	1243	3.2	1.35	209	30	0.01	1.08	1.25	24.9	29.8	2891
尾水洞6号支洞上游	54.5	2144	939	3.2	1.35	235	30	0.01	1.24	1.6	29.3	40.3	3511
下库放空洞	22.5	402	715	1.8	1.28	52	30	0.01	1.04	0.63	6.3	7.2	2845
下库右岸灌浆平洞	13.2	138	945	1.8	1.58	38	30	0.01	1.01	063	2.0	2.2	115

4 通风排烟方法

结合巷道式通风原理，本工程采用机械通风与自然通风相结合，拟将进厂交通洞、通风兼安全洞作为地下洞室群施工新鲜风的进风巷道；与下水库勘探平洞进口岔洞，与主副厂房洞、主变洞的连通洞、通风孔，以及高压电缆竖井与平洞、尾调交通洞、排风排烟平洞与竖井等作为污浊空气的排出通道，使整个系统风流流向有序，形成“下进上出”的通风系统。

本工程各工作面通风均采用一站式通风到底的方式，中途不采用接力通风。施工通风采用混合式通风方式，即以压入式通风为主，吸出式通风为辅。

4.1 地下厂房系统施工通风

地下厂房系统施工通风规划布置见表3。

(1) 一期通风。在通风兼安全洞洞口布置1台隧洞专用轴流式通风机，即5号风机，分别向主副厂房洞、主变洞及尾闸室上部工作面采用压入式供风。风管选用铝合金板风管，风管随开挖进尺向掌子面延伸，距离掌子面保持在30～50m的爆破安全距离。各隧洞交叉处设置三通岔管，通风岔管管径比主管小一个型号。

在与下水库大坝右岸上游勘探平洞进口段相连接的进口岔洞洞口布置1台隧洞专用轴流式通风机，即6号风机，为吸出式；风筒选用铝合金板风管，悬挂于隧洞顶拱处，风管接至与主副厂房洞和主变洞相连的通风孔上方。

(2) 二期通风。在进厂交通洞各布置1台隧洞专用轴流式通风机，该台风机由一期安装在进口岔洞洞口的6号风机移装，分别向主副厂房洞、主变洞及尾闸室中下层工作面采用压入式供风。同时将一期布置在通风兼安全洞洞口的5号风机移装，调整为吸出式排风，辅助排出主副厂房洞及主变洞中下层的施工污风。

(3) 三期通风。该阶段地下洞室群开挖接近尾声，各洞室已基本贯通，地下洞室群已形成循环通风，通风条件较好，因此，通风以自然通风为主，局部辅以机械通风。

(4) 高压电缆平洞通风。高压电缆平洞开挖支护施工期间，在隧洞进口洞口布置1台隧洞专用轴流式通风机，即7号风机，由高压电缆平洞洞口向洞内压入式供风。

表3　地下厂房系统施工通风规划布置表

序号	风机名称	布置位置	风机型号	风筒型号	供风范围	备注
1	5号风机	通风兼安全洞洞口	3×132kW	ϕ2000+ϕ1800+ϕ500	主副厂房洞、主变洞及尾闸室上部	硬风管 一期为压入式 二期为吸出式
2	6号风机	进口岔洞洞口	3×132kW	ϕ2000	一期吸出式排烟	硬风管
		进厂交通洞洞口		ϕ2000+ϕ1800+ϕ500	主副厂房洞、主变洞及尾闸室中下层	硬风管+软风管
3	7号风机	高压电缆平洞洞口	55kW	ϕ1250	高压电缆平洞	高强度聚酯合成材料

4.2 尾水系统施工通风

尾水系统施工通风规划布置见表4。

(1) 一期通风。分别在进厂交通洞、尾调交通洞洞口各布置1台隧洞专用轴流式通风机，即8号风机和9号风机，分别向洞内各工作面采用压入式供风。风筒选用高强度聚酯合成材料，悬挂于隧洞拱肩处。

(2) 二期通风。尾水隧洞各个工作面由布置在各自施工支洞口隧洞专用轴流式通风机压入式供风，污风由已贯通的尾调室、尾水隧洞进口等排出洞外。

(3) 尾水系统进口段施工期间采用自然通风。

表4　尾水系统施工通风规划布置表

序号	风机名称	布置位置	风机型号	风筒型号	供风范围
1	8号风机	进厂交通洞洞口	110kW×2	ϕ1600+ϕ1400	尾水洞6号支洞工作面
2	9号风机	尾调交通洞洞口	55kW×2	ϕ1250	尾调交通洞、尾调室

4.3 引水系统施工通风

引水系统施工通风规划布置见表5。

(1) 一期通风。分别在1号、2号、3号和4号施工支洞洞口布置1台隧洞专用轴流式通风机，即1号风机、2号风机、3号风机和4号风机，分别向洞内各工作面采用压入式供风。风筒选用高强度聚酯合成材料，悬挂于隧洞拱肩处。

(2) 二期通风。引水隧洞各个工作面的通风，由布置在进厂交通洞洞口的轴流式通风机（4号风机）压入式供风，污风由已贯通的调压井、压力钢管斜井导井，以及1号、2号、3号施工支洞排出洞外。后期混凝土衬砌及压力钢管安装阶段，引水系统已经基本贯通，以自然通风为主，通风效果较差时辅以轴流风机压入式供风。

(3) 引水隧洞进口段施工期间采用自然通风。

表5　引水系统施工通风规划布置表

序号	风机名称	布置位置	风机型号	风筒型号	供风范围
1	1号风机	1号施工支洞口	75kW×2	ϕ1600+ϕ1400	引水上平段1号支洞工作面
2	2号风机	2号施工支洞口	75kW×2	ϕ1600+ϕ1400	引水上平段2号支洞工作面
3	3号风机	3号施工支洞口	75kW×2	ϕ1600+ϕ1400+ϕ500	引水中平段3号支洞工作面高压管道上层排水廊道
4	4号风机	进厂交通洞洞口	75kW×2	ϕ1600+ϕ1400+ϕ500	引水下平段4号支洞工作面5号施工支洞

5　通风管布置

通风管悬吊于洞顶下方，在洞顶布置锚杆固定钢绞线悬吊通风筒，采用高强度聚酯合成材料，在通风管路转弯部位采用高强抗拉低漏风率的钢骨架风管，风管连接为拉链式，节长20～30m。

(1) 从降低风压损失考虑。实现长距离大风量通风的最有效措施是采用大直径风管。

(2) 从降低管道摩阻损失考虑。引起管道摩阻损失的主要因素是管壁的光滑程度、管道接头及管道的顺直程度。本工程选用高强度聚酯合成材料。

(3) 从降低管道漏风损失考虑。造成风管漏风损失的主要原因有：管道接头漏风、管道缝纫针眼漏风、管道破损漏风。增大管道节长，减少接头，接头采用拉链式，增强接头的密封性；采用对折缝纫法和在缝纫缝上涂刷胶粘剂的方法，减少缝纫针眼的漏风。

6　通风设备选型配置

本工程通风设备拟选用法国ECE风机厂家生产的系列产品，地下工程通风系统设备配置见表6。

表6　地下工程通风系统设备配置表

序号	风机品牌	型　号	扇叶角度/(°)	级数	功率/kW	数量/台	风量/(m³/s)	单级风压/Pa
1	法国ECE风机	T2ϕ630C3-12	0	单级	22	1	4.9～8.4	830～2425
				二级	22×2	1	4.9～8.4	1660～4850
				三级	22×3	1	4.9～8.4	2490～7275
2		T2ϕ1250C1-12	0	单级	55	1	17.5～31.6	560～1780
				二级	55×2	1	17.5～31.6	1120～3560
3		T2ϕ1600C1-9	−12	二级	75×2	4	24.0～41.0	1050～3600
4		T2ϕ1600C1-12	−9	二级	110×2	1	23.0～46.5	1200～4900
5		T2ϕ2000C0-9	+3	三级	132×3	2	52.0～95.0	2220～4860
	合　计					12		

7　通风排烟防护措施

7.1　施工防尘

施工粉尘中的90%来自凿岩作业，其次由爆破产生，装碴、运输产生粉尘所占比例较少。隧道施工防尘的主要方法是湿式凿岩作业、喷雾洒水降尘、机械化正常通风及加强个人防护等。

(1) 在施工现场，布置粉尘收集监测装置，进行粉尘浓度检测；设立固定方向和流动的监测站，根据监测数据加强各项粉尘控制措施。

(2) 施工防尘采用湿式凿岩，利用高压水湿润岩粉，变成岩粉浆液，冒出炮孔，防止岩粉飞扬。

(3) 采用水幕降尘：在距掌子面一定距离设置几道水幕，水幕降尘器设置在边拱上，爆破前5min打开水幕开关，放炮30min后关闭。同时，采取装碴洒水和雾炮机除尘等措施。

(4) 喷混凝土防尘：采用湿喷工艺，填加黏稠剂、速凝剂等外加剂，加入合成纤维也可降低回弹率。在喷射混凝土工作面设局部风机和集尘仪。

(5) 个人防护：掘进、装碴及其他辅助作业工人佩戴防尘口罩。喷射混凝土工作人员佩戴附有净化器和呼吸器的防尘口罩。

(6) 采用爆破孔内水压爆破技术：在爆破孔内采用孔底设置水袋及水封爆破技术，使爆破孔爆破瞬间产生水雾，起到快速降尘目的。

7.2 有害气体控制和防护

开挖中产生的有害气体来源主要为爆破产生的废气和出渣的燃油机械排出的废气，以及围岩开挖后可能释放的瓦斯等有害气体，主要采用加强通风的方式降低有害气体浓度，保证施工作业环境安全。

(1) 在施工现场，布置有害气体监测装置，进行有害气体浓度检测，在掘进施工的不同时间和掘进的不同深度随机进行，根据监测数据加强通风等措施。

(2) 通风注意事项：通风机装有保险装置，发生故障时能自动停机。在通风系统未恢复正常工作和经全面检查确认洞内已无有害气体之前，任何人均不得进入洞内。

(3) 通风排烟管理措施：设立通风排烟作业班组，作业人员实行通风排烟值班。

风管安装做到平、直、稳、紧，且不漏风。风管转弯半径不小于风管直径的3倍。

通风机安装牢固，尽量增大每节风管的长度以减少风管接头。

7.3 综合治理措施

(1) 综合防尘措施：包括湿式凿岩、水封爆破降尘、爆破后喷雾降尘、出碴前冲洗岩壁、装碴洒水等措施。

(2) 净化内燃设备尾气：加强内燃设备保养，保持内燃设备工况良好，以减少废气排放量；内燃设备安装有效的消烟化油器，并在柴油中加入S30-30柴油添加剂以净化尾气，降低空气污染。

(3) 加强通风管理：制定严格的通风管理制度，安排专人进行通风管理，根据需要随时进行空气卫生和通风指标检测，不断进行通风系统的优化，保证通风系统完好有效运行。

(4) 充分通风：要保证有足够的通风时将废气彻底排完，避免造成废气循环积累，确保洞内各工作面空气达到标准。

8 结语

通过认真细致计算、设备选型及多次研究，探索出地下工程通风排烟施工技术，有效地解决了地下工程洞室群爆破开挖消除烟尘施工的难题，可为类似工程施工提供借鉴经验。

审稿人：姬脉兴

白鹤滩水电站二道坝混凝土浇筑胶带机应用技术

张建清/中国水利水电第八工程局有限公司

【摘　要】白鹤滩水电站二道坝为重力式混凝土坝，地质缺陷处理导致二道坝开浇时间滞后，为确保节点目标完成，该项目混凝土浇筑采用了胶带机设施作为入仓手段。胶带机设施安装、运行简单，比传统设备的入仓方式方便快速、入仓强度高，能快速实现仓面多点下料，快速施工，缩短施工工期。本项目可为在地形复杂、施工工期短、工程量大等条件下的大体积混凝土浇筑施工提供借鉴经验。

【关键词】白鹤滩　二道坝　混凝土浇筑　胶带机　快速入仓

1　工程概况

白鹤滩水电站二道坝工程为混凝土重力坝，位于大坝下游360m处，与深度达48m的水垫塘一起构成大坝的泄洪消能设施，能承受坝身最大3万m³/s的泄流流量，最大泄洪功率达6万MW。二道坝坝顶高程608.00m，最大坝高67m，坝顶宽度8m，坝底最大宽度67m，坝顶长度173m，共分为9个坝段，上游坡为1：0.6，下游坡为1：0.8，混凝土总方量28万m³，全坝使用低热水泥混凝土浇筑。

二道坝坝体内布置灌浆廊道、排水廊道，并与水垫塘排水廊道相通，组成水垫塘和二道坝统一的排水系统。排水廊道最低高程552.28m，通过水垫塘集水廊道连接到两岸山体内的集水井，通过深井泵房抽排。二道坝基础设一排防渗帷幕，并向两岸山体延伸120.0m。下游侧灌浆排水廊道底部高程558.50m，左、右岸以1：1.2的坡度爬坡至高程581.12m，分别与左、右岸的灌浆排水洞相连。

2　浇筑强度分析及入仓设备选型

2.1　浇筑强度分析

二道坝混凝土浇筑开浇时间相对于合同工期滞后约8个月，完工节点工期为2019年10月31日。为保证二道坝完工节点目标，对合同工期进行调整，调整后二道坝混凝土的施工时段为2018年6月至2019年10月，工期17个月。混凝土浇筑工程量28.11万m³，平均浇筑强度1.55万m³/月，最高浇筑强度3.28万m³/月。

根据招投标文件，二道坝混凝土浇筑设备为1台M900塔机和1台CC200-24胎带机。二道坝高程555.00～585.00m仓面最大面积1250m²。按照平铺法浇筑计算，每坯层浇筑混凝土量为625m³，覆盖时间按4h计算，每小时最大混凝土浇筑量为156m³。按照台阶法计算，施工仓面台阶宽为4m，最大坝段宽度为21m，浇筑坯层厚50cm，台阶覆盖仓面为4m×3m×21m=252m³，浇筑混凝土量为126m³，覆盖时间按4h计算，每小时最大混凝土浇筑量为31.5m³。

按照招投标文件复核，M900塔机配置6m³卧罐，每小时按吊运7罐混凝土，1台塔机每小时浇筑量为42m³，1台CC200-24胎带机每小时浇筑强度按40m³（实际工况）计算，40+42=82m³<156m³，即1台M900塔机加1台CC200-24胎带机不能满足单仓最大入仓强度要求。M900塔机理论生产量为13220m³/月（吊罐为6m³），不含吊零时间；CC200-24胎带机生产率为10000m³/月（浇筑强度按40m³/h考虑），而进度调整后的最大浇筑强度为32744m³/月，13220+10000

$=23220m^3<32744m^3$，即原有投标设备配置不满足调整后月浇筑强度要求。

2.2 入仓设备选型

根据上述分析，原招投标文件中二道坝混凝土浇筑设备配置已不能满足工期调整后浇筑强度需求。为保证二道坝节点目标实现，采用了混凝土胶带机作为入仓设备，二道坝下游护坦塔机 D1100-63 作为混凝土辅助入仓设备，以满足二道坝混凝土浇筑需求。

胶带机布料系统主设备采用 SHB22 型布料机，该设备可以回转、双向伸缩布料。布料皮带机安装在回转支承装置上，回转电机可驱动布料机以立柱为中心在 0～359°的范围内回转，皮带机带宽为 650mm，布料皮带机结构为桁架式，皮带机桁架通过滚轮在栈桥上移动，栈桥由铰支座及两根张拉钢丝杆固定在回转柱上，皮带机桁架在液压马达的驱动下相对回转柱可做0～12m 的移动。皮带机采用一台 15kW 电动滚筒驱动，电机可正反转。在回转柱上方有一个回转平台，上料皮带通过上回转平台上的两组托轮支撑在布料立柱上，对主要设备的启动都加有延时控制，并有启动响铃警示功能。布料机的回转、桁架伸缩运动带有限位保护装置，双向伸缩回转式布料机基本性能参数详见表 1。

表 1　双向伸缩回转式布料机基本性能参数表

项　目　名　称	参数值
悬臂布料范围	2.47～25m
瞬时/额定生产率	$200m^3/h$，$120m^3/h$
带宽	650mm
带速	2.5m/h
回转	359°
伸缩	12m
皮带驱动电机功率	15kW
设备总体尺寸（长×宽×高）	24.5m×1.9m×18.7m
埋柱高度	12m

2.3 胶带机浇筑强度分析

二道坝高程 576.00m 以下仓号以回转式布料机和 CC200-24 胎带机（布置在水垫塘）浇筑为主，最大仓面面积 $1250m^2$，按 0.5m 坯层厚度 4h 覆盖考虑，最小入仓强度为 $156m^3/h$。1 台 CC200-24 胎带机每小时浇筑强度按 $40m^3$（实际浇筑能力）计算，回转式布料机每小时浇筑强度按 $120m^3$ 计算，$40m^3+120m^3=160m^3>156m^3$，即 1 台回转式布料机加 1 台 CC200-24 胎带机能满足单仓最大入仓强度要求（未考虑 D1100-63 塔机辅助浇筑）。

二道坝高程 576.00m 以上仓号主要采用回转式布料机进行浇筑，最大仓面面积 $932m^2$，最小入仓强度为 $116m^3/h$，回转式布料机每小时浇筑强度按 $120m^3$ 计算，$120m^3>116m^3$，即 1 台回转式布料机能满足二道坝高程 576m 以上的混凝土浇筑要求（未考虑 D1100-63 塔机辅助浇筑）。

根据调整后二道坝工期调整后进度安排，最高月浇筑强度为 3.28 万 m^3，浇筑时间为 2018 年 10 月，此时大部分坝段浇筑高度在高程 576.00m 以下。浇筑设备为 CC200-24 胎带机，左右岸共布置 2 台回转式布料机。CC200-24 胎带机月浇筑强度按 $10000m^3$ 考虑，每台回转式布料机每月浇筑强度按 $30000m^3$ 考虑，$10000m^3+30000m^3+30000m^3=70000m^3>32744m^3$，若采用回转式布料机方案，设备配置满足二道坝月浇筑强度要求。

3 胶带机系统布置

胶带机整体上有三大系统组成，即上料系统、输送系统和卸料系统。

左右岸上料系统分别布置在下游围堰道路回头弯位置，坝顶胶带机上料系统布置在右岸高程 634.00m 马道外侧（F_{17}沟平台顶部），上料系统为一个 $15m^3$ 集料斗，集料斗采用液压系统驱动弧门，可根据来料情况及上料情况实时控制集料斗下料速度。

二道坝高程 583.00m 以下混凝土浇筑主要采用左右岸 2 条混凝土输送胶带机桁架和 3 台回转式布料机组成的胶带机系统。共包括 10 条上料皮带，输送系统采用标准桁架结构进行制作，并设置两侧检修行人通道及顶部保温遮阳防雨顶棚。

根据二道坝体型结构特点，左岸输送系统分两期形成，其中二期输送系统是由一期输送系统使用完成后通过转移而形成；左岸一期输送系统布置在护坦及护岸底高程部位，左岸二期输送系统主要利用护岸高程 579m 马道布置，左岸一、二期输送系统与在 2 号坝段内设置的可换向立柱（2 号立柱）连接，通过该立柱可实现对 4 号坝段仓面内的卸料系统供料（通过 4 号上料皮带）。右岸输送系统主要布置在右岸 F_{17} 冲沟回填混凝土内，与设置在 8 号坝段内的可换向立柱（9 号立柱）连接，通过该立柱可实现对 6 号坝段仓面内的卸料系统供料（7 号上料皮带）。二道坝高程 583.00m 以下混凝土胶带机布置详见图 1。

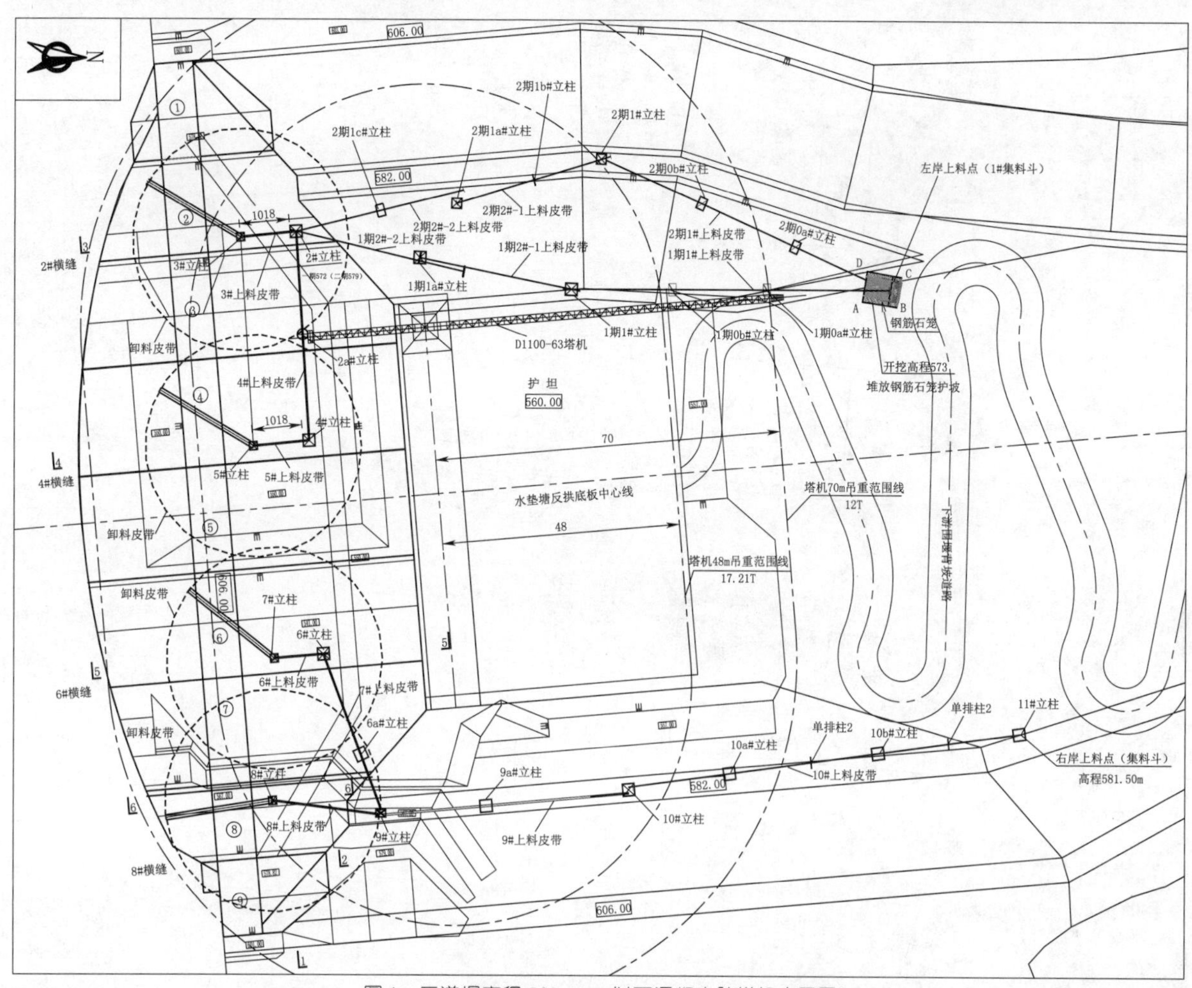

图 1　二道坝高程 583.00m 以下混凝土胶带机布置图

二道坝高程 583.00m 以上混凝土浇筑主要采用二道坝坝顶胶带机系统，共包含 9 条上料皮带，其中二道坝内的上料皮带采用原左岸和右岸两条系统的部分上料皮带，通过 5a 号上料皮带将原左岸上料皮带连成整体。二道坝高程 583.00m 以上混凝土胶带机布置详见图 2。

二道坝回转式布料机共布置有 3 个卸料系统，4 个卸料点。卸料系统包括 2 个固定下料点和 1 个机动下料点。卸料点分布在 2 号、4 号、6 号、8 号坝段，在卸料系统都正常工作时，可将卸料系统布置在 3 个卸料点进行卸料，其中 4 号坝段和 6 号坝段坝段固定一个卸料点进行卸料，在 2 号、8 号坝段布置一个机动下料点。当卸料点有一个出现故障时，保证 4 号坝段和 6 号坝段下料点正常工作。

卸料系统通过布置的下游护坦平台 D1100-63 塔机进行不同仓面的吊装转移。

Ⅰ、Ⅱ、Ⅲ路线分别为二道坝右岸胶带机路线、左岸一期胶带机路线、左岸二期胶带机路线，其中左岸一期胶带机路线在左岸坝段浇筑至高程 574.00m 以后转移至左岸二期胶带机路线。

Ⅳ路线别为二道坝顶部胶带机路线，坝顶部胶带机为浇筑二道坝高程 583.00m 以上混凝土的路线。

4　胶带机系统施工工序

胶带机系统主要是通过输送系统和卸料系统立柱的加高来实现。卸料系统立柱标准节高度为 12m，每安装一次立柱标准节（加高），可完成 12m 高混凝土的浇筑，待该卸料系统所覆盖的坝段混凝土浇筑完成后（12m），将卸料系统吊运至另一卸料点进行混凝土浇筑（转移）。通过立柱的加高及卸料系统的转移来满足二道坝坝体混凝土浇筑要求。

立柱标准节的加高及卸料系统的转移通过下游护坦布置的 D1100-63 塔机来完成。

4.1　高程 585.00m 以下胶带机布置

左岸一、二期布料机输送系统主要负责 1～5 号坝段高程 585.00m 以下的混凝土浇筑，右岸布料机输送系统主要负责二道坝 6～9 号坝段高程 582.00m 以下的混凝土浇筑。5 号和 7 号立柱首次安装立柱高程分别为 561.00m 和 558.40m，待二道坝 4～6 号坝段浇筑至立

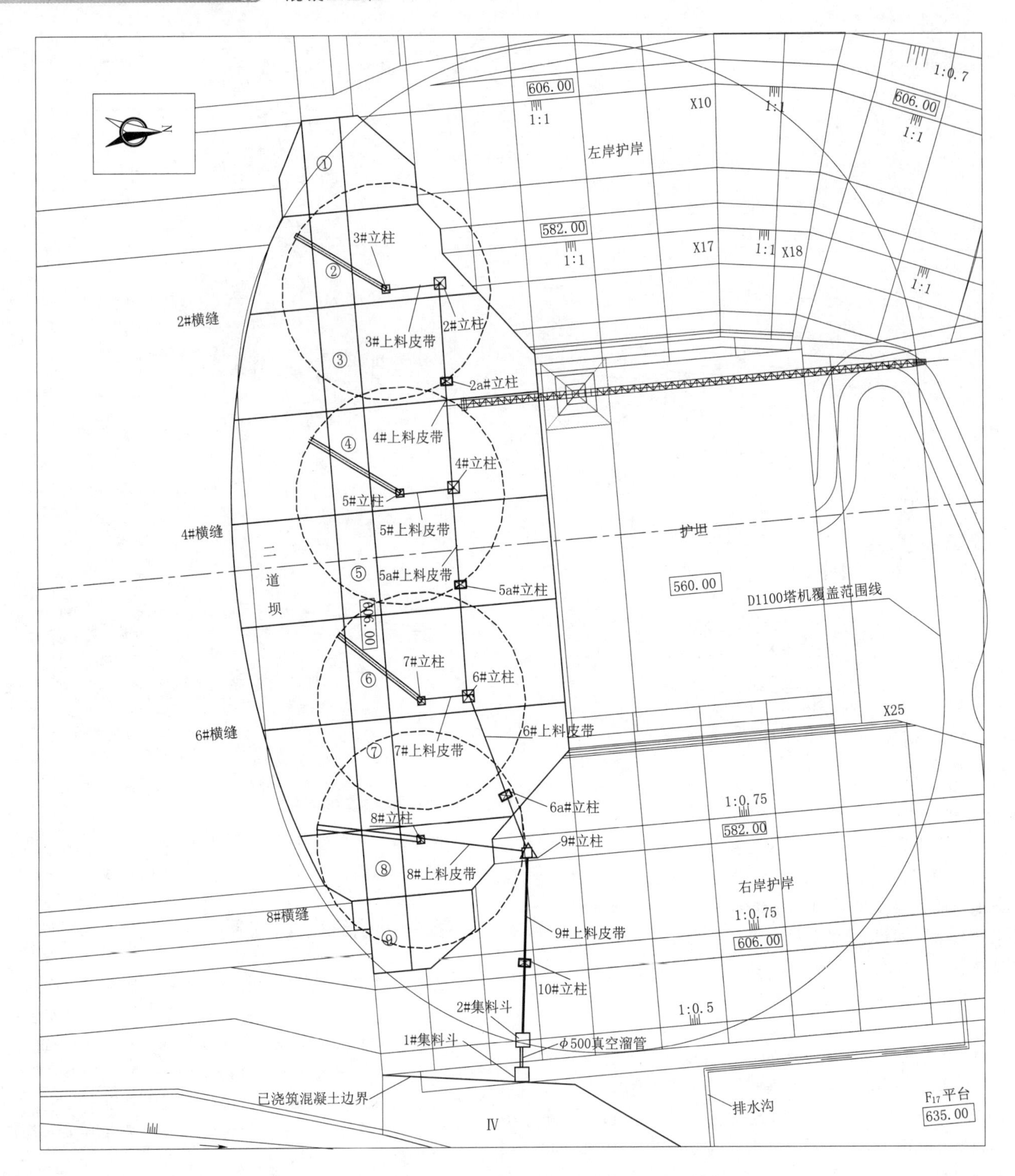

图2　二道坝高程583.00m以上混凝土胶带机布置图（高程单位：m）

柱顶部后，对其立柱进行第一次提升，提升高度控制在12m左右，以此类推，立柱第二次提升完毕后左右岸混凝土胶带机路线直接转至二道坝坝顶胶带机路线。二道坝高程585.00m以下混凝土胶带机立柱布置详见图3。

4.2　高程585.00m以上胶带机布置

坝顶胶带机路线主要负责二道坝1～9号坝段高程585.00m以上的混凝土浇筑。胶带机线路采用右岸高程634.00m马道（F_{17}冲沟顶部平台）新增上料系统，由右岸下游护岸第三单元铺设送料皮带路线，由高程634.00m使用真空溜管卸料至617.00m马道后由新增送料皮带送至仓面，其立采用原有立柱加高，每次加高12m左右，直至全部立柱加高至609.00m高程。二道坝高程585.00m以上混凝土胶带机立柱布置详见图4。

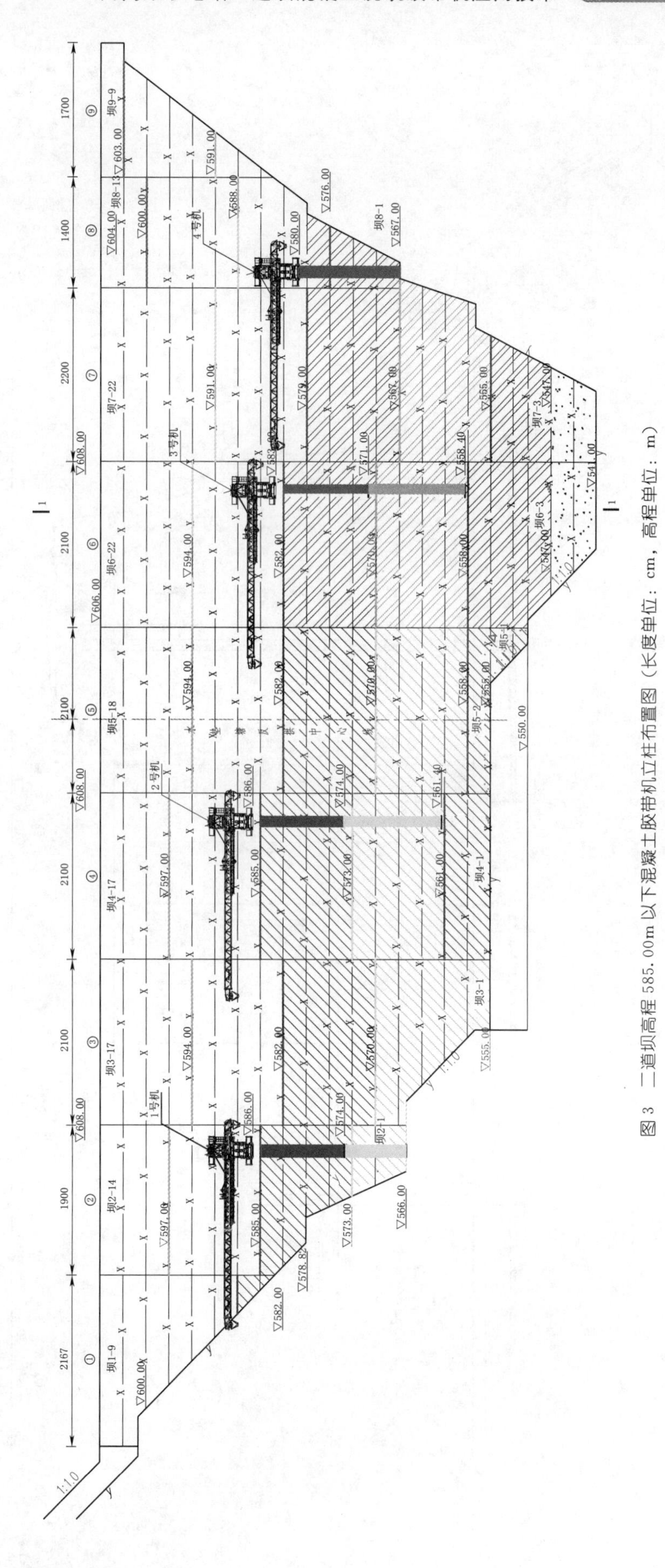

图3　二道坝高程585.00m以下混凝土胶带机立柱布置图（长度单位：cm，高程单位：m）

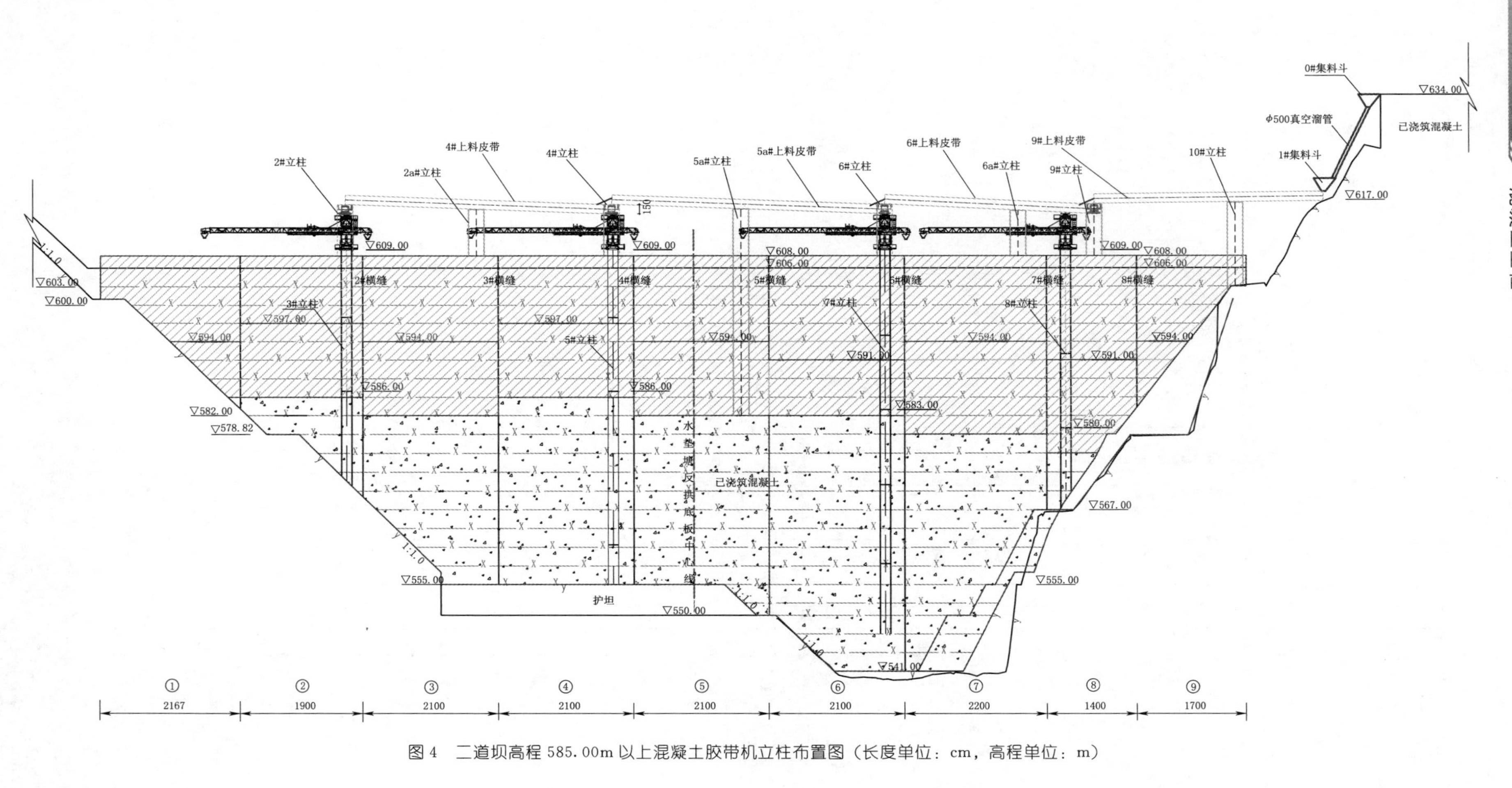

图4 二道坝高程585.00m以上混凝土胶带机立柱布置图（长度单位：cm，高程单位：m）

5 结语

白鹤滩水电站二道坝浇筑封顶是整个白鹤滩水电站施工关键工期节点，二道坝完工时间直接影响到水垫塘2020年5月首次充水目标。通过对本项目的研究与实践，达到了混凝土快速入仓、缩短施工工期的目的，确保了二道坝能在预定工期内完工，同时对解决在地形复杂、施工工期短、工程量大等复杂条件下的大体积混凝土浇筑施工具有较好的参考价值。

堆石混凝土重力坝施工质量控制技术研究

龚　倩　赵京燕/中国水利水电第九工程局有限公司

【摘　要】本文针对堆石混凝土重力坝的施工难点，论述了其施工工艺、质量控制、配比试验等，创新性地将堆石混凝土重力坝常用的两次立模改为一次立模，取得了降低成本、加快进度的成果。

【关键词】重力坝施工　堆石混凝土　施工难点　施工工艺　质量控制

堆石混凝土是指利用专用自密实混凝土完全填充大粒径块石或卵石堆积空隙所形成的完整密实的混凝土，其中堆石体积含量约占55%，自密实混凝土体积含量约占45%。施工方法：首先将满足一定粒径要求的块石或卵石直接入仓摆平，形成有缝隙的堆石体，然后在堆石体表面按比例浇筑配置好的专用自密实混凝土，混凝土依靠自重流入堆石缝隙，填满堆石空隙，形成自密实堆石混凝土。该混凝土具有低碳环保、低水化热、工艺简便、造价低廉、施工速度快等特点。

1　工程概况

余庆打鼓台水库位于贵州省余庆县西北面敖溪镇的胜利社区境内，坝址处于乌江支流敖溪河左岸一级支流后溪河上游的岩孔沟汇口以下约400.00m河段，水库坝址距敖溪镇3.0km，距余庆县城63.0km。打鼓台水库工程由大坝枢纽、引水工程和泵站工程组成，是贵州省首个自密实堆石混凝土重力坝。

余庆打鼓台水库为小（1）型，工程等级为Ⅳ等，水库拦河坝横跨后溪河，坝体为C_{90}15W6F50自密实堆石混凝土重力坝结构，大坝坝顶轴线长198.00m，坝顶高程799.00m，坝高41.00m，坝顶宽6.00m，坝底高程758.00m，坝底宽度33.94m，坝底长度62.00m。水库正常蓄水位为796.00m，死水位为779.50m，水库总库容为619.00万m^3，正常蓄水位库容523.00万m^3，死水库容61.70万m^3。

2　堆石混凝土施工难点

2.1　施工缝面处理

大坝施工采用分层浇筑施工，水平施工缝按坝体每一升层高度2m设置，施工缝防渗处理质量控制要求高。水平施工缝渣石、乳皮清理难度大，一旦施工缝面处理不当，则有可能引起层面裂缝，大坝渗漏。

2.2　配合比设计

自密实混凝土在低水胶比下具有很高的流动性，同时又具有足够的塑性黏度，令骨料悬浮于水泥浆中，不出现离析和泌水问题，能自由流淌并充分填充，形成密实且均匀的胶凝结构，并兼有良好的力学性能和耐久性能。

混凝土配合比设计就是在综合以上性能的前提下，给出自密实混凝土中各组分适宜的比例。自密实混凝土配合比设计不当，将直接影响到混凝土的流动性和抗拉强度，造成混凝土重力坝内部温度升高，大坝裂缝渗水。

2.3　模板选择与控制

由于自密实混凝土流动性大，混凝土凝结以前可持续对钢模板产生较大的侧压力，其刚度和强度必须能够抵抗高流动性自密实混凝土产生的侧向压力，尤其是模板底部，自密实混凝土模板侧压力较大；堆石混凝土在堆石时易碰撞模板拉杆甚至模板，所以模板立模后保持其定点的准确性、稳定性、刚度和密闭性是混凝土质量控制的关键。

2.4　堆石入仓

自密实堆石混凝土堆石料筛选清洗后采用自卸汽车直接运输入仓，入仓设备清洗干净后入仓作业。仓面设置集中卸料点卸石，采用挖机（也可用吊车）堆铺摆石，人工辅助堆石。堆石料入仓过程中会有一部分石渣沉积，粉层量超标也是质量控制的难点之一。

3 自密实混凝土施工

3.1 原材料控制

（1）水泥：根据《胶结颗粒料筑坝技术导则》（SL 678—2014）中的相关规定，用于自密实混凝土的水泥宜选用硅酸盐水泥或普通硅酸盐水泥 P.O 42.5 水泥。

（2）掺合料：根据《胶结颗粒料筑坝技术导则》（SL 678—2014）中的相关规定，用于自密实混凝土的粉煤灰应符合现行国家标准《用于水泥和混凝土中的粉煤灰》（GB/T 1596—2005）中Ⅰ级或Ⅱ级粉煤灰的技术性能标准，本工程采用Ⅱ级粉煤灰。

（3）砂石骨料：自密实混凝土应选用 5～20mm 粒径的石子作为粗骨料，粗骨料最大粒径不超过 20mm，针片状颗粒含量不超过 8%；中粗砂，最大粒径 5mm，细度模数平均值 3.20。

（4）外加剂：堆石混凝土专用外加剂（HSNG），其性能指标符合《混凝土外加剂》（GB/T 8076—2008）中的相关规定。掺入适量外加剂后，混凝土可获得适宜的黏度、良好的粘聚性、流动性、保塑性、高强耐久、早强抗渗、硬化过程不收缩，具有微膨胀作用。

（5）水：拌合水为饮用水，符合《混凝土拌合用水》（JGJ 63—89）标准要求。

（6）块石：堆石料新鲜、完整、质地坚硬，粒径为 300～1000mm，饱和抗压强度大于等于 30MPa，堆石料的含泥量指标不大于 0.5%，片石重量不得超过堆石料总重的 10%。

3.2 配合比设计与试验

大坝设计混凝土为 C_{90}15W6F50，施工中对自密实混凝土的原材料进行取样，配送实验室进行专用自密实混凝土配合比设计与试验。设计试验流程及目的如下：

（1）净浆试验。选取不同型号外加剂与水泥、粉煤灰进行适应性试验，以确定该工程胶凝材料相适应的外加剂型号。

（2）砂浆试验。选取不同水胶比、砂率、粉煤灰掺量进行试验，以确定合理水胶比、砂率及粉煤灰掺量。

（3）混凝土试验。调整骨料及外加剂用量，得到自密实混凝土的基准配合比。

（4）配合比优化试验。调整配比参数，得到更经济实用的优化配合比。

自密实混凝土试验采用 HJS-60 型单卧轴强制式搅拌机，首先用水润湿搅拌机，然后依次把称量好的石子、砂、水泥、粉煤灰放入搅拌机中，搅拌 15s 停机。再次启动搅拌机，把称量好的水及外加剂混合后均匀倒入搅拌机中，搅拌 2min 后出机，立即测量扩展度、坍落度及 V 形漏斗通过时间，配合比试验实测实量如图 1 所示。

图 1　配合比试验实测实量

根据多组试配结果确定配合比控制参数，在满足工作性能指标基础上进一步进行优化，使自密实混凝土配合比进行工作性具有持续性，满足规范要求的工作性能标准。

对确定的配合比混凝土按成型标准制作抗压、抗渗、抗冻试块，标准养护至相应龄期后委托检测公司进行相关检测，具体检测结果见表 1。

表 1　高自密实性能混凝土硬化性能检测结果

项目	检测结果	结论
立方体抗压强度	标准养护 28d，18.4MPa	满足 C_{90}15 设计要求
抗渗性能	加压至 0.6MPa，所有试件顶面均未渗水	满足 W6 设计要求
抗冻融性能相对弹模量	快冻法 50 次循环，质量损失 0.2%，相对动弹模量 82.2%	满足 F50 设计要求

当配合比各项性能测试均能满足设计指标，满足施工生产要求时，最终选择确定施工配合比参数。

3.3 模板施工控制

为了提高模板安装的准确性、稳定性、刚度、强度，在制作安装体系中，首次将小钢模拼装大模板技术应用于防渗面板施工，面板系统主要采用小钢模组拼成定型大模板，分块整体吊装就位；支撑锚固系统则通过钢管 ϕ48.3×3.6mm 外侧加固与仓内预埋 ϕ20 钢筋地锚拉接，拉模钢筋不应弯曲且竖向拉设不少于 3 道，横向间距经计算取 700mm，如图 2 所示。

3.4 堆石入仓施工

自密实堆石混凝土块石采用自卸汽车直接入仓，集中卸料，人工配合挖机（PC360 型）摆石，提高了入仓强度（图 3）。

图2　小钢模拼装大模板拉模图

图3　堆石入仓图

堆石料筛选清洗后采用自卸汽车直接运输入仓，入仓设备在进仓前进行清洗，干净后入仓作业，仓面设置集中卸料点卸石，采用挖机堆铺摆石，人工辅助，确保模板不变形。堆石施工机械设备控制在距上游面板2/3距离、下游面板1/3距离，在仓面中间作业；机械设备进入仓面必须待混凝土强度达到2.5MPa才能上坝。仓面铺石后未及时浇筑混凝土时必须进行覆盖，避免还未浇筑被雨水冲刷，导致仓面沉积石渣。

3.5　自密实混凝土浇筑

堆石间的空隙利用自密实混凝土高流动性、黏聚性的特点，自行流动填充密实，入仓时无须振捣，简化入仓方式。大坝采用分层分块浇筑，设计分层厚度2m。混凝土采用泵送结合布料机一端向另一端直接入仓，实现整个升层通仓连续浇筑。浇筑时从上游面向下游面进行，沿短边浇筑，上游面浇筑高度低于下游面浇筑高度，形成坡度$i=1:3$的倒坡。自密实混凝土浇筑点间距最大控制3m，斜距流淌约4～5m。据浇筑数据统计分析，混凝土浇筑平均强度约28.6m^3/h，最高强度达到36.4m^3/h。

浇筑完成的堆石混凝土在养护前宜避免太阳曝晒，在浇筑完毕6～18h内开始洒水养护，养护时间不少于28d。

3.6　施工缝防渗处理

本工程在大坝面板与坝体施工缝处理上创新了施工工艺，防渗面板与坝体堆石混凝土采用同时浇筑上升的无缝施工方法，同一升层的防渗面板一次性浇筑成型，有效解决层间结合与施工缝防渗问题，减少二次模板作业。

面板与坝体只设水平施工缝，水平缝按坝体每一升层高度2m设置，坝体水平施工缝以大量的裸露石头高出浇筑面100～150mm，满足上下层间有效啮合；自密实堆石混凝土浇筑完后，待混凝土达到初凝后，采用高压水喷射，堆石混凝土形成较好粗糙界面。为加强面板水平施工缝防渗与啮合作用，对面板混凝土的水平施工缝面进行二次电镐人工凿槽处理，凿毛方向平行于坝轴线，凹槽距迎水面150mm，间距100mm，断面尺寸为20mm×30mm，形成粗糙链接键槽，加强缝面的结合度，提高缝面的结合面积，从而提高大坝的整体性能、抗剪性能和抗渗能力。对大坝上游面及冲毛不到位的地方采用电镐人工凿毛，再对仓面进行清洗，清除仓面石碴、乳皮、杂物，确保仓面清洁干净，无积水、石碴。

4　施工质量控制措施

4.1　施工缝质量控制

施工缝面上的混凝土乳皮、表层裂缝、由于泌水造成的低强混凝土（砂浆）以及嵌入表面的松动堆石必须予以清除，并进行凿毛处理，以无乳皮、成毛面、微露粗砂或石子为凿毛标准，同时凿毛产生的杂物应及时清除，严格控制施工缝清理，确保缝面洁净，且整个施工缝面全部完成清理后才准许进入下一道工序。堆石入仓前施工缝面禁止存有积水，对已经凿毛的仓面做好防雨措施，严禁雨水冲刷凿毛后的仓面；当仓面收仓时应形成水可自流式仓面。

4.2　堆石入仓质量控制

（1）在堆石过程中，堆石体区域所含有的粒径小于300mm的石块数量不得超过10块/m^2，且不宜集中。

（2）应在入仓道路上设置冲洗台，对将要入仓的自卸车车轮或其他机械设备进行冲洗，泥土、泥水禁止带入堆石仓面，否则不得浇筑高自密实性能混凝土。

（3）堆石仓面上游2/3区域严禁自卸汽车进入，应在下游侧设置2～3个集中卸料点，由挖机直接转运堆石或转运堆石笼入仓；堆石仓面下游1/3区域可由自卸汽车直接卸料入仓堆积，由挖机辅助平仓。当仓面宽度较小时，可以进行错仓堆石；当仓面宽度较长时，卸料点可根据现场情况由参建各方商讨后确定卸料位置。

（4）在堆石料运输和入仓过程中由于碰撞、冲击产生的逊径石料、石碴和混凝土碎末应随时发现随时清除，严禁小于300mm的石料、石碴聚集。如果冲击产生碎屑和石粉，应及时清扫，避免在仓面底部存积，且清扫过程中仓面严禁用水冲洗。

（5）宜将粒径较大的堆石置于仓面的中下部，粒径较小的堆石置于仓面的中上部。对于粒径超过800mm的大块石，宜放置在仓面中部，以免影响堆石混凝土表层粘结质量。与基础仓混凝土接触的堆石应严格避免大面积接触，以免影响冷缝的粘结。

(6) 堆石宜采用挖掘机平仓，靠近模板部位的堆石宜采用人工码放。

(7) 堆石完成后应做好防雨（水）措施，在浇筑高自密实性能混凝土前必须防止雨（水）冲刷堆石导致泥浆、石粉在堆石仓面底部沉积。最有效的方法是入仓前彻底清洗入仓的块石，不让泥土和石粉粘附在块石的表面；采取缓冲措施，减少块石的推砸和碰撞。

4.3 自密实混凝土质量控制

(1) 在混凝土拌和生产中，应定期对混凝土拌和物的均匀性、拌和时间和称量仪器的精度进行检验，如发现问题应立即处理。

(2) 混凝土的坍落度、坍落扩展度、V形漏斗通过时间每4h应检测不少于1次，出泵口自密实性能指标必须满足规范、导则及设计的相关规定和要求。

4.4 原材料质量检测

自密实混凝土各种原材料需要保持稳定，按照《胶结颗粒料筑坝技术导则》（SL 678—2014）中的相关规定进行检测，经检验合格后方可使用，如材料发生变化需重新制定配合比。

4.5 自密实混凝土质量检测

(1) 自密实混凝土试块制作方法：抗压、抗渗、抗冻等试块制作所用试模与普通混凝土相同；试块制作、成型过程无需振捣，分两次装入，中间间隔30s，每层装入试模高度的1/2，装满后抹平静置24h，转入标养室养护到90d龄期即可，试块检验结果应满足设计要求。部分自密实混凝土试块试验报告统计见表2。经试验检测判定：质量优良。

表2　部分自密实混凝土试块试验报告统计

序列号	试件编号	构件名称及部位	设计等级	日期		试验凝期/d	试件实测尺寸/mm	试验机选用表盘/kN	试验实测			
				成型	试验				破坏荷载/kN	标准强度	强度代表值	达到设计强度/%
1	D-27	坝0+12.54～坝0+142.89（高程761.00～762.50m）	C_{90}15W6F50	2016-05-12	2016-08-10	90	150×150×150		640.5	28.5	27.7	184.67
									604.7	26.9		
									620.9	27.6		
2	D-28	坝0+112.54～坝0+142.89（高程761.00～762.50m）面板	C_{90}15W6F50	2016-05-13	2016-08-11	90	150×150×150		685.0	30.4	29.3	195.33
									625.7	27.8		
									668.4	29.7		
3	D-29	坝0+073.34～坝0+112.54（高程761.00～762.50m）	C_{90}15W6F50	2016-05-18	2016-08-16	90	150×150×150		678.2	30.1	28.6	190.67
									575.7	25.6		
									675.4	30.0		
4	D-30	坝0+073.34～坝0+112.54（高程761.00～762.50m）	C_{90}15W6F50	2016-05-19	2016-08-17	90	150×150×150		700.5	31.1	29.4	196.00
									662.7	29.5		
									621.5	27.6		
5	D-47	坝0+059.98～坝0+074.34（高程762.50～764.50m）	C_{90}15W6F50	2016-08-04	2016-11-02	90	150×150×150		728.5	32.4	31.4	209.33
									702.4	31.2		
									690.8	30.7		
6	D-48	坝0+059.98～坝0+074.34（高程762.50～764.50m）面板	C_{90}15W6F50	2016-08-04	2016-11-02	90	150×150×150		647.8	28.8	29.7	198.00
									710.4	31.6		
									643.5	28.6		
7	D-55	坝+052.16～坝0+086.54（高程766.50～768.50m）面板	C_{90}15W6F50	2016-09-01	2016-11-30	90	150×150×150		653.6	29.0	28.7	191.33
									610.5	27.1		
									674.2	30.0		
8	D-56	坝0+052.16～坝0+086.54（高程766.50～768.50m）	C_{90}15W6F50	2016-09-01	2016-11-30	90	150×150×150		660.0	29.3	28.7	191.33
									670.5	29.8		
									605.8	26.9		

（2）自密实混凝土的力学性能按现行国家标准《普通混凝土物理力学性能试验方法标准》（GB/T 50081—2019）进行检验，并按现行国家标准《混凝土强度检验评定标准》（GB/T 50107—2010）进行合格评定；混凝土的长期性能和耐久性应按《普通混凝土长期性能和耐久性能试验方法标准》（GB/T 50082—2009）进行检验。

（3）自密实混凝土超声波检测及成果整理按照《水利水电工程岩石试验规程》（SL 264—2001）和《水工混凝土试验规程》（SL 352—2006）进行，超声波检测波速不宜小于3000m/s。利用孔内电视设备对混凝土钻孔内表面全面拍照，分析堆石混凝土内部缺陷率、密实度进行评定。从已浇混凝土钻孔成像图可看出，J-2钻孔波速平均值为4730m/s，局部低值为混凝土与岩石接触不密实的地方，与钻孔成像图吻合，检测结果满足设计要求（图4）。

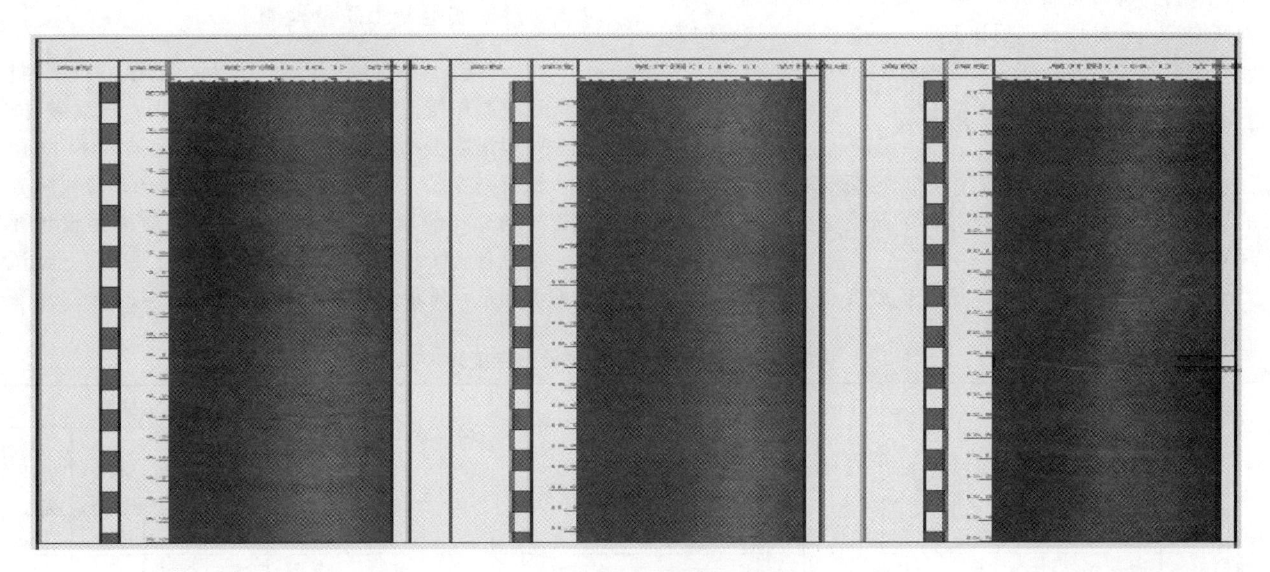

图4　钻孔成像图

（4）堆石混凝土钻孔取芯密实度与强度检测。钻孔取芯芯样直径不宜小于21.9cm，应满足《钻芯法检测混凝土强度技术规程》（CECS 03—2007）中第5节和《水工混凝土试验规程》（SL 352—2006）中第7.7节芯样钻取的相关规定外，还应满足以下要求：堆石混凝土芯样代表试件其内部石块体积含量应控制在55%±20%，自密实混凝土芯样试件中不应有块石。坝体每浇筑1层自密实堆石混凝土，其各种试验指标的试验芯样不应少于1组；芯样加工、强度检测与评定应满足《钻芯法检测混凝土强度技术规程》（CECS 03—2007）中第6节芯样的加工及技术要求、第7节芯样试件的试验和抗压强度值的计算规定。

按照相关规范及设计要求对大坝进行钻孔取芯检测，大坝坝体C15堆石混凝土芯样共取样5组，在现场3个坝段取样检测：最小强度21.3MPa、最大强度27.6MPa、平均强度24.18MPa，标准差2.52；根据《水利水电工程施工质量检验与评定规程》（SL 176—2007）附录C，试块任何强度均大于设计值90%以上，配筋强度保证率大于95%，混凝土抗压强度的离差系数0.1，小于规程要求的0.22。判定结果：质量合格。

（5）《胶结颗粒料筑坝技术导则》（SL 678—2014）第7章7.3.6条规定“采用钻孔压水实验检测大坝的抗渗性能时应符合《水利水电工程钻孔压水试验规程》（SL 31—2003）中的有关规定”。钻孔压水数量每坝段不少于2个孔。根据压水试验成果，结合抗渗检测成果，对混凝土抗渗性能进行综合评价。经评价堆石混凝土和自密实混凝土压水整体抗渗性能良好。

5　应用范围与展望

第三方的检测资料显示，采取此种工艺，大坝平均入仓温度为11.5℃的情况下，坝内最高温度为17.2℃，15个月后，最高温度为19.9℃。当入仓温度为25℃时，3d后坝内最高温度仅达到29.7℃。说明采取此工艺，堆石混凝土的内部温度水化热温升是较低的。经过普查，大坝表面总共发现裂缝9条，最大深度13cm，最长小于3m，均发生在下游，最大裂缝宽度0.14mm，属表层的裂缝，后已全部处理验收；大坝蓄水后，仅发现在永久伸缩缝处有两点出现洇水现象，后也进行了处理验收。裂缝预判原因是采取了一次性模板，虽减少了一次立模工序，加快了施工速度，但因大坝外部50cm厚的C_{90}15W6F50（二级配）抗渗抗冻混凝土全部用自流平自密实C_{90}15W6F50（一级配）代替；而此部位面积较大，厚度仅50cm；而下游迎水面未设钢筋，是裂缝的另一主要原因。大坝的两点洇水，是施工中的操作不规范导致，与工艺无关。两种缺陷均属可接受范围。说明此工艺对较低的混凝土重力大坝和围堰，当混凝土设计标号较低，工期较紧时是适用的。但对标号要求较高的高坝，或有流速要求较高的水工建筑物，此工艺应经试验论证后慎重使用；对有清水要求的混凝土，小模板拼装工艺不宜使用。

6 结语

本文针对堆石混凝土的施工难点，论述了自密实堆石混凝土筑坝施工质量控制的各项措施。成果显示，该施工技术低碳环保，节省能源，可降低坝体内部温度，减少裂缝，提高施工速度，降低成本，缩短工期，已形成较完整的施工工法；小钢模拼装的大模板技术具有使用的局限性，但组装灵活、拆卸方便，一次性投资少、周转次数多、模板堆放场地小，得到了专业人士和社会的认可，可为类似工程提供借鉴。

参考文献

[1] 周虎，安雪晖，金峰. 低水泥用量自密实混凝土设计试验研究 [J]. 混凝土，2005 (1).

[2] 林贻贤. 堆石混凝土（自密实）重力坝施工工艺研究 [J]. 黑龙江水利科技，2018 (1).

[3] 郭金喜. 自密实堆石混凝土重力坝施工技术应用研究——以甘肃省某堆石混凝土重力坝为例 [J]. 工程建设与管理，2018 (8).

浅析预制混凝土管片生产工序质量控制措施

孙军汉/中国水利水电第七工程局有限公司

【摘　要】 预制混凝土管片是盾构机施工过程中使用的重要构件之一。混凝土管片预制难度大，质量要求高，福州管片厂总结了其生产工艺流程、技术控制要点和质量控制措施，对类似工程有借鉴意义。
【关键词】 预制混凝土管片　生产工艺　质量控制　技术措施

1　工程概况

福州管片厂位于长乐区松下镇，占地面积 121 亩，紧邻省道 201，交通便利。该厂规划 2 条生产线，目前已投产 1 条，设计产能 1000 环/月，现场可堆存管片 3600 环。该生产线可生产 6.0～8.5m 不同直径盾构管片，管片供应福州市轨道交通 6 号线工程土建施工总承包第 3 标段，盾构区间为莲花站—滨海新城站—壶井站—万寿站，工程需用管片约 5420 环，均为内径 5.5m、外径 6.2m、幅宽 1.2m 的通用环管片。

2　管片生产工艺流程图

预制混凝土管片是城市地铁等盾构法施工的隧道结构衬砌主体，对于整个隧道的质量和使用寿命起着关键作用。其生产工艺流程如图 1 所示。

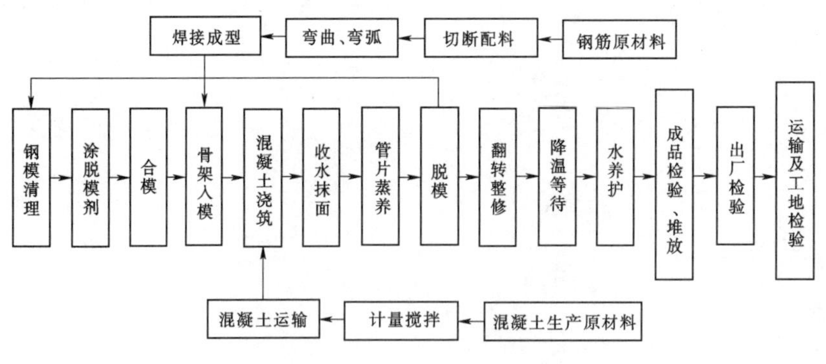

图 1　管片生产工艺流程图

3　主要工序质量控制措施

为确保预制管片生产质量，保证地铁运行安全，在生产过程中应做好以下十个方面的质量控制工作。

(1) 做好原材料的质量管理工作，确保进场原材料的各项指标满足规范要求。通常从以下几方面进行控制：

1) 混凝土的原材料和货源要经认可，不得随意更改，其有关的技术标准按现行国家规定执行。

2) 钢筋进场必须附有质量保证书，并经试验室按规范批量抽样检验合格后方可投入使用，进场钢筋应按规格分类挂牌堆放，钢筋表面应洁净，不得有油漆、油垢，当钢筋出现颗粒状或片状锈蚀时不准使用。

3) 水泥、粉煤灰进仓必须附有质量合格证书。

4) 砂、石材料派人到场进行规格和清洁度质量监控。碎石用水筛洗，清除石粉、泥块，并进行级配试验，使骨料粒径符合技术指标中最佳级配。经试验中心取样检验合格并符合要求后，才准其送货到厂，到厂后再进行测试，合格才投入生产使用。

5）采用含水率测定仪检测砂石含水率，严格控制水灰比；砂石料堆不同部位含水率不一，而且水分会由料堆表层往底部渗透，除了常规取样测量含水率外，增加由下料口取样，用于检测砂石含水率变化，从而保证配料准确，不因气候变化造成配合比的实际误差。

6）减水剂由供方提供性能检验合格证并抽样检测合格后方可使用。

（2）做好钢筋下料、钢筋骨架焊接成型环节的质量控制工作。该工作环节控制要点如下：

1）钢筋切断前必须检查刀具是否有裂纹，刀架螺栓牢固、防护罩可靠和运转正常后方可作业。不得切直径及数量超出使用机械所规定能力的钢筋。

2）弯曲钢筋时，钢筋要紧贴弯曲压板。不得超过弯钩（曲）机对直径、根数的规定。

3）焊接成品不得浇水冷却，待自然冷却后方能移动并不得随意抛弃。

4）成型钢筋骨架应分规格堆放在指定的专用弧度架上，防止压弯变形。

5）成型钢筋骨架不准踩踏、站人或堆放其他物品，运输过程注意轻装轻卸。

6）成型钢筋焊接品堆放场所应有遮盖，防止钢筋及焊接点被雨淋而影响力学性能。

7）成型管片钢筋骨架在堆放和吊运过程要防止变形。放置场地应平整，堆放时分类堆放整齐划一，并注意勿使钢筋受油、泥的污染，发生锈蚀。

（3）做好混凝土入模浇筑前准备工作的过程把控，确保混凝土预制管片触摸后的外观质量平整、光滑。本环节主要从模具清理、喷涂脱模剂、组模等方面进行控制，具体要求如下：

1）模具清理：组模前必须认真清理模具，把模具上的混凝土残积物全部清除，清洁后的模具内表面的任何部位不得积有混凝土残积物。模具内表面使用海绵块及石棉布配合清理，严禁使用尖锐铁器清刮。清理模具外表面时，特别要注意清理测量水平仪器所在位置的混凝土残积物。混凝土残积物全部被剥落后，将全部杂物从模具内表面清走，不得有任何残留杂物。边角部位要用棉布擦拭干净，以免影响模板的精度。

2）喷涂脱模剂：必须由专人负责。喷涂前必须先检查模具内表面是否留有混凝土残积物。如有，应返工清洁。该环节工作的要点是必须涂抹均匀，确保模具内表面全部均布薄层脱模剂，如两端底部有流淌的脱模剂积聚，应用棉纱清理干净。

3）组模工作要做到以下几点：

①组模前应检查模具各部件、部位是否洁净，脱模剂喷涂是否均匀。

②检查侧模板与底模板的连接缝不粘胶布有否移位或脱落，如有此现象，要及时修正。

③端模板安装要点：先将中间螺栓用手旋紧定位，再用专用工具均衡用力拧至牢固。特别注意严格使吻合标志完全对正位，并拧紧螺栓，不得用力过猛。

④侧模板安装要点：先将中间螺栓用手拧紧后再用专用工具拧紧，由中间位置向两端顺序拧紧，严禁反顺序操作，以免模具变形导致精度损失。

⑤模具组装好后，应由专人检查。检查主要内容包括：侧板、端板与底板拼装是否密贴；侧板与端板结合是否密贴；各组装螺栓是否拧紧。

（4）要做好钢筋骨架安装的精准度控制工作。该工作需满足如下要求：

1）安装前检查塑料专用保护层垫块是否按要求安装，是否有漏装。

2）安装后检查各部位保护层是否符合要求。

3）设专人安装预埋件，并由专职质检员进行检查。

4）做好所有预埋件和保护层厚度的验收记录。

（5）混凝土的搅拌与浇筑是预制管片生产工序中关键一环，应按照以下要求进行质量控制：

1）混凝土搅拌过程中，称量系统须严格按规程要求进行操作，并定期校验电子称量系统的精确度。混凝土配合比必须经过试配，浇制两组试块按规范进行试验，试验结果须经监理审批确认合格后方可使用。每次搅拌前测定砂石含水率，并根据含水量的变化由电脑系统进行调整，不准随意更改配合比。

2）材料的允许称量误差为：粗、细骨料±2%；水泥、粉煤灰、水和添加剂±1%。如果生产过程中称量误差超出上述范围，应立即停止混凝土生产，调整校核称量系统精度，满足要求后方可继续生产。

3）搅拌时间不小于90s，坍落度控制在50～70mm。

4）混凝土拌和完毕，第一盘取样做混凝土坍落度试验，确认坍落度合格后才能使用。每个工作班抽查不少于3次，且在制作试件时需检验混凝土的和易性。每班拌制的同配比的管片混凝土试块留置不少于2组。一组试件与管片同条件养护，另一组试件与管片同条件养护脱模后再进行标准养护。与管片同条件养护的试件用于检验脱模强度，经同条件养护脱模后再用标准养护的试件检验评定混凝土28d抗压强度。

5）混凝土浇筑需按下列要求进行：

①每班第一盘混凝土灌注前，必须先做混凝土的坍落度试验，只有被确认坍落度在50～70mm范围内才可使用。

②混凝土浇筑时由专职质检员监督，防止漏振或过振。

③全部振动成型完成后，抹平上部中间处混凝土，修整外环面弧度。

（6）为尽快提高预制混凝土强度，缩短等强脱模时间，需对成型后的管片进行蒸养。管片蒸养过程分静停、升温、恒温、降温共四个阶段。管片养护温度要求严格，升温速度不超过15℃/h，降温速度不超过20℃/h。管片蒸养前要静养，管片浇筑后静养停放不少于1.5h，并按要求做好外表面的光面工艺，确保细抹后不见抹痕，方可进行蒸汽养护。蒸养期间每30min测量1次温度，并做好记录，所有记录中控室集中控制。

（7）管片脱模的过程质量控制包括脱模强度和脱模外观质量控制。

要严格控制管片的脱模强度，经相同条件养护的混凝土试件强度值应达到设计要求，脱模时混凝土应达到20MPa以上，方可进行拆模。不同气温条件下，对管片的蒸养温度、蒸养时间进行相对调整，以确保管片脱模时达到设计要求。

管片脱模须严格按工艺要求的拆模工序进行。确保各类配件及螺栓完全拆卸，并做好配件的保护和存放。拆模中严禁锤打、敲击等非规范行为。地面操作专人配合进行，由专人向桥吊司机发出起吊信号进行脱模。管片脱模吊运采用专用夹具，当使用真空吸盘时，混凝土强度需达到15MPa方可起吊；当使用夹具时，必须在混凝土强度达到20MPa时才能起吊。

（8）管片脱模后即进入养护、堆存及发货出厂环节。

1）管片成品养护：管片入水时，其表面温度与水的温差小于20℃才能入水，如果不符合条件，需在车间内降温一段时间，达到要求后再入水养护。入水后的管片需完全被水浸没，满足要求后调运至堆场存放。

2）对于生产过程中产生的气泡需及时按以下要求进行修补：

①深度大于2mm、直径大于3mm的气泡、水泡孔和宽度不大于0.2mm的表面干缩裂缝用胶粘液与水按1：1～1：4的比例稀释，再掺进适量的水泥和细砂填补，研磨表面，达到光洁平整。

②破损深度不大于20mm，宽度不大于10mm，用环氧树脂砂浆修补，再用强力胶水泥砂浆表面填补研磨处理。

③产品最终检验由质检员负责，车间质检员发现产品质量问题时应及时向上级报告。不合格的产品及时标识和隔离。

3）管片达到规定龄期（28d），强度达到设计强度的100%即可根据盾构施工进度的需求发货出厂。“管片出厂时，管片强度、抗渗等级要达到设计要求，管片外形尺寸符合设计要求。”出厂前发货员应登记管片的分块号、生产序号及生产日期等资料以便于进行质量跟踪。质检员应检查管片的合格章以及检验人员代号章才允许装车出厂。管片运到施工场地，须经盾构施工单位验收合格办理签收手续后，方可认为该片管片生产过程的完成。

（9）管片自出厂到盾构施工现场一般采用平板汽车运输，根据需运输的管片外形尺寸，在车厢板底部固定铺设截面尺寸相同的方木，装车时将管片弧面朝上放置于两根固定好的方木上，以防止管片移位、磕碰，然后再用绑带把管片固定，以防止脱落。管片与管片的叠放用10cm×10cm的方木作为垫条。

（10）管片的质量检查。

1）拼装质量检查工作：随机抽取不同模具生产的三环管片在水平拼装试验台上进行混合拼装，检验其内外直径以及环缝和纵缝宽度是否符合设计要求。

钢模复试合格后，进行三环管片试生产及三环管片水平拼装，以检查管片钢模的制作质量。试生产100环抽查3环做一次，合格后方能进行正式生产，以后每生产1000环抽查3环做一次，不合格则恢复每生产100环抽查3环做一次。每次进行三环水平拼装前，必须重新调整批拼装台的水平度，符合要求后方可进行拼装。

2）钢筋混凝土管片每生产50环应抽查一块管片进行检漏试验，连续3次达到检漏标准，则改为每生产100环抽查一块管片。再连续3次达到检测标准，最终检测频率为每生产1000环抽查一块管片做检漏试验，如果出现一次检测不达标，则恢复每生产50环抽查一块管片做检测试验的最初检测频率，再按上述要求检测。管片检漏标准为在0.8MPa的水压力作用下，恒压3h，渗透深度小于5cm则为合格。

3）试验技术保证措施：

①抗渗试验台要有足够的刚度，在加压后不变形，满足试验要求。

②密封拉紧丝杆必须锁紧，拉紧丝杆刚度必须满足试验加压要求。

③压力自控试压泵精度必须满足试验要求，而且要有较好的灵敏度，在压力内泄时及时补压，以保证恒压压力。

④严格按照管片生产工艺进行管片生产，在管片抗渗试件检验合格后方可进行管片检漏试验。

⑤管片试验过程中指派技术人员进行全程监控、指导，确保整个试验过程按既定方案进行操作，严禁野蛮操作或违规操作。

4 结语

按照以上工艺和控制措施，该厂共生产钢筋混凝土管片12280环，其中合格率100%。说明该工艺流程设计合理，质量保证措施可行，具有借鉴意义。

溶解热法检测硬化水泥混凝土中胶凝材料用量技术

李　杭　吴金灶/中国水利水电第十六工程局有限公司

【摘　要】对已硬化的水泥混凝土，在检测胶凝材料含量时，常用的方法有水泥溶解法、光学显微法、化学分析法等，但对以石灰岩、大理岩为细骨料的已硬化混凝土易产生较大误差。采用材料的溶解热法可以检测各种岩石中混凝土胶凝材料用量，有效解决现有检测方法存在的不足问题。

【关键词】硬化混凝土　溶解热法　胶凝材料用量　检测技术

1　研究背景

水泥混凝土是目前国内外用量最大的建筑材料，其用量随着我国经济高速发展和国外市场的开拓而急剧增长。2006年全国混凝土用量约为21亿m^3，2010年近40亿m^3，至2018年近80亿m^3。近年来，随着建筑规模扩大仍在不断增加。我国的水泥混凝土施工技术在世界上处于领先水平，混凝土的浇筑质量总体良好，但也难免会出现各种缺陷，如混凝土表面出现蜂窝麻面、混凝土力学性能和耐久性能无法满足设计要求、混凝土出现裂缝等现象。这些缺陷的产生可能是一种原因形成的，也可能是多种原因综合形成的，如设计缺陷、材料比例不当、材料品质不合格、施工质量或气候等原因造成。在判断缺陷原因时，当发现混凝土强度、耐久性降低或较差时，应首先考虑胶凝材料用量不足的因素，但由于浇筑的混凝土已经硬化，要判断混凝土中的胶凝材料用量只有查阅混凝土拌和记录，若拌和楼衡量器具计量出现问题或记录缺失（不排除造假资料的可能性），则必须依靠各种检测手段进行分析判断，通常采用的分析检测技术有水泥溶解法、光学显微法、化学分析法等。但现有的方法在检测以石灰岩、大理岩为细骨料且已硬化的混凝土中胶凝材料用量时，由于石灰岩、大理岩主要成分为碳酸钙，其中钙的溶解干扰了分析过程，易产生较大的误差。采用材料溶解热法可以检测各种情况下的水泥混凝土中胶凝材料用量，有效解决现有检测方法存在的不足。

2　检测原理

（1）水泥混凝土主要是由胶凝材料（水泥、粉煤灰等）、砂石骨料、水及外加剂组成。各种材料在强酸（硝酸和氢氟酸混合液）溶解时会放出一定的热量，简称溶解热。水泥的溶解热较大，约为2000～3000kJ/kg（随着龄期的增长，部分胶凝材料水化放出热量，其溶解热随着龄期增长而相应减小），而砂石料的溶解热较小且恒定。一般而言，水泥的溶解热为粉煤灰的2～4倍，是砂石的15～20倍。通过测定一定龄期硬化水泥、混凝土、砂浆的溶解热和各材料溶解热并通过计算，可定量测得硬化水泥混凝土中胶凝材料用量。水泥混凝土中主要材料的溶解热见表1。

表1　水泥混凝土中主要材料的溶解热　单位：kJ/kg

材料名称	水泥	粉煤灰	石灰岩、大理岩	花岗岩、砂岩等
溶解热	2000～3000	1000～1500	100～200	0～100

注　花岗岩、砂岩等细骨料在本文所述的酸溶解过程中通常无法完全溶解。

（2）水泥在强酸中溶解时主要的放热反应如下：

$$3CaO \cdot SiO_2 + 6HNO_3 + 6HF = 3Ca(NO_3)_2 + H_2SiF_6 + 5H_2O + Q$$

$$2CaO \cdot SiO_2 + 4HNO_3 + 6HF = 2Ca(NO_3)_2 + H_2SiF_6 + 4H_2O + Q$$

$$3CaO \cdot Al_2O_3 + 12HNO_3 = 3Ca(NO_3)_2 + 2Al(NO_3)_3 + 6H_2O + Q$$

$$4CaO \cdot Al_2O_3 \cdot Fe_2O_3 + 20HNO_3 = 4Ca(NO_3)_2 + 2Al(NO_3)_3 + 2Fe(NO_3)_3 + 10H_2O + Q$$

其中，Q代表反应所放出的热量。

3　检测方法

（1）将待测的一定龄期的混凝土试样破碎，小心剔除大于5mm的粗骨料，将余下的砂浆晾干，用四分法取得20g样品，用玛瑙研钵磨细并全部通过0.16mm方孔筛后风干，称取两份约3g样品进行水含量检测（在高温炉中直接从常温缓慢升温至550℃灼烧至恒重）。另外称取两份约3g磨细样品测定溶解热：

在已知热容量的溶解热测定仪中加入一定量的硝酸和氢氟酸混合液，待温度稳定后，准确测定溶解热测定仪中的酸液温度；加入上述样品，待样品反应完全，再次准确测定酸液温度，即可计算出已知龄期样品的溶解热，详细方法见《水泥水化热测定方法》(GB/T 12959—2008)。

(2) 同时应测定一定龄期的水泥、粉煤灰、细骨料的溶解热。

一定龄期的水泥的溶解热可通过配合比设计时水泥的3d、7d、28d的水化热资料，建立溶解热与水化龄期关系曲线：

$$E_t=E_\infty\{1-\exp(-at^n)\}$$

$$Q_t=Q_0-E_t$$

式中 E_t、Q_t——龄期为t的水化热和溶解热；

Q_0——初始溶解热；

E_∞——最终水化热；

a、n——常数；

t——龄期，初始溶解热与龄期t的溶解热之差即为某一龄期的水化热。

当混凝土中有掺合料时可按配合比中掺合料的比例配制胶凝材料代替上述水泥进行溶解热测定。

(3) 取到相同配合比相同龄期的合格混凝土试样时，可通过测定合格混凝土试样中砂浆的溶解热，代替所需的3d、7d、28d的水化热资料进行计算。

4 胶凝材料用量计算

(1) 已知有合格硬化混凝土样品时，设合格混凝土样品中砂浆的溶解热为H_1(J/g)，砂为a_1g，每克砂的溶解热为HS_1，水泥为b_1g，每克水泥的溶解热为HC_1；待测样品中总的溶解热为H_2，砂为a_2g，每克砂的溶解热为HS_2，水泥为b_2g，每克水泥的溶解热为HC_2。由于砂的溶解热与龄期无关，可通过同品种砂进行测定，且同龄期养护条件相同的每克水泥的溶解热相同，即

$$HS_1=HS_2=HS;HC_1=HC_2=HC$$

$$H_1=a_1\cdot HS+b_1\cdot HC\cdots \quad (1)$$

$$H_2=a_2\cdot HS+b_2\cdot HC\cdots \quad (2)$$

$$a_2+b_2=G(1-w)\cdots \quad (3)$$

注：G为称取的样品，约3g。

式(1)中H_1、a_1、b_1及HS已知，将HC代入式(2)和式(3)，可求得不合格样品中水泥和砂的重量。

(2) 无合格混凝土样品时，应建立龄期与材料溶解热关系（其实在进行混凝土配合比试验时，已有不同龄期水泥和粉煤灰的溶解热，便于材料不同龄期水化热计算，只是需增加砂的溶解热检测数据）。

若t(d)时待测混凝土中的水泥砂浆溶解热为Q_t，则

$$Q_t=a_1HS+b_1\cdot HC_t\cdots \quad (4)$$

$$a_1+a_2=G(1-w)\cdots \quad (5)$$

式中 Q_t、HS、HC_t——龄期t(d)砂浆溶解热、砂的溶解热以及水泥的溶解热；

w——砂浆水含量；

G——称取的样品约3g，分别代入后则可求不合格品种砂浆中砂和水泥的用量。

5 工程实例

云南某大坝采用石灰岩作为混凝土细骨料，水泥为P.O 42.5，不掺灰，混凝土强度等级为C_{30}W6F150，在混凝土浇筑56d后钻孔取芯检测混凝土抗冻强度，试验结果混凝土芯样的抗冻强度等级仅为F50，与设计相差甚远，要求检测混凝土芯样中的水泥用量是否符合要求。

相关配合比资料：不掺灰，粗细骨料均为石灰岩，混凝土配合比为水泥280kg/m^3；人工砂650kg/m^3，水126kg/m^3，粗集料为二级配。水泥未水化时的溶解热为2900kJ/kg，水化3d后的溶解热为2680kJ/kg，水化7d后的溶解热为2640kJ/kg，水化28d后的溶解热为2600kJ/kg。

将芯样破碎，按上述检测方法制备样品，测得砂浆含水量为4.0%，砂浆溶解热为737kJ/kg，并补充测得人工砂的溶解热为210kJ/kg。

由上述溶解热数据求得水泥0d水化热为0kJ/kg，3d水化热为220kJ/kg，7d水化热为260kJ/kg，28d水化热为300kJ/kg。代入$E_t=E_\infty\{1-\exp(-at^n)\}$，求得$E_\infty=310$kJ/kg，$a=0.748$，$n=0.458$。

水泥的56d的溶解热$Qc_{56}=Qc_0-E_\infty\{1-\exp(-at^n)\}=2900-310\times\{1-\exp(-0.748t^{0.458})\}=2593$kJ/kg

设芯样砂浆中水泥比例为X，砂比例为$(1-X)$，则

$$Qc_{56}X+Qs(1-X)=Q_{56}h/(1-W)$$

$$2539X+210(1-X)=737/0.96$$

求得$X=0.234$，$1-X=0.766$。

若按砂650kg/m^{3}计，则不合格混凝土样品中水泥用量为199kg/m^3，与原混凝土配合比比较，水泥用量少用了约81kg/m^3。

6 结果讨论

(1) 准确测定硬化混凝土中的水含量关系到计算结果的准确性，通过试验得出灼烧温度取550℃较为

合适，不同温度下混凝土原材料及砂浆的烧失量见表2及表3。

表2　　不同原材料及砂浆的配合比例

序号	材料名称	水泥	粉煤灰	减水剂	砂	水
1	水泥	100	0	0	0	0
2	粉煤灰	0	100	0	0	0
3	减水剂	0	0	100	0	0
4	石灰岩细骨料	0	0	0	100	0
5	花岗岩细骨料	0	0	0	100	0
6	花岗岩细骨料砂浆	900	0	5	800	300
7	花岗岩细骨料砂浆	600	300	5	800	300
8	石灰岩细骨料砂浆	900	0	5	800	300
9	石灰岩细骨料砂浆	600	300	5	800	300

注　1. 水泥采用贵州台泥 P.O 42.5 水泥；
2. 粉煤灰采用F类Ⅱ级粉煤灰；
3. 减水剂采用KJ-9缓凝减水剂；
4. 细骨料采用关岭石灰岩砂和周宁或水口坝下花岗岩人工砂；
5. 水采用福州实验室自来水。

表3　不同温度下混凝土原材料及砂浆的烧失量　　%

序号	温度						
	105℃	500℃	550℃	600℃	650℃	700℃	1000℃
1	0.16	0.27	0.29	0.42	0.46	2.21	2.71
2	0.19	2.43	3.64	3.82	3.83	3.84	3.88
3	4.65	37.16	38.50	40.36	56.93	57.03	58.97
4	0.14	0.27	0.39	2.02	4.80	8.03	42.37
5	0.07	0.20	0.21	0.25	0.28	0.30	0.42
6	10.34	14.07	14.50	14.57	14.66	15.43	15.74
7	10.44	14.30	14.98	15.09	15.18	15.70	15.92
8	10.45	14.04	14.62	15.35	16.51	18.58	32.60
9	10.56	14.38	15.11	15.87	16.99	18.83	32.74

从表3可知：灼烧温度550℃时砂浆烧失量主要为砂浆中的自由水、结合水以及各材料的烧失量，而灼烧温度达600℃以上时部分石灰岩开始分解，故确定测定含水量（自由水和结合水之和）的灼烧温度为550℃。

（2）当混凝土中掺入粉煤灰等掺合料时，按配合比中掺合料的比例配制胶凝材料代替上述水泥进行溶解热测定；由于粉煤灰的溶解热与水泥的溶解热相差较少，因此水泥和粉煤灰的比例难以确定。此时应通过其他方法协助判断。

7　结语

检测硬化混凝土中胶凝材料用量，特别是水泥用量，是判断水泥混凝土缺陷原因的主要考虑因素。目前国内常用的技术有水泥溶解法、化学分析法以及光学显微法，但这些方法各有其局限性，如水泥溶解法和化学分析法主要是利用有机酸或强酸强碱溶解水泥中的钙，当硬化水泥混凝土中的细骨料为石灰岩时，则无法采用；若混凝土中加入粉煤灰等掺合物，试验误差较大；而光学显微法则是采用显微技术或荧光显微镜技术，根据水泥混凝土不同水胶比的图像颜色来区分混凝土中的不同组分，虽然快速，但应备有不同水胶比的标准样品，前期的工作量较大，同时试验误差也较大。采用材料溶解热方法检测硬化混凝土中的胶凝材料用量，检测方法虽然比化学分析方法繁杂，但检测准确度高，可适用不同骨料的水泥混凝土硬化物胶凝材料用量测定。虽然在对有掺加掺合料的混凝土硬化物检测时，检测准确度与其他检测方法一样，会受到一定的影响，但不失为一种检测硬化水泥混凝土中胶凝材料用量的有效手段。随着材料水化热检测设备的改进和和测读温度精度的提高，其应用前景将更加广阔。

参考文献

[1]　徐晓云，杨竟，等. 葡萄糖酸钠和马来酸溶解法测定硬化混凝土中的水泥用量 [J]. 混凝土，2013 (6).
[2]　崔源声. 中国水泥工业的现状和未来 [J]. 散装水泥，2018 (1).

南公1水电站大坝堆石料碾压试验成果分析

罗奋强/中国水利水电第三工程局有限公司

【摘　要】为满足混凝土面板堆石坝填筑的设计要求，保证施工质量，在施工前按照相关规范技术要求，应分别对各坝料进行生产性碾压试验，通过试验分析，论证其设计参数的合理性，选择合适的施工机具，提出科学合理的施工工艺和控制参数。

【关键词】南公1水电站　堆石料　碾压试验　成果分析

1　前言

南公1水电站位于老挝南部阿速坡省内的南公河上，为老挝、越南、柬埔寨三个国家的交界区域，为二等大（2）型工程，以发电为主。主坝坝型采用钢筋混凝土面板堆石坝，坝顶高程325.00m，坝顶总长409.946m，坝顶宽8.8m，最大坝高88.00m。上游边坡坡比1∶1.4，下游边坡坡比1∶1.35，下游分别在300.00m和270.00m高程各设置一级马道，宽度分别为3m和4m。坝料填筑总量为184.71万m^3。

堆石坝的设计和施工参数多来源于工程实践，其参数的选用与筑坝材料的物理力学特性密切相关。因此，根据工程料源情况，在大坝填筑前开展填筑碾压试验是必要的。在碾压试验过程中，应进行筑坝材料的有关特性调整试验、土石料铺筑压实试验及质量控制试验等，核实和修正筑坝材料的设计、施工技术指标，选择合适的施工机具和施工工艺，确定各项施工参数和施工质量要求，并验证初步拟定的施工设备、碾压机具、选定料场的土石料和不同压实参数的合理性，也为进一步研究和预测坝体沉降收集资料。

2　堆石料设计指标及现场质控指标

根据设计要求并结合工程现场实际情况，堆石料来源于溢洪道或石料场开采的流纹岩和洞挖料，堆石料设计指标及现场质控指标详见表1。

表1　堆石料设计指标及现场质控指标

填料名称	设计指标				现场控制指标
	孔隙率V_0/%	最大粒径/mm	<5mm含量/%	<0.075mm含量/%	干密度γ_d/(g/cm³)
垫层料	<18	80	32～55	4～7	>2.23
特殊垫层料	<18	40	32～55	4～7	>2.23
过渡层料	<20	300	<18	≤7	>2.20
岸坡过渡料	<20	300	<18	≤7	>2.20
主堆石料	<22	800	<20	<5	>2.12
次堆石料	<23	800	<20	<8	>2.10

3　堆石料性质

根据溢洪道和石料场开挖爆破料的实测物理力学性质试验成果，流纹岩干密度为2470kg/m³，大于2400kg/m³，饱和强度126.2MPa，干燥抗压139.9MPa，软化系数0.90。

4　碾压试验条件

4.1　试验设备

现场碾压试验主要使用的机具为液压反铲、自卸式汽车、推土机、洒水车和自行式振动平碾和液压板锤等。采用液压反铲取料，20t自卸汽车运输，推土机铺料，自行式振动碾碾压密实，振动碾振动频率保持在

25Hz左右，振幅保持在1.3～1.4mm，激振力为320～410kN的18t和32t自行式振动平碾。

4.2 施工场地布置和准备

根据堆石料碾压试验场地规划，碾压试验场地布置在1号存、弃渣场。在施工前充分考虑了碾压试验组合方法，试验场地长度取60m，宽30m，每条试验带尺寸为15m×6m，并布置过渡带，用于停车或错车，并为防止碾压时向侧向产生挤压，两端各留2m区域作为压重。在试验段范围内进行现场试验和取样，同时沿填筑面每隔4～6m设置移动标杆，以控制铺料厚度。并且在碾压试验前应先采用推土机对场地进行平整，碾压至基础坚实不下沉，再用弱风化流纹岩石碎石进行基础硬化，并采用振动碾碾压密实，达到设计技术要求，消除基础面对碾压试验的不利影响。

4.3 试验方案

初步按照设计拟定的铺料厚度进行碾压试验，再结合各料之间铺料厚度要求确定。一般采用进占法或后退法卸料，利用推土机铺料，铺料一般要超出规划区域一定范围，以保证摊铺区域内的堆石料碾压密实。现根据不同铺料厚度、不同碾压遍数，以确定出各碾压机具对应的最佳碾压遍数和铺料厚度等技术参数。堆石料碾压试验参数详见表2。

表2 堆石料碾压试验参数表

坝料名称	铺料厚度/cm	碾压遍数/遍	洒水量/%	碾压机具	试验方法	上料及碾压方式
堆石料	110	8	10	32t振动碾	灌水法	进占法卸料，进退错距法碾压
	110	10	10	32t振动碾	灌水法	进占法卸料，进退错距法碾压
	110	12	10	32t振动碾	灌水法	进占法卸料，进退错距法碾压
	100	8	10	32t振动碾	灌水法	进占法卸料，进退错距法碾压
	100	10	10	32t振动碾	灌水法	进占法卸料，进退错距法碾压
	90	6	10	32t振动碾	灌水法	进占法卸料，进退错距法碾压
	90	8	10	32t振动碾	灌水法	进占法卸料，进退错距法碾压
过渡料	45	8	10	32t振动碾	灌水法	进占法或后退法卸料，进退错距法碾压
	45	10	10	32t振动碾	灌水法	进占法或后退法卸料，进退错距法碾压
垫层料	45	8	10	18t振动碾	灌水法	进占法或后退法卸料，进退错距法碾压
	45	10	10	18t振动碾	灌水法	进占法或后退法卸料，进退错距法碾压
特殊垫层料	45	8	10	18t振动碾	灌水法	进占法或后退法卸料，进退错距法碾压
	45	8	10	18t振动碾	灌水法	进占法或后退法卸料，进退错距法碾压

4.4 压实质量检测试验

碾压试验应主要对压实干密度、碾压层表面沉降和碾压后坝料颗粒级配等三方面试验结果进行分析。干密度试验采取试坑灌水法，试坑的大小依据坝料的最大粒径确定，其深度应穿透整个铺料层，而颗粒级配分析采用筛分法。上述试验与干密度测试同时进行，并在碾压试验过程中同步进行碾压层的沉降变形测量。碾压试验共分为13个区，23个测点，测点采用白灰标识，碾压两遍后按标识点测量，如有损毁应重新标识测量点。

5 试验结果及分析

试验结果主要分析了主堆石料，特殊垫层料、垫层料及过渡料分析过程与主堆石料基本相同。

5.1 干密度试验结果

试验结果表明，测试的干密度值比较分散，其值处于2.01～2.17g/cm^{3}范围内。分析其原因，主要是由于试验时直接取自溢洪道坝料开采料的不均匀性所致。不同试验条件下的主堆石料碾压试验结果详见表3。

5.2 碾压遍数与铺料厚度的关系

试验结果表明，随着铺料厚度的增加，碾压遍数相同时干密度基本相同，总的趋势是碾压8遍后，干密度在2.16g/cm^{3}左右，铺料厚度90cm碾压8遍干密度最大。因此，铺料厚度过薄、过厚或碾压遍数增加，会直接影响现场施工的进度，增加坝体施工的费用。根据试验结果及以往的工程经验，建议主堆石料的铺料厚度为90cm。

表 3　　不同试验条件下的主堆石料碾压试验结果汇总表

试验单元组合参数	试验坑检点编号	湿密度/(g/cm³)	含水率/%	干密度/(g/cm³)	表观密度/(g/cm³)	孔隙率/%	平均干密度/(g/cm³)	<1mm 含量/%	<0.075mm 含量/%
虚铺 90cm 碾压 6 遍	90-6-1	2.25	4.7	2.15	2.58	17	2.15	6.4	0.9
虚铺 90cm 碾压 8 遍	90-8-1	2.28	5.5	2.16	2.58	16	2.16	4.6	0.8
虚铺 100cm 碾压 8 遍	100-8-1	2.27	5	2.16	2.58	16	2.12	5.1	1
	100-8-2	2.16	4	2.08	2.58	19		3.9	0.7
虚铺 100cm 碾压 10 遍	100-10-1	2.28	5.1	2.17	2.58	16	2.16	3.5	0.8
	100-10-2	2.27	5	2.16	2.58	16		6.1	0.8
虚铺 110cm 碾压 8 遍	110-8-1	2.04	1.2	2.01	2.58	22	2.06	3.7	0.6
	110-8-2	2.15	1.2	2.12	2.58	18		4	0.9
虚铺 110cm 碾压 10 遍	110-10-1	2.25	4	2.16	2.58	16	2.15	2.8	0.5
	110-10-2	2.24	4	2.15	2.58	17		2.3	0.7
虚铺 110cm 碾压 12 遍	110-12-1	2.18	1.3	2.15	2.58	17	2.15	4.7	1

5.3　碾压遍数与孔隙率的关系

在同一铺料厚度条件下，主堆石料孔隙率与碾压遍数的关系成反比，即孔隙率随碾压遍数的增加而减小。说明碾压遍数越大，坝料压实度越高。同样碾压遍数随着铺料厚度增加，孔隙率增加。说明坝料厚度越大越不易压实，不同坝料铺料厚度越大，其孔隙率越大。铺料90cm厚碾压8遍与铺料100cm厚碾压10遍后的压实效果相当，铺料110cm厚压10遍与碾压12遍的孔隙率接近，说明所选压实机具性能满足设计要求，能够将选择厚度参数条件下的坝料压实，在碾压8遍后铺料90～110cm厚的坝料孔隙率均满足要求。

5.4　孔隙率与铺料厚度及碾压遍数的关系

碾压遍数8遍，铺料厚度90cm与100cm的孔隙率基本无变化。从表3中孔隙率与碾压遍数变化规律上分析，碾压8遍与碾压10遍坝料孔隙率变化趋势总体上平缓，为设计要求铺料厚度范围的碾压遍数。试验表明，随着铺料厚度及碾压遍数的增多，孔隙率基本无变化。因此，铺料厚度100cm与110cm是施工生产合适的厚度，但在上述铺料厚度下不同碾压遍数的坝料孔隙率变化较小，说明在碾压8～12遍情况下均已压实且满足设计要求。综合考虑碾压8遍时，铺料厚度90cm为经济铺料厚度。

5.5　沉降率与铺料厚度的关系

在碾压遍数不变的情况下，随着铺料厚度的增加，沉降率变化不大，同时说明碾压8遍坝料已基本趋于紧密状态。碾压8遍、10遍、12遍，不同铺料厚度沉降率分布集中，说明在设计选择厚度下碾压8遍坝料已经压实。铺料90cm厚时在不同碾压遍数下，沉降率较为集中，说明铺90cm厚坝料压实效果较好。铺料110cm厚时存在架空现象，沉降率的分布规律不明显。综合考虑沉降测量结果和碾压遍数与干密度的变化趋势，碾压遍数超过8遍，材料的压实密度趋于稳定。从经济效益和填筑速度综合考虑，建议主堆石料碾压遍数控制在8遍。碾压遍数与累计沉降量统计详见表4。

表 4　　碾压遍数与累计沉降量统计表

坝料名称	虚铺厚度/cm	累计沉降量/mm				压缩率/%			
		6 遍	8 遍	10 遍	12 遍	6 遍	8 遍	10 遍	12 遍
特殊垫层料			38	40			8.4	8.9	
垫层料			43	47			9.6	10.4	
过渡料			45	48			10	10.7	
堆石料	90	82	100			9.1	11.1		
	100		104	115			10.4	11.5	
	110		118	127	130		10.7	11.5	11.8

5.6　加水与不加水堆石料的密度分析

在充分加水的条件下，主堆石料干密度与加水有一定的关系，但关系不明显，普遍增大0.01～0.09g/cm³，但都能满足设计孔隙率指标小于22%的要求，与前期碾压试验结果规律性相一致。

6 结语

现场碾压试验充分论证了设计参数、施工技术指标、初拟选择的施工机具和施工工艺的合理性。南公1水电站大坝已于2018年12月23日正式开始填筑，截至目前已填筑完成约72.35万m^3，并于2019年3月25日开始了坝体沉降监测，各项监测指标正常。

审稿人：张志良

浅析国内外防渗墙槽孔开挖稳定性计算方法

王碧峰/中国水电基础局有限公司

【摘　要】本文旨在探讨泥浆条件下防渗墙槽孔开挖过程中的整体稳定性。通过介绍国内外防渗墙规范中为保持槽孔稳定所采取的措施，国内常用的槽孔稳定性计算方法，国外规范中槽孔稳定性计算的要求和案例等，希望能让读者对国内外防渗墙槽孔开挖稳定性计算的现状有一个比较全面的了解，并引起国内同行对防渗墙开挖过程中槽孔稳定性理论计算的重视，从而提高国内防渗墙槽孔开挖稳定性的理论计算水平，以适应国际工程中防渗墙施工的需要。

【关键词】黏性土　非黏性土　槽孔稳定性　安全系数

1　概述

一直以来，防渗墙开挖过程中的槽孔稳定性计算是一个非常复杂的问题，因为影响槽孔稳定性的因素很多。比如：同一槽孔中不同地层的土力学参数（特别是抗剪强度参数——内聚力和内摩擦角）差异很大；地下水位变化对地层土力学参数的影响；不同施工设备致使地面附加荷载的不同；护壁液（膨润土泥浆）的独特性能，如流变性能及在孔壁易形成泥皮的能力；拱效应等。这些因素对槽孔稳定性都有着非常大的影响，各种因素叠加起来，使得从理论上计算开挖过程中槽孔是否稳定非常困难。国内外不少科研机构及高等院校都尝试进行计算，但由于问题的复杂性，所以还没有一个通用的槽孔稳定性计算公式。

基于上述原因，目前国内防渗墙施工规范中仅提出一些为保持槽孔稳定的措施，并没有对槽孔稳定性计算做出要求。在国外使用广泛的欧洲防渗墙规范（EN 1538—2010）也只是在第7.2条论及防渗墙槽孔开挖过程中的稳定性时，提出了开挖过程中稳定槽孔的措施，并给出了槽孔稳定性设计的三点原则，在第二点原则中提及稳定性计算应考虑的因素，但没有给出详细的稳定性计算方法及计算公式。

在国外实施防渗墙施工时，业主或咨询公司在项目技术规范中常要求承包商根据欧洲防渗墙规范（EN 1538—2010）进行槽孔开挖稳定性计算，并给出计算过程。否则承包商的施工组织设计就很难获得咨询公司的批准。这也是本文讨论这个问题的主要原因。

据笔者了解，目前全世界只有德国防渗墙规范（DIN 4126）对此有详细的要求，并给出安全系数的计算公式。下面逐一简要介绍与防渗墙槽孔开挖过程中的稳定性有关的问题。

2　国内防渗墙规范关于开挖过程中稳定槽孔的措施

国内防渗墙施工规范主要是《水电水利工程混凝土防渗墙施工规范》（DL/T 5199—2004）和《水利水电工程混凝土防渗墙施工技术规范》（SL 174—2014），这两个规范中涉及稳定槽孔的措施主要内容如下。

（1）修筑施工平台和导墙之前，宜根据地质情况进行必要的地基处理，防渗墙施工平台高程应高于地下水位1.5m/2.0m以上。

（2）尽可能采用性能优良的膨润土泥浆护壁。槽孔建造时，固壁泥浆面应保持在导墙顶面以下300～500mm。

（3）对漏失地层应采取预防措施，发现泥浆漏失应立即堵漏和补浆。地层严重漏浆，应迅速向槽孔内补浆并填入堵漏材料，必要时回填槽孔。

（4）大空隙地层成槽施工时，宜进行预处理，如预灌浓浆、振冲密实等。

3 国内常用的槽孔稳定性计算方法

3.1 非黏性土

在非黏性土层中垂直挖槽必须采用泥浆护壁，取单宽槽壁孔口部分分析如下。

设可能的滑动楔形体为 ABC，破裂面为 AB，合力 R 与 AB 面的法线夹角为 α（图 1）。

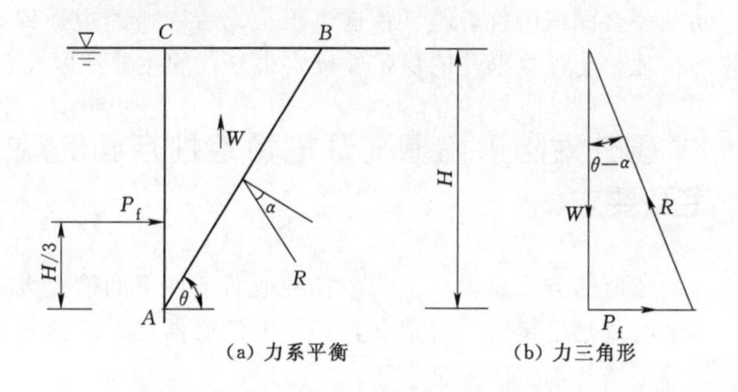

图 1　非黏性土中垂直挖槽滑动体力系平衡图

当所需 $\tan\alpha$ 大于 $\tan\phi$ 时，表明滑动体失稳。$\tan\alpha$ 越小，槽壁越稳定。因此滑动体稳定安全系数可以表示为：

$$F_1=\frac{\tan\phi}{\tan\alpha} \tag{1}$$

单位长度滑动土体 ABC 重量 W 为：

$$W=\frac{1}{2}\gamma\cdot H^2\tan(90°-\theta) \tag{2}$$

式中　γ——土层容重；

H——滑动土体高度；

θ——滑动面坡角。

固壁泥浆产生的推力 P_f 为：

$$P_f=\frac{1}{2}\gamma_F\cdot H^2 \tag{3}$$

式中　γ_F——泥浆容重。

根据式（1）和式（2）：

$$\frac{W}{P_f}=\frac{\gamma\cdot\tan(90°-\theta)}{\gamma_F} \tag{4}$$

由 W、P_f、R 作力三角形，可知：

$$\frac{W}{P_f}=\tan[90°-(\theta-\alpha)] \tag{5}$$

故

$$\tan[90°-(\theta-\alpha)]=\frac{\gamma\cdot\tan(90°-\theta)}{\gamma_F} \tag{6}$$

将上式对 θ 进行微分，可求得当 $\theta=45°+\frac{\alpha}{2}$ 时，α 具有最大值，此时滑动楔形体具有最小稳定安全系数。将 $\theta=45°+\frac{\alpha}{2}$ 代入式（6）中，可解得：

$$\tan\alpha=\frac{\gamma-\gamma_F}{2\sqrt{\gamma\cdot\gamma_F}} \tag{7}$$

将式（7）代入式（1），得：

$$F_1=\frac{2\sqrt{\gamma\cdot\gamma_F}\cdot\tan\phi}{\gamma-\gamma_F} \tag{8}$$

式中　ϕ——砂砾的内摩擦角。

若槽壁两侧有地下水时，水位以下的土和泥浆呈浮容重，安全系数将降低。当地下水位与地面齐平时，安全系数：

$$F_1=\frac{2\sqrt{\gamma'\gamma'_F}\cdot\tan\phi}{\gamma'-\gamma'_F} \tag{9}$$

式中　γ'——槽壁土层的浮容重；

γ'_F——固壁泥浆的浮容重。

3.2 黏性土

采用泥浆固壁时，可认为槽壁黏性土受剪切破坏时实际上不排水，可用总应力法计算，即 $\tau=c$，$\phi=0$，则临界破裂面对水平面的倾角为 45°（图 2）。其中 τ 为黏性土的不排水抗剪强度，c、ϕ 分别为不排水条件下以总应力表示的内聚力及内摩擦角。

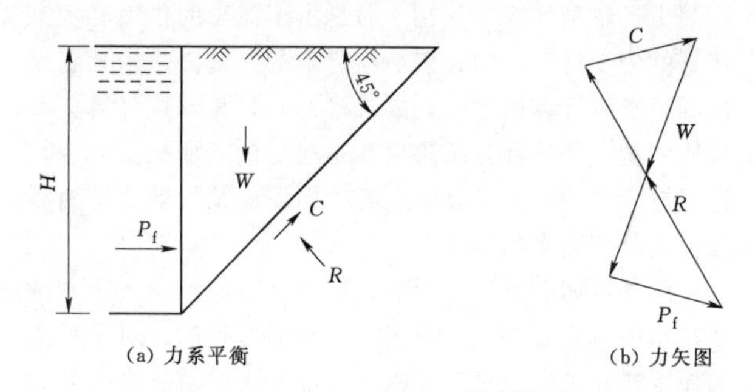

图 2　黏性土中垂直挖槽滑动体力系平衡图

同样取单宽槽壁孔口分析，由临界滑动楔形体的力矢图得：

$$R\cdot\sin45°=P_f+C\cdot\cos45° \tag{10}$$

$$R\cdot\cos45°+C\cdot\sin45°=W \tag{11}$$

解上述方程得：

$$C=\frac{w-P_f}{\sqrt{2}} \tag{12}$$

而

$$C=\sqrt{2}\cdot H\cdot\tau_0 \tag{13}$$

$$W=\frac{1}{2}\gamma\cdot H^2 \tag{14}$$

$$P_f=\frac{1}{2}\gamma_F\cdot H^2 \tag{15}$$

将式（13）～式（15）代入式（12）：

$$\sqrt{2}\cdot H\cdot\tau_0=\frac{\frac{1}{2}\gamma\cdot H^2-\frac{1}{2}\gamma_F\cdot H^2}{\sqrt{2}} \tag{16}$$

整理后得：

$$\tau_0=\frac{(\gamma-\gamma_F)H}{4} \tag{17}$$

式中 H——槽深；

τ_0——潜在破裂面上需要发挥的剪应力；

γ——槽壁黏性土容重；

γ_F——泥浆容重。

稳定安全系数为：

$$F_2=\frac{\tau}{\tau_0}=\frac{c}{\tau_0} \tag{18}$$

将式（17）代入式（18）得：

$$F_2=\frac{4c}{(\gamma-\gamma_F)H} \tag{19}$$

若均布荷载 q 作用，则：

$$F_2=\frac{4c-2q}{(\gamma-\gamma_F)H} \tag{20}$$

当取安全系数为1，则最大孔深为：

$$H_{max}=\frac{4c-2q}{\gamma-\gamma_F} \tag{21}$$

上述公式说明：如果泥浆的容重大，临界高度 H_{max} 也大，假使 γ_F 接近 γ，槽壁就一直是稳定的，与孔深无关。但是 H_{max} 的影响因素很多，不完全取决于它。比如膨润土泥浆虽然容重很小，但是由于泥皮的作用和泥浆特有的流变特性，槽孔仍是很稳定的。这正是槽孔稳定性难以准确计算的原因，故式（21）只是理论计算。如果按照这个公式计算结果槽孔是稳定的，那么实际上槽孔就更稳定，因为计算中没有考虑泥皮及拱效应等对槽孔稳定有利因素的影响。

此外，如前所述，当槽孔快速开挖，饱和土中水无法排出时，在黏性土中采用 $\phi=0$ 是可行的。对于一般的泥浆槽孔来说，槽孔开挖并用混凝土回填是个短暂过程，它比黏性土孔隙水压力的消散所需时间少很多。在此情况下，可采用 $\phi=0$ 和黏性土的不排水抗剪强度 $\tau=c$ 来核算槽孔的稳定。τ 通常取无侧限抗压强度之半，只要在实验室求得黏性土的无侧限抗压强度，即可计算临界开挖高度。由此还可以得出下面公式：

$$H_{max}=\frac{4\tau-2q}{\gamma-\gamma_F} \tag{22}$$

应该说，在工程实践中，式（9）及式（22）对于浅层均质砂层和黏土层而言（例如在城市地连墙工程中，存在近似均质地层的可能性较大），计算结果很可靠。在国外如果遇到类似的工程，完全可以采用这两个公式进行计算。其计算结果是偏保守的。

但需要说明的是，式（9）及式（22）仅仅是理论上的，而且还有很多假设条件。例如，不管是黏性土还是非黏性土，必须是近似均质土层，其土力学参数基本保持不变。这一点在水电工程中是很难遇到的，因为大多数水电工程在整个槽孔深度上，地层变化很大，从土层到砂层，再到卵砾石层，甚至漂石、孤石层都不罕见。地下水位也是有高有低，变化不定。此时如果还采用上述公式来计算，似乎就不那么合适了。

例如，近十年来，国内在西藏旁多、新疆大河沿等水电站项目上成功实施过多道孔深在100～200m之间的防渗墙，其地质条件变化较大，包括黏土层、砂层、卵砾石层，甚至孤石、漂石等。在槽孔开挖过程中，膨润土浆液的容重一般在10.5～12.0kN/m³之间，槽壁也基本是稳定的。但如果采用式（9）及式（22）计算，则很明显槽壁是不稳定的（或者因为地层条件严重不均质，无法采用这两个公式）。这又该如何解释呢？这个问题一直深深困扰着笔者，这也正是笔者在概述中提到的，理论上计算槽孔的稳定性确实很复杂的主要原因。

4 国外对防渗墙槽孔开挖稳定性方面的规定及要求

按照西方人逻辑，实践中各种地质条件下的槽孔大多数时候是稳定的，肯定有其理论上的必然性，应该能计算出槽孔稳定的安全系数。

4.1 欧洲防渗墙规范（EN 1538—2010）

4.1.1 规范提出的开挖过程中稳定槽孔的措施

（1）为保证槽孔稳定，护壁液液面高程应根据地下水的最高测压水位进行调整，并要求护壁液液面始终不低于地下水最高测压水位1m。考虑到泥浆面的波动起伏，施工平台高程应高于开挖过程中预计的最高地下水位1.5m以上。

（2）如果遇到松散砂层或软土地层，特别是地基承载力 $Q_c<300$kPa或者不排水抗剪强度 $C_u<15$kPa，可以通过以下措施保持槽孔稳定：①挖槽前提高地基强度；②提高护壁液液面高程；③提高护壁液比重；④减少槽孔空孔。

（3）如果遇到渗透性强、粗颗粒含量高的地层，浆液漏失严重，应采取专门措施应对：①通过增加护壁液中膨润土的含量以提高其动切力；②在护壁液中加入填料（在搅拌站或者直接加入槽孔中）。

（4）如果遇到有空洞的地层，采用回填贫混凝土或者其他合适材料后重新开挖，或者开挖之前对相关地层进行灌浆处理。

4.1.2 规范规定的槽孔稳定性设计原则

槽孔稳定性的设计原则基于以下三点：

（1）类似地质条件下防渗墙施工经验，主要考虑土层及岩石性能、地下水压力、相邻构筑物和施工方法。

（2）槽孔稳定性包括两个层面的稳定，槽孔壁土体的局部稳定性以及开挖时的整体稳定性。稳定性计算应考虑的因素为：护壁液形成的稳定力，地下水压力，土压力（包括三维状态下的土压力），土层的剪切强度，相邻荷载的影响，相邻构筑物的施工细节。需要注意的是，规范中并没有规定应该如何计算安全系数，更没有给出计算方法和计算公式。

（3）现场进行槽孔开挖试验。重点考察影响槽孔稳定性的主要因素为：护壁液性能，护壁液的液面高程，槽孔长度，槽孔空孔时间（考察土层与地下水条件，土层的抗剪强度可能随着时间的延长而减小），槽孔开挖过程中时刻监测地下水水位和孔隙水压力。

槽孔稳定性应根据上述三个基本设计原则，即类似工程经验、稳定性计算或现场试挖等来确定。当认为类似经验不可靠时，应采用第二种或第三种方法。

4.2 德国防渗墙规范（DIN 4126）

4.2.1 规范对安全系数计算的规定

德国规范中对槽孔稳定性的安全系数采用以下两种方式定义。

（1）护壁液的支承反力（S）减去地下水的静压力（W），除以由于主动土压力产生的力（E），即安全系数为：

$$\eta_k=\frac{S-W}{E} \tag{23}$$

支承反力 S 是护壁液静压力的一部分，当护壁液渗入地层较少，且在槽壁形成泥皮时，支承反力 S 就近似等于护壁液的静压力。

（2）土体的实际抗剪参数与保证槽孔平衡时所需的抗剪参数的比值，即安全系数为：

$$\eta_\varphi=\frac{\tan\phi}{\tan\phi_0} \tag{24}$$

在上述两种安全系数计算方法中，用于计算的土体内聚力应在实际土体内聚力的基础上除以 1.5 的安全系数。一般以采用第一种计算方法为主。

槽孔是否安全通过以下方法验证。

1）计算安全系数，并能证明在所有开挖深度上，计算的安全系数均大于表 1 中的安全系数。

2）挖试验槽孔，并考虑表 1 中的安全系数。

表 1　　槽孔稳定性安全系数

在规定的临界区域内，上部是否有构筑物产生的荷载作用	$\eta_k=\eta_\varphi$
有荷载时	1.3
无荷载时	1.1

4.2.2 安全系数的计算

为计算槽孔所有深度（比如每米深度）上的安全系数，德国人开发了专门的软件。这个计算软件考虑了地层的分层情况、不同地层土力学参数的差异、松散地层条件下护壁液支撑反力的损失、地下水位的变化、护壁液的容重及动切力等诸多对槽孔稳定有重要影响的因素。

将相应参数输入计算机软件中，通过迭代计算，找出楔形体的稳定角，求出对应位置的 S、W 及 E，并按照式（23）求出每米深度处槽孔的安全系数，从理论上证明槽孔开挖过程中在整个深度上是否安全，应该说还是有一定的说服力。

护壁液的支承反力（S）以及地下水的静压力（W）比较容易计算，主动土压力产生的力（E）计算则较为复杂。

举一个简化计算实例（图 3）。

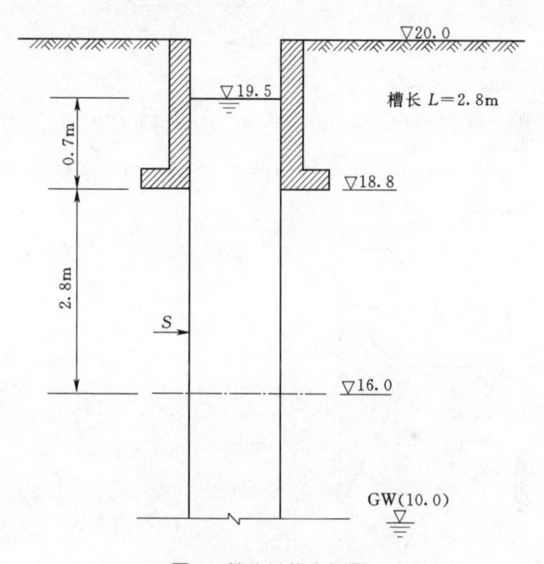

图 3　简化计算实例图

该简化实例假设条件如下：地面附加荷载 $P=0$，内聚力 $c=0$，内摩擦角 $\phi=30°$，静止土压力系数 $K_0=1-\sin30°=0.5$，$\gamma=19\text{kN/m}^3$，$\gamma_F=10.3\text{kN/m}^3$，槽长 $L_s=2.8\text{m}$。现计算高程 16m（孔深 4m）处槽孔稳定性安全系数。

导墙产生的支承反力 E_{GW} 为：

$$E_{GW}=\frac{1}{2}\cdot\gamma\cdot h_1^2\cdot K_0\cdot L_s$$

$$E_{GW}=\frac{1}{2}\times19\times1.2^2\times0.5\times2.8=19.15(\text{kN})$$

护壁液产生的支承反力 S（假设浆液没有渗入地层，此时等于护壁液静压力）为：

$$S_1=\frac{1}{2}\times10.3\times3.5^2\times2.8=176.65(\text{kN})$$

$$S_2=\frac{1}{2}\times10.3\times0.7^2\times2.8=7.07(\text{kN})$$

$$S=S_1-S_2=176.65-7.07=169.58(\text{kN})$$

因为地下水位在计算范围以下，所以地下水的静压力为 0。

主动土压力所产生的力 E 计算则比较复杂，德国人对滑动楔形体的受力分析与国内略有不同，除考虑滑动面上的剪应力外，还考虑滑动楔形体两侧三角形区域由于摩擦产生的剪应力 T（σ_y 来自土体自重及附加荷载），并通过积分方式进行计算（图 4）。

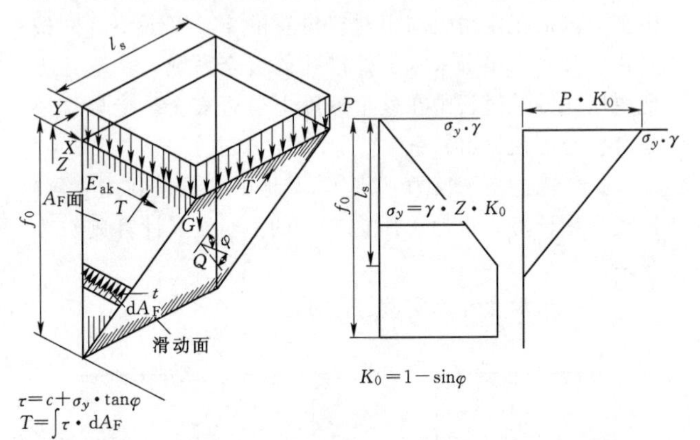

图 4　滑动楔形体和断裂体三角面上的支持剪应力估算示意图

德国规范中用于计算主动土压力 E 的受力图和力矢图见图 5。

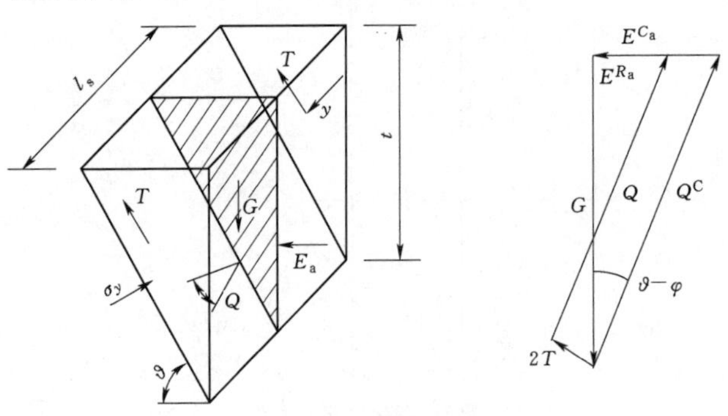

图 5　主动土压力受力图和力矢图

通过复杂的迭代计算（无法手动计算），求出对应深度处的土压力 $E=83.79$kN（程序计算的结果）。进而计算出高程 16m（孔深 4m）处的安全系数，即：

$$\eta_k=\frac{(E_{GW}+S)-W}{E}=\frac{169.58+19.15-0}{83.79}=2.252$$

计算程序在整个槽孔深度上的运行结果见表 2。

表 2　槽孔稳定安全系数程序自动计算结果表

高程/m	安全系数计算结果	楔形体稳定角/(°)	护壁液支承反力/kN	导墙支承反力/kN	土压力/kN
18.80	1.739	62.50	0.00	19.15	11.01
18.00	1.616	64.00	25.38	19.15	27.55
17.20	1.828	65.50	69.22	19.15	48.33
17.00	1.896	66.00	83.06	19.15	53.92
16.00	2.252	67.50	169.58	19.15	83.79
15.00	2.593	69.00	284.94	19.15	117.28
14.00	2.899	70.00	429.14	19.15	154.61
13.00	3.171	70.50	602.18	19.15	195.92
12.00	3.412	71.00	804.06	19.15	241.28
11.00	3.625	71.50	1034.78	19.15	290.74
10.00	3.815	72.00	1294.34	19.15	344.33
9.00	3.982	72.50	1568.74	19.15	398.77
8.00	4.132	72.50	1843.98	19.15	450.93
7.00	4.269	73.00	2120.06	19.15	501.13
6.00	4.398	73.50	2396.98	19.15	549.35
5.00	4.522	74.00	2674.74	19.15	595.69
4.00	4.642	74.00	2953.34	19.15	640.40
3.00	4.757	74.50	3232.78	19.15	683.59
2.00	4.871	75.00	3513.06	19.15	725.15
1.00	4.982	75.00	3794.18	19.15	765.48
0.00	5.091	75.50	4076.14	19.15	804.43

5　结语

防渗墙槽孔稳定性计算是一个非常复杂的课题，很难找到通用的理论计算公式。目前国内防渗墙规范没有要求进行稳定性验算。在国际工程中，承包商可根据欧洲防渗墙规范（EN 1538—2010）或德国防渗墙规范（DIN 4216）进行稳定性验算，以满足咨询工程师的要求。笔者根据自己的工作实践，总结了国内外防渗墙施工中曾经用到的计算方法及案例，供同行参考。希望大家共同努力，推进国内防渗墙槽孔稳定性计算走上一个新的台阶。

参考文献

[1] 中国电力企业联合会.水电水利工程混凝土防渗墙施工规范：DL/T 5199—2004 [S]. 北京：中国电力出版社，2005.

[2] 中华人民共和国水利部.水利水电工程混凝土防渗墙施工技术规范：SL 174—2014 [S]. 北京：中国水利水电出版社，2015.

[3] 欧洲防渗墙规范：EN 1538—2010 [S]. CEN-CENELEC Management Centre，2010.

[4] 丛霭森.地下连续墙的设计施工与应用 [M]. 北京：中国水利水电出版社，2014：12-16.

岩溶区深基坑止水降水技术在武汉地铁11号线的应用

李彦强　李磊磊/中国电建市政建设集团有限公司

【摘　要】武汉地铁11号线东段工程未来三路站地基岩溶发育强烈，存在严重的基坑涌水风险，施工难度较大。深入研究并准确认识岩溶水赋存补排规律、查明水文地质参数，对地下工程结构防水、抗浮设计和有效解决施工突水涌泥和诱发岩溶地面塌陷等问题至关重要。止水降水遵循外截内排、分区实施的原则。本文介绍了止水降水的施工工序和方案，总结了岩溶区深基坑高承压水处理的经验。

【关键词】岩溶区　深基坑　高承压水　帷幕止水

1　工程概况

武汉地铁11号线未来三路站位于高新大道与未来三路交会处，横跨交叉路口，沿高新大道布置。车站基坑深度18～21m，地下水位标高在坑底标高18～20m以上。基坑范围内岩溶发育强烈，基底溶洞及溶隙符合武汉地区岩溶沿垂直方向形态发育、水平方向连续性较差的特性。溶洞多呈串珠状，岩溶水通过裂隙贯通，岩溶水作为岩溶问题之一，给基坑开挖施工带来巨大困难及风险。

2　场地工程地质及水文地质条件

拟建车站和下穿过街通道的场区地貌单元均属于剥蚀堆积垅岗区（三级阶地），车站所处地势东高西低，最大高差3m。车站周边为中交二航局、中石油加油站、绿化带、荒地、水塘和泉眼等，1号风亭位置有泉眼出露，2号风亭位置为水塘。

未来三路站处于一条西北-东南向岩溶含水灰岩条带上。含水地层主要为石炭系灰岩，受两侧碎屑岩地层阻挡，含水条带西北-东南向延伸长达8km，宽度80～300m。岩溶水通道主要起源于拟建场地西北方向的九龙水库，水库距场区约4.2km，主要接受大气降水和地表水补给，沿岩层裂隙、溶隙渗入岩溶发育带，并接受九龙水库及沿途水塘、河流等渗漏补给（水力坡度约4.76‰）。岩溶地质平面布置图把未来三路站西侧基坑分为三部分：西侧弱富水带、中间强富水带、东侧弱富水带（图1）。

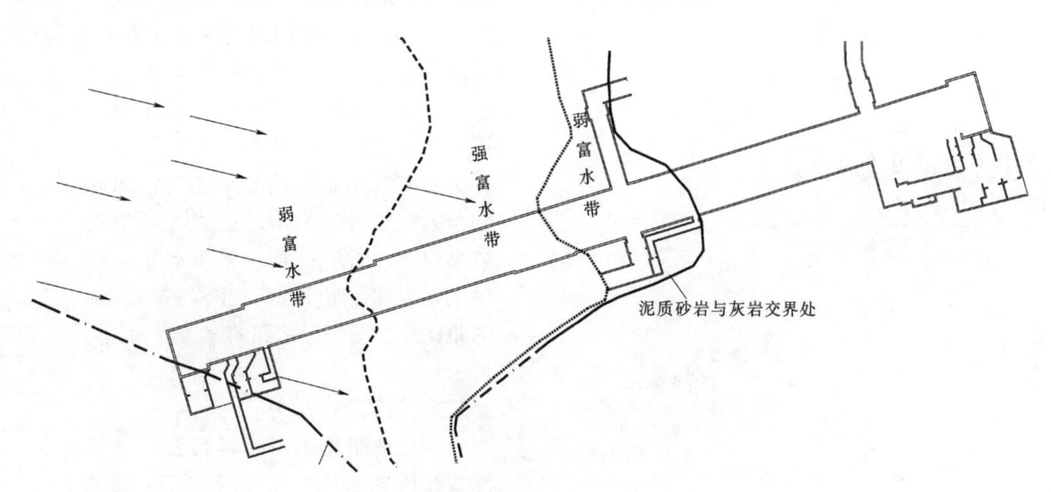

图1　未来三路站岩溶地质平面布置图

3 岩溶区止水处理

在高承压水岩溶地区进行基坑开挖，必须进行止水处理。岩溶区止水处理主要包括基坑外侧止水和基坑内部止水。基坑外侧止水采用止水帷幕进行封堵，基坑内部止水采取基底注浆封底处理。

3.1 设计思路

（1）总体采用“外截内排，分区实施”。

（2）岩溶处理顺序：先注浆帷幕，再围护桩施工，最后基坑范围岩溶处理。

（3）车站外侧采用注浆帷幕封堵岩溶水。围护桩外侧至少设置3排注浆孔，孔距2m，梅花形布置，孔深根据岩溶专项勘察结果，并结合超前钻孔情况穿透浅层溶洞。

（4）支护桩及立柱桩逐桩进行超前钻孔，超前钻孔兼作预注浆孔。

（5）基坑外侧打设减压泄水井，基坑内降排水确保基坑在无水条件下施工。

（6）溶洞充填处理应尽量减小对岩溶水渗流路径的影响。结构底板以下3m，水平主体围护桩外3m范围作为显著影响区，显著影响区范围以外作为一般影响区。对显著影响区内的溶洞应进行充填，若存在大型溶洞超出此范围，应进行探边并充填。

3.2 止水设计

3.2.1 基坑帷幕设计

根据详勘资料可知车站底板以下溶洞和地下泉水水流的压力较大，地下水丰富、流速快，采用抽排水的方法难以达到降水的效果，且车站存在上浮的风险。帷幕设计注浆孔间距2m×2m，梅花形布置（图2）。围护桩外侧采用3排，深度为岩面以上2m至基底以下10m。

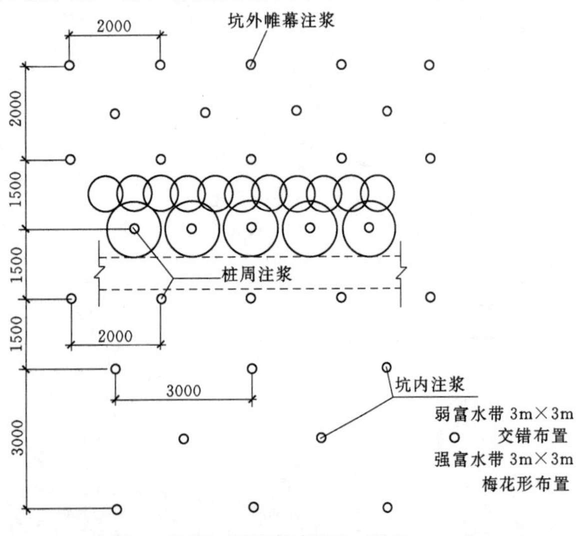

图2 帷幕注浆平面示意图（单位：mm）

灌浆同时应结合岩溶专项勘察报告内溶洞的大小、填充情况进行有针对性的注浆（图3）。

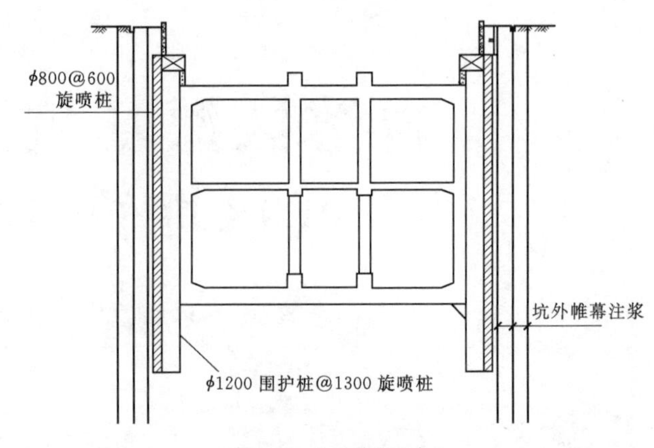

图3 帷幕注浆横剖图

3.2.2 基坑封底设计

基坑范围内采用超前地质钻孔（兼注浆孔）探明岩面至基底以下3m范围岩溶发育情况，结合详勘和专项勘察地质资料，发现溶洞应探边并充填处理。根据该区域含水情况，在弱富水带按照3m×3m的间距交错布置注浆孔，强富水带按照3m×3m的间距梅花形布置注浆孔，处理深度根据土岩结合面至基底以下3m。灌浆方法参照注浆帷幕的施工方法进行。

3.3 止水帷幕施工

3.3.1 施工准备

（1）施工用电从车站主体箱式变压器引接至工作面，进行三级配设。

（2）施工用水使用自来水，从未来三路站引接，100mm供水管接至工作面，再接至各作业区域。

（3）施工准备工作与施工调查同步进行，放好线路中线及注浆加固范围线后，一次性测放注浆孔位。钻探先行，注浆随后。边探边钻，边注浆边观察。发现异常，及时调整工艺。同时加强周边环境的监测，避免污染，控制浆液超出加固范围。土石界面附近岩溶发育，采用分段注浆法，调整压力，加大注浆量。遇较大空洞和水流，灌注砂浆或添加粗骨料，加注浓浆等方式封堵。在施工前后均采用钻孔抽芯与注水相结合的方法进行岩溶地基处理工程的效果检测。岩溶处理注浆工程施工程序主要为注浆孔钻进、注浆、钻孔抽芯验证3个程序。钻孔灌浆流程如图4所示。

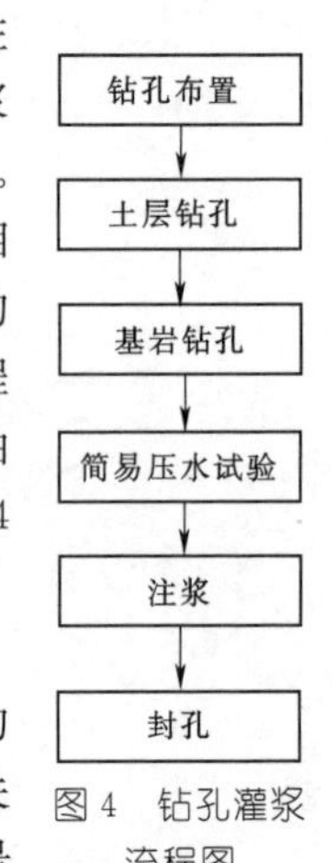

图4 钻孔灌浆流程图

3.3.2 钻孔

（1）按照施工图纸进行各区域的注浆孔位置测放，并将点位交于相关人员。测设孔位、标高，进行统一编号钉桩，孔位偏差不大于 10cm。如因避让管线等客观原因需对孔位进行调整，且调整距离大于 50cm 时，需报设计、监理单位核准。先钻边排孔，后钻内排孔。开孔前了解并坑探核实有无地下埋藏物（坑探深度约 2.5m），经相关产权单位、监理单位等确认无地下埋藏物后方可开钻。布孔过程中为避免相邻两孔串通，采取间隔式钻孔，即分两序施工，先单号后双号，单号孔完成注浆后再施工双号孔。

（2）对钻孔中出现涌水、失水、外漏、塌孔、掉钻、卡钻、断裂构造、岩溶发育、岩性变化等情况，需详细记录，并反映在钻孔综合成果表中，作为分析注浆质量的基本资料。

（3）对大规模充填溶洞、串珠状充填溶洞等复杂地质条件地段，应通过现场试验确定灌注方法和工艺要求。

3.3.3 注浆

（1）注浆的技术要点。

1）对于地质超前钻孔探明为全填充溶洞，采用单液注浆。浆液水灰比 0.8∶1～1∶1，注浆压力控制在 0.5～0.8MPa，返压或返浆为终孔标准。施工过程中配备注浆记录仪对注浆压力和注浆量进行记录并控制。

2）对于地质超前钻孔已探明为半填充溶洞，先采用单液注浆。若单液浆注浆效果不明显，改双液浆与单液浆相结合进行注浆，返压或返浆为终孔标准。对 6m 以上的大溶洞则填充碎石、砂或砂浆、低标号混凝土，然后进行注单液浆处理，必要时根据现场情况确定处理方案。

（2）逐孔注浆。注浆压力控制：单液浆注浆压力为 0.5～0.8MPa，返压时稳定 30min 后停止注浆。对注浆未返压的情况采用间歇式（注浆一段时间后停半小时再进行注浆的方式）注浆。双液注浆压力控制在 1.2～1.5MPa，压力稳定后 10min 停止注浆，化学浆液压力控制在 2.0～2.5MPa，具体压力以试验为依据。

3.3.4 现场监控

（1）现场派技术人员实时监控注浆压力、浆液配比、地面情况、冒浆情况、周边管沟情况等。

（2）现场技术员必须在每孔开始注浆前，针对该孔的实际情况，对调配好的浆液比例、注浆过程中压力等方面因素实行监控。

（3）现场发生异常情况后，立刻停止该孔注浆，上报工程部，找出具体原因后方可继续注浆。

3.3.5 常见问题与处理措施

（1）钻孔掉钻。钻孔过程中若出现掉钻现象，应立即组织有经验的操作手进行现场确认。了解并确认钻杆是丝扣脱落还是直接断裂，钻杆最终稳定位置，掉落钻杆上部螺纹情况，掉落后钻杆是否倾斜等情况，选用公锥或母锥进行取钻。若取钻不成功，且对后续施工无影响时，此钻杆可不用取出，移出钻机后此孔用水泥砂浆进行封孔，并在该孔附近另钻新孔进行岩溶探查。

（2）注浆漏浆。当单孔注浆量很大或注浆压力长时间无法提升时，孔内可能出现漏浆情况，可改用化学浆液注浆封堵漏浆通道，紧接着灌注双液浆。化学浆液在压力下不断扩散、渗透到空状洞穴与软土中去：一是填充填土孔隙及岩体裂隙，排挤出空隙中存在的自由水和气体，并产生胶结作用，形成新的固结体；二是形成劈裂注浆，使浆液在洞内及周边软土中形成树根网状固体；三是通过水泥化学浆的快速凝固作用，堵塞洞体与外围的渗水通道，然后再灌注双液浆，将化学浆挤碎，进一步使空隙得到充分填充，待浆液凝固后，形成固结体。

4 岩溶区降水设计及施工

4.1 设计思路

未来三路站西侧，围护结构采用 ϕ1200 钻孔桩间距 1300mm 加内支撑，标准段坑底埋深 17.81m（地面标高 26.5m），西侧盾构段坑底埋深 19.60m，基坑底标高 7.61～9.39m。基坑内部坑底以下 3m 范围内进行注浆处理，已有效地阻隔了基坑内外的水力联系，且基坑内水量有限，但注浆范围下部灰岩溶洞连通性好，存在承压水，故采取坑外布井、坑内不布井的方式设置降水井。基坑东侧以西 25m 范围内及西南角为砂岩，岩溶不发育，不设置降水井。承压水头降至坑底（标高 7.61～9.39m）以下 1m。

基坑东、西两侧弱富水带（1～12 轴、22～28 轴）渗透系数较小，水量有限，南北两侧各布置一排降水井，中间强富水带（12～22 轴）水量较大，基坑两侧降水井较东西两侧有明显加密。降水井需布置在溶洞发育处，另外，降水井深度应超过隔水帷幕（坑底以下 10m）以下，井深宜在 40m 左右。

4.2 基坑涌水量估算及降水井结构设计

深井降水基坑出水量计算可综合考虑地下水类型、补给条件，降水井的完整性以及基坑面积、形状、降水深度、布井方式等因素，选择计算公式来进行计算。根据《未来三路站及相邻区间岩溶专项勘察水文孔成井报告》，结合工程经验，降水设计等效渗透系数和影响半径见表 1。

表 1　　等效渗透系数和影响半径

降水部位	等效渗透系数 k /(m/d)	影响半径 R /m
西侧弱富水带（1～12 轴）	0.25	85
中间强富水带（12～22 轴）	13.0	245
东侧弱富水带（22～28 轴）	0.25	85

根据地质资料，基坑出水量按“大井”法承压完整

井公式计算：

$$Q=\frac{2.73kMS}{\lg R-\lg\gamma_0} \quad (1)$$

$$\gamma_0=\eta(a+b)/4$$

式中 Q——基坑降水出水量，m^3/d；

k——渗透系数；

M——含水层厚度（溶洞垂直分布厚度概化值），m；

S——基坑中心水位降深，m；

R——降水期间影响半径，m；

γ_0——大井圆概化半径，m；

a——矩形基坑长度，m；

b——矩形基坑宽度，m。

η 与 b/a 值见表 2。取值时可线性内插。

表 2　η 与 b/a 值

b/a	0	0.2	0.4	0.6	0.8	1.0
η	1.0	1.12	1.14	1.16	1.18	1.18

基坑涌水量预测值见表 3。

表 3　基坑涌水量预测表

降水部位	k /(m/d)	a /m	b /m	M /m	S /m	R /m	γ_0 /m	Q /(m^3/d)
西侧弱富水带（1～12 轴）	2.5	90	21	20	20.39	85	31.2	6394.4
中间强富水带（12～22 轴）	13	85	21	20	18.61	245	29.8	14437.3
东侧弱富水带（22～28 轴）	2.5	50	21	20	18.61	85	20.3	4084.5

降水井数量

$$N=Q/q\times1.1 \quad (2)$$

式中 N——降水井数量；

q——单井出水量（管井）；

1.1——安全系数。

管井侧单井出水能力与含水层的渗透系数 k、过滤管长度 l、过滤器半径 r_s 有关。

$q=120\pi\cdot r_s\cdot l\cdot\sqrt[3]{k}$，计算得弱富水区降水井出水能力为 1790$m^3$/d，结合施工经验单井出水能力取值为 1200$m^3$/d。

经计算，各部位所需降水井数量 N 见表 4。

表 4　基坑实际降水井数量

降水范围	Q/(m^3/d)	q/(m^3/d)	N
西侧弱富水带（1～12 轴）	6394.4	1200	6
中间强富水带（12～22 轴）	14437.3	1200	13
东侧弱富水带（22～28 轴）	4084.5	1200	4

天汉降水软件模拟计算的实际需要降水井数量见表 5。

表 5　降水井数量表

分项工程名称	N
西侧弱富水带（1～12 轴）	6
中间强富水带（12～22 轴）	12
东侧弱富水带（22～28 轴）	4

故本次降水井总数为 22 口，并有部分降水井兼作观测井。降水井布置时应避开地下管线及地下埋藏物等，在正式施工前应对井位进行核对，井位可在一定范围内调整。降水井平面布置见图 5。

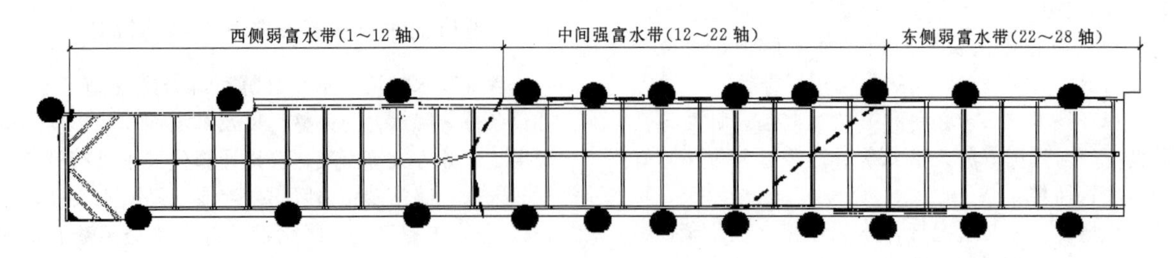

图 5　降水井平面布置图

4.3　降水井结构设计

降水井井身结构系依据降水地段地质岩性构成、水文地质条件、钻孔工艺、施工要求及有关规范规定设计。其设计要点如下：

(1) 钻孔。钻孔孔径为 400mm，降水井深 40m，其中过滤管长度为 25m，井壁管长度为 15m。

(2) 井管。井管全部采用钢质焊管，管径 220mm，壁厚大于等于 3mm（井壁管壁厚大于等于 3mm，过滤管壁厚大于等于 3mm），上部井管管顶高出或低于（视场地情况而定）地面 0.3m。

(3) 砾石填充与管外封闭。自孔底至井口以下 14m 深度段环形空间填石英圆砾，形成良好的人工反滤层；在井口至孔深 14m 段环形空间填黏土球进行管外封孔。

降水井结构详见图6。

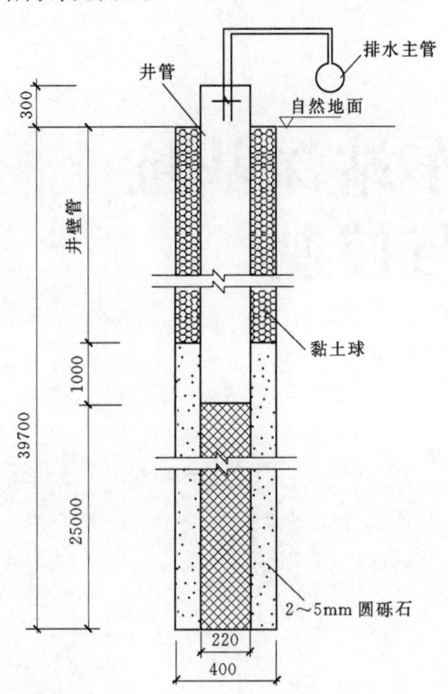

图6　降水井结构详图（单位：mm）

4.4　施工要求

4.4.1　钻孔

（1）钻机安装平稳，确保钻孔圆正、垂直，孔斜不得超过1.5°。

（2）为提高钻孔进尺和成孔质量，钻进采用清水冲击成孔工艺，并应符合下列要求：①保证孔壁的稳定；②降低对含水层水质和渗透性的影响；③提高钻进效率，减少孔底沉渣厚度。

（3）井管安装应做好下列准备工作：①根据井管的结构设计，进行井管制作；②检查井管质量，并应符合设计要求；③下管前，测量孔深，使井管安装满足设计规范要求。

（4）为减少井管安装时间，应先在附近地面将每节井的过滤设施包扎好，然后用吊车吊装，在孔口再焊接入孔。

（5）为确保井管在入孔后处于钻孔中心，保证井管与孔壁间的环形空间厚度均匀，在有孔管部分每间隔5m、上部无孔管部分每间隔10m设置扶中器。

4.4.2　填砾与管外封闭

（1）井管安装好并符合设计要求后，及时填充砾料。填砾料前应做好以下准备工作：①向井管内加入清水，将孔内泥浆稀释；②砾料粒径规格要符合设计要求，砾料应纯净，不含泥土和杂物；③备足砾料和黏土，使之能一次填筑完成；④备好填料运输工具，尽可能缩短填筑时间。

（2）填充砾料时，砾料应沿井管四周均匀连续填入，随填随测。当发现填入量及深度与计算有较大出入时，应及时找出原因并加以处理。

（3）砾料填筑到设计深度后，再填入黏土球（填入高度5m左右），最后填黏土至孔口，并将孔口黏土夯实。

4.4.3　降水井质量验收

施工结束前，对所有井的井深和水位进行验收，达不到设计要求的井点应重新进行洗井，洗井后仍达不到要求的应补打。在洗井、抽水时，井内出砂严重时，应停止洗井和抽水，防止砂土流失而引起不良后果。

4.4.4　封井措施

降水井待底板浇筑完毕并达到75%以上强度，根据设计单位要求分阶段进行。

封井时在井管内先填碎石，然后注浆，再灌注混凝土封堵。基本操作顺序以及有关技术要求如下：

（1）降水运行结束封井前，先预搅拌0.8m^3左右的水泥浆，水灰比0.6～0.7。

（2）用抽水泵将井内水位抽至井底，拔除抽水泵。

（3）填碎石之前对井内杂物进行清理，避免对后续施工造成影响。

（4）井管内下入32mm注浆钢管，注浆管的底端下入井管底部。

（5）井管内初次填入碎石，埋填注浆管至底板面以下2～3m。

（6）注浆至碎石顶面。

（7）注浆完毕，水泥浆达到初凝时间后，抽出井管内止水片以上的残留水，并及时观测井管内的水位变化情况。一般观测2～4h后，井管内的水位无明显升高，说明注浆效果较好。

（8）当判定已达到注浆效果后，向井管内灌入混凝土。混凝土的灌入高度略低于基础底板混凝土面约10cm。混凝土灌注结束，及时观测井管内水位的变化情况，以判断封堵的实际效果。

（9）待井管内灌注的混凝土强度符合要求，并确定封堵的实际效果满足要求后，即可割去外露的井管。

（10）管口焊接钢板封堵后，用1∶3水泥砂浆抹平井口，封井工作完毕。

5　结语

岩溶水的处理是岩溶地区深基坑工程的关键问题，对地下工程的施工和长期运营有着较大影响。岩溶水的治理并没有一种通用的方法，应根据场地地貌、岩溶发育程度、岩溶水位及地质构造的不同，统筹考虑岩溶地基处理方案和岩溶区水文地质条件后确定岩溶水的治理措施。目前岩溶地区深基坑的止水降水措施主要有深井降水、岩溶回填、帷幕截水及结构防水抗浮等。随着我国城市地下空间的开发，因深基坑止水降水施工不到位引起的重大经济损失事故多发，因此研究深基坑止水降水技术已经成为当前工程领域的一项重要课题。

严寒漫滩地区地铁车站深基坑施工沉降分析与控制

杨旭东/中国电建市政建设集团有限公司

【摘　要】哈尔滨地铁2号线尚志大街站处于严寒的松花江漫滩区，地质条件复杂，地下水丰富，周边为密集的保护要求标准高的历史建筑。通过对地铁站周边重要建筑物产生的沉降及时分析和论证，采取了诸多措施：地连墙预加固，降水试验，墙间止水，设置回灌井，地连墙墙间接缝探挖，支撑轴力对应变形值复核计算，基坑开挖控制，建筑物监测等，取得了较好的效果。基坑开挖安全可控，周边重要建筑物沉降控制到位，主体结构顺利封顶，其成功经验可供类似工程施工借鉴。

【关键词】深基坑　历史保护建筑　建筑物监测　沉降分析

1　引言

哈尔滨地铁2号线尚志大街站地处严寒的松花江漫滩地区，开挖地铁深基坑时遇到许多问题：冬季气温低，存在冬休和工程越冬保护；地铁车站深基坑周边建构筑物密集，历史性保护建筑物多。在这么复杂环境下进行地铁车站深基坑施工，建筑物的保护、深基坑结构设计、施工降水、施工监测、基坑开挖、越冬防护等环节的控制尤为重要。若某一个环节控制不当，将会引发施工险情，严重影响历史建筑物和基坑的安全。本工程通过对周边重要建筑物产生的沉降及时进行详细的分析和论证，采取了地连墙预加固、降水试验、墙间止水、设置回灌井、地连墙墙间接缝探挖、支撑轴力对应变形值复核计算、基坑开挖控制、建筑物监测等措施，取得了较好的效果，基坑开挖安全可控、周边重要建筑物沉降控制到位、主体结构顺利封顶。

2　工程概况

尚志大街站位于经纬街与尚志大街交口的东侧，沿经纬街东西向布置，车站周边建构筑物密集，主要有：浙江嘉禾假日酒店（位于车站西南侧，距离主体结构26m，地上17层，地下1层，框架结构），黑龙江省中西医结合学会专科门诊楼（位于车站南侧，距离主体结构4.4m，4层砖混结构，浅基础，历史建筑），儿童电影院（位于车站南侧，距离主体基坑14.7m，4层砖混结构，高18m，历史保护建筑物，全国第六次劳动大会旧址，省级文物建筑），混凝土框架结构7层建筑物（位于车站大里程北侧，距离主体结构5.4m，地下1层），经纬街人行天桥（横跨车站，长22m，宽4m，钢架构桥，混凝土桩基础，需拆迁）。本次实施范围内的管线主要有给水管线（沿经纬街方向DN200、DN300铸铁管，管顶埋深2.1～2.75m，临时改迁，以及沿工厂街方向DN300铸铁管，管顶埋深1.4～1.55m，临时改迁）、排水管线（沿经纬街方向DN600混凝土管，管底埋深2.55～2.98m，临时改迁）、热力管线（沿工厂街方向DN426钢管热力管线，管顶埋深3m，永久改迁）、燃气管线（沿经纬街方向DN200 PE，管顶埋深约2.7m，临时改迁）等。

车站采用明挖顺作法施工，主体结构内包尺寸长165.0m，宽度：标准段为18.3m，端头井为22.1m、外挂加宽段为31.9m。该车站为地下2层结构，主体结构为现浇钢筋混凝土箱型结构形式。车站起点里程SK17+708.800，终点里程SK17+873.800，有效站台中心里程：SK17+803.800，该里程处基坑开挖深度为17.1m，顶板覆土厚度为3.34m。

车站主体基坑采用800mm厚地下连续墙作为施工阶段的围护结构，挡土挡水。地下连续墙在使用阶段兼作车站主体的挡土和抗浮结构，地下墙与侧墙之间有外包防水层隔离，二者形成复合墙，共同受力。标准段基坑宽19.7m，开挖深度约17.1m，地下连续墙深约43.5m（其中钢筋混凝土段30m，素混凝土墙段约13.5m），沿基坑深度方向布置3道支撑（1道钢筋混凝土支撑，2道钢支撑加1道倒撑)。大里程端头井基坑宽度23.7m，开挖深度约18.7m，墙深约43.5m（其中钢筋混凝土段34.5m，素墙段约9m)，沿基坑深度方向布置4道支撑（1道钢筋混凝土支撑，3道钢支撑加1道倒撑)；外挂加宽段基坑宽33.3m，开挖深度约17.1m，墙深约43.5m（其中钢筋混凝土段30m，素墙段约13.5m)，沿深度方向布置3道钢筋混凝土支撑。小里程端头井处基坑开挖深度约为18.7m，墙深约43.5m（其中钢筋混凝土段34.5m，素混凝土墙段约9m)，沿深度方向布置3道钢筋混凝土支撑加1道钢支撑倒撑。

3 工程地质与水文地质

3.1 工程地质

本站所处场地地貌单元为松花江漫滩区，地形平坦，地面标高约120.23m。区域地质资料表明场地均被第四纪地层所覆盖，缺失第三纪地层，第四纪地层不整合接触在白垩纪泥岩之上。全新统人工堆积层全线均有分布；松花江漫滩，全新统漫滩冲积成因土层。

根据地质勘察报告，场地特殊岩土主要为杂填土、季节性冻土，分别说明如下：

杂填土：杂色，松散—稍密，均匀性差，由建筑垃圾、生活垃圾和黏性土、砂土组成，道路上有沥青混凝土路面及三合土人工填筑的路基。杂填土广泛分布于场区表层，成分复杂，局部较厚，呈松散堆积状态，对车站开挖及基坑支护产生不利影响。

季节性冻土：哈尔滨地区最大冻结深度约2m，标准冻结深度为2m，属季节性冻土。从10月末开始冻结，至第二年3月中旬开始消融，5月中旬化透。本场区地基土冻胀类型为冻胀—特强冻胀，冻胀类别为Ⅲ～Ⅴ类。

3.2 水文地质

根据本线路所处地貌单元勘探揭示的地层结构，勘探深度内场地地下水可分为上层滞水、孔隙潜水、孔隙承压水。松花江漫滩区地下水水位浅且水量丰富，对车站明挖工程构成不良影响。土方开挖后，地下水对基坑侧壁易产生渗透，造成潜蚀。同时地下水会对基坑产生上浮作用。

勘察期间通过干钻测得孔隙潜水初见水位埋深2.50～8.20m，地下水静止水位埋深为2.30～7.30m，标高113.34～116.05m（大连高程系)。

4 建筑物沉降及原因分析

4.1 现场监测点布置

尚志大街站共有78个地表沉降点、30个地下管线监测点、130个风险源建筑物沉降监测点、20套测斜管、20套地下水位孔、85个混凝土支撑轴力监测点。

儿童电影院共布置23个风险源建筑物沉降监测点。混凝土框架结构7层住宅楼共布置36个风险源建筑物沉降观测点。车站监测点平面布设见图1。

尚志大街站自2016年4月5日开始进行建筑物测点数据观测工作。根据监控量测情况，在旋喷桩施工、热力管线迁改、地下连续墙施工过程中，建筑物一直处于沉降值变化阶段。进入冬歇阶段后，监测一直正常进行。

4.2 沉降监测结果

2016年11月13日的监测结果显示，儿童电影院本期红色报警点位6个，各预警点号的累计沉降如下：JGC09为－5.04mm、JGC10为－5.03mm、JGC12为－5.61mm、JGC13为－5.48mm、JGC14为－6.32mm、JGC15为－5.50mm。

冬休期间儿童影院持续预警，截至2017年2月20日，儿童影院所布设测点皆达到预警值－5.00mm，最大沉降点JGC14累计沉降－8.70mm，首批预警点累计沉降值统计如下：JGC09为－7.20mm、JGC10为－7.10mm、JGC12为－7.50mm、JGC13为－7.69mm、JGC15为－7.60mm。

儿童影院其余监测点累计沉降值如下：JGC01为－5.85mm、JGC02为－5.48mm、JGC03为－5.88mm、JGC04为－4.86mm、JGC05为－5.56mm、JGC06为－5.03mm、JGC07为－4.99mm、JGC08为－5.17mm、JGC20为－5.79mm、JGC21为－5.87mm、JGC22为－5.67mm、JGC23为－6.13mm，均超过5mm的控制值。儿童电影院施工节点与沉降曲线关系见图2。

混凝土框架结构7层建筑物2017年2月20日各测点监测结果显示的累计沉降如下：JGC55为－11.02mm、JGC56为－11.65mm、JGC57为－11.67mm，JGC58为－11.74mm、JGC59为－11.37mm、JGC60为－11.22mm，未达到15mm控制值。混凝土框架结构7层建筑物施工节点与沉降曲线关系见图3。

省中西医结合学会专科门诊截至2017年2月20日各测点监测结果显示的累计沉降如下：JGC30为－9.83mm、JGC31为－8.73mm、JGC32为－9.40mm、JGC33为－9.34mm、JGC34为－9.14mm，均未达到15mm控制值。

4.3 沉降原因分析

根据监测数据和现场施工情况，周边建筑物沉降的原因从以下6个方面进行分析：

(1) 尚志大街站地连墙的施工扰动了地层，加之多种工况交叉作业导致周边建筑物沉降。

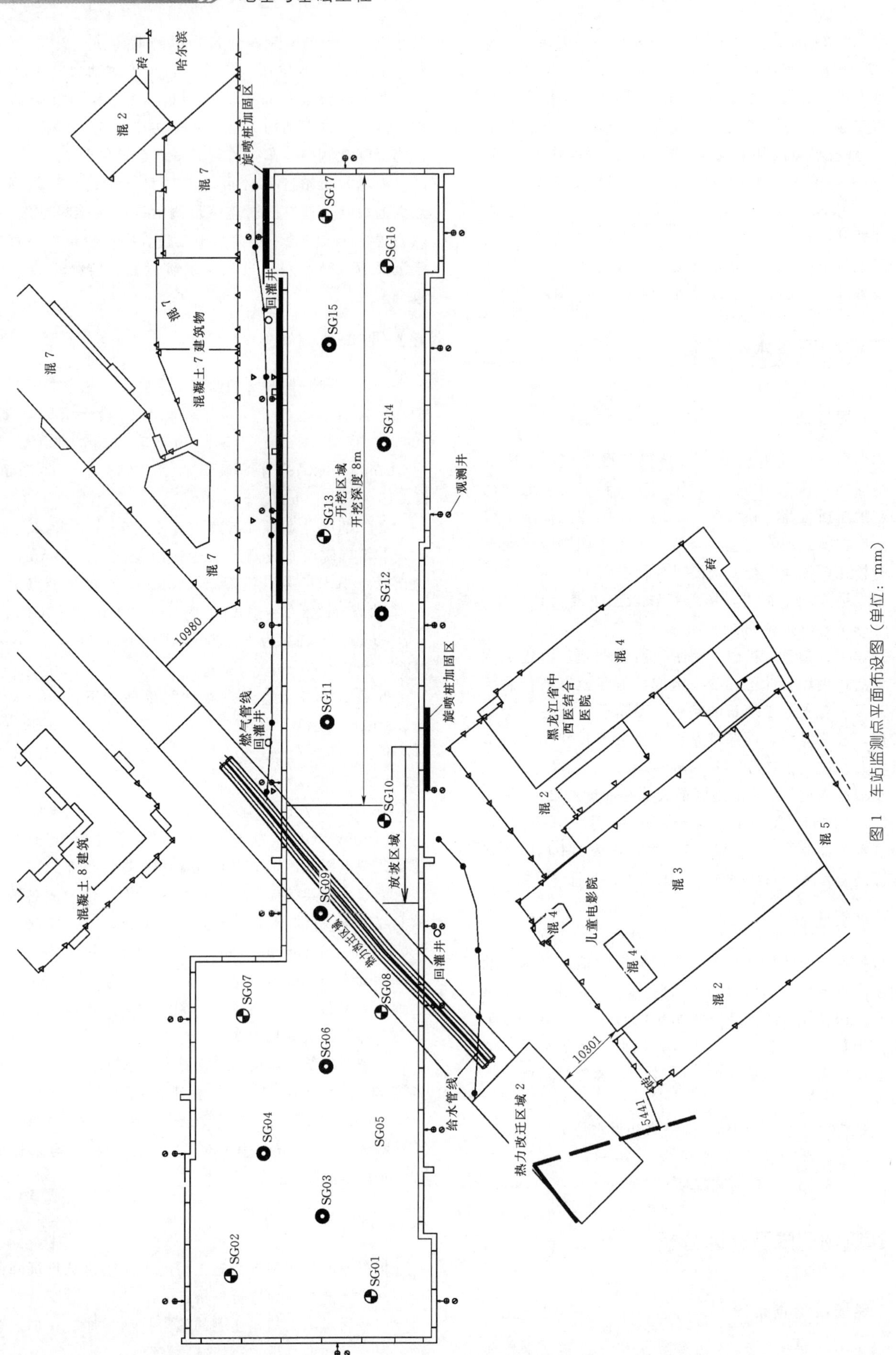

图 1　车站监测点平面布设图（单位：mm）

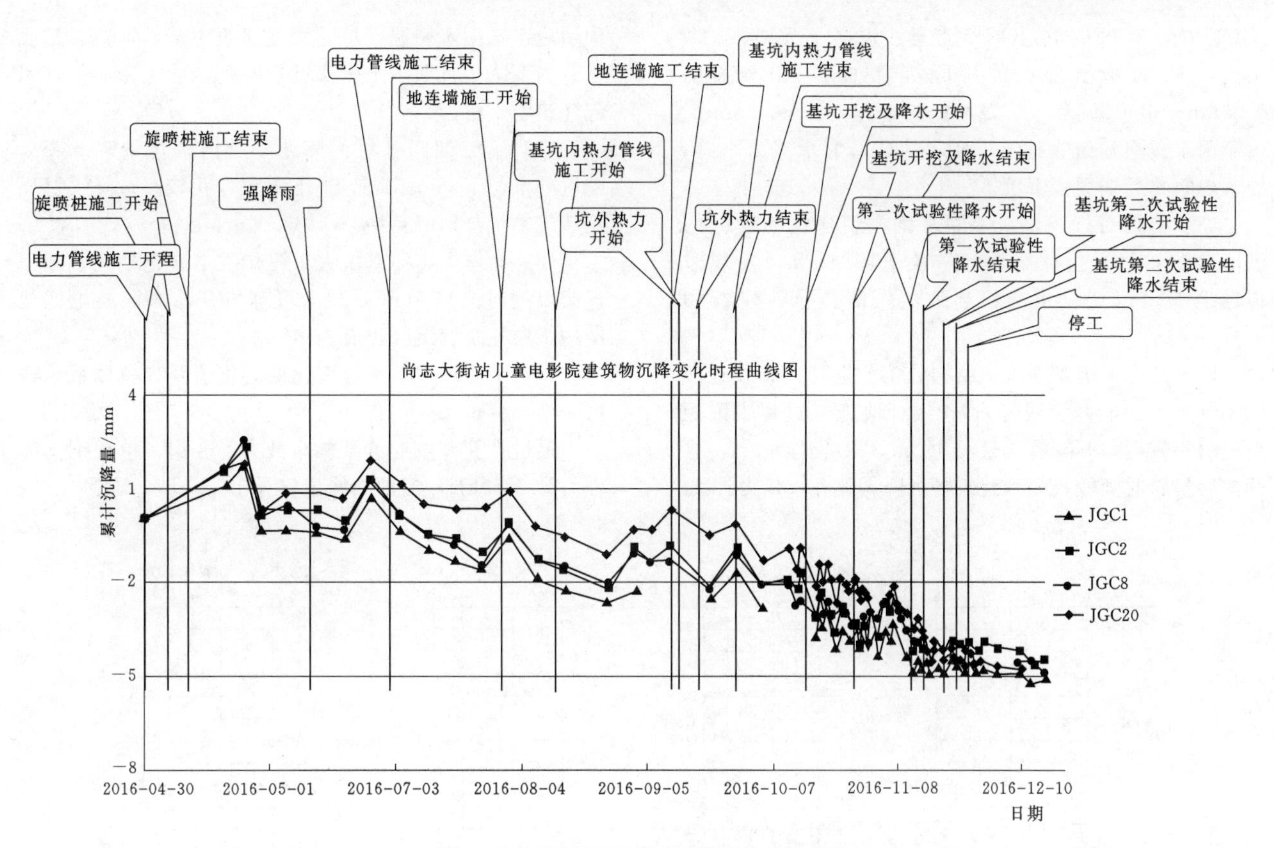

图 2　儿童电影院施工节点与沉降曲线关系图

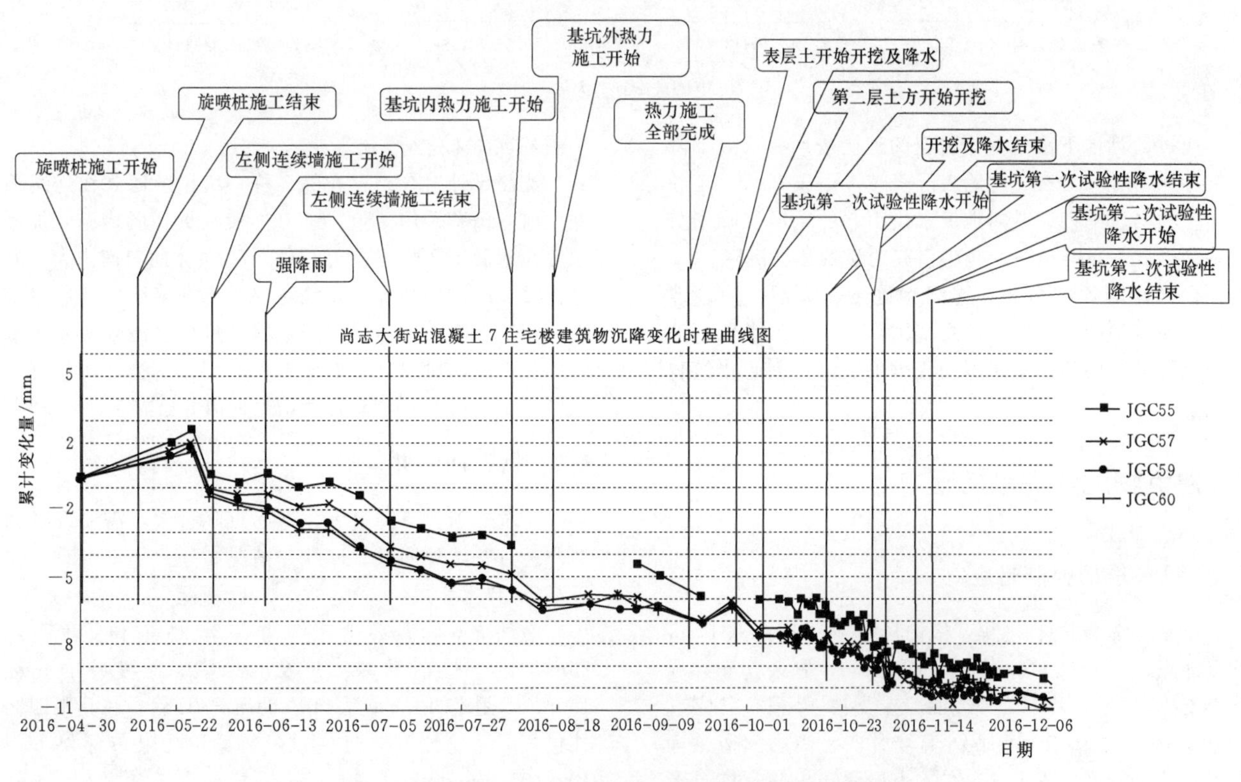

图 3　混凝土框架结构 7 层建筑物施工节点与沉降曲线关系图

(2) 2016 年 6 月 12 日曾下暴雨，暴雨前后相邻两周观测数据显示 6 月 6—13 日儿童电影院沉降预警点的阶段沉降量如下：JGC09 为－0.98mm、JGC10 为－0.7mm、JGC12 为－0.71mm、JGC13 为－0.61mm、

JGC14 为－0.62mm、JGC15 遮盖。混凝土框架结构 7 层建筑物沉降预警点的阶段沉降如下：JGC57 为 0.06mm、JGC59 为－0.22mm、JGC60 为－0.28mm。由于雨水浸泡建筑物地基基础，造成基底承载力下降，导致建筑物后期缓慢下沉。

(3) 根据对远离基坑相同基础类型建筑物进行的沉降监测对比分析，累计沉降量－1.34mm，发现季节性地下水位变化也会引起地面沉降，导致建筑物沉降。

(4) 尚志大街站在围护结构施工前进行过管线迁改施工（热力、电力管线等），管线迁改施工过程中因距离建筑物较近，开挖管沟最浅为 2m，深的达到 6m，且开挖后暴露时间较长导致建筑物沉降。此外，热力管线回填施工选用水密法回填，浸泡建筑物基础，造成基底承载力下降，且回填土密实度达不到原状土密实度，引起建筑物下沉。

(5) 施工期间基坑内降水，坑内水位下降 8.2m，基坑外水位下降 0.31m，地下水位变化较小，降水对周边建筑物沉降影响甚微。

(6) 尚志大街站基坑大里程始发端开挖期间，地下连续墙侧向位移 5mm，现阶段基坑开挖对混凝土框架结构 7 层建筑物沉降也有一定影响。

(7) 基坑外地下水位变化的允许值及支撑体系承载力、变形分析。

通过计算基坑支护结构承载力、变形，单根钢支撑轴力为 2250kN，围护结构位移为 12.4mm，见图 4。

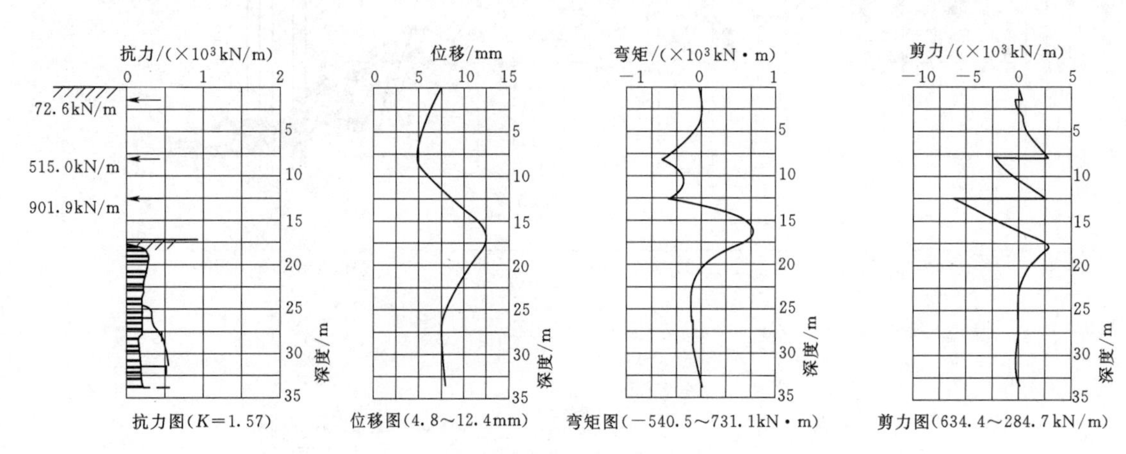

图 4 支护结构轴力及变形计算

通过计算地下水位变化引起的地层变形，水位下降 0.2m，将引起 1.9mm 的地表沉降量。由于 2－1－1 粉质黏土的高压缩性，其对地下水位引起的地层沉降十分敏感。因此，坑外地下水位将引起明显的地层沉降。

根据监测数据分析，连续墙施工、降雨、管线改迁、旋喷桩加固、土方开挖及基坑降水、地下水位季节性变化等各阶段均产生了不同程度的沉降，因此建筑物的沉降是综合因素所致。

5 建筑物沉降控制措施

5.1 已采取的控制措施

车站连续墙共计 78 幅，格构柱 44 根，降水井 17 口已全部完成。冠梁 418m，已完成 366m，剩余 52m，混凝土支撑 82 根，其中第一道混凝土支撑 40 根，已完成 32 根。截至 2016 年 11 月 16 日冬休时，尚志大街站标准段开挖至冠梁以下 5m 左右，小里程端头井开挖至冠梁底，大里程端头井开挖深度至第二道钢支撑下。钢支撑于 2016 年 10 月 17 日架设完成，第二道钢支撑大里程端第一根钢支撑 2016 年 10 月 19 日架设完成。儿童电影院侧基坑尚未进行开挖。

按照设计对车站存在的 3 栋一级风险源，在连续墙施工前，槽壁采用 ϕ800@600 的旋喷桩加固措施，加固深度为地面下 2m 至基坑底下 3m；冬休前对尚志大街站进行过 2 次试验性降水，并对混凝土框架结构 7 层建筑物、儿童影院前连续墙墙间接缝处进行水泥浆注浆止水施工；冬休前对混凝土框架结构 7 层建筑物处在基坑外施工了 2 口回灌井，尚志大街站回灌井已施工 4 口。

5.2 增设回灌井

若坑外水位下降过大，地面沉降过大，需要设置回灌井进行基坑外回灌。回灌井情况如下。

5.2.1 技术参数

沿基坑两侧距离地连墙边缘 2m 左右位置，每隔 25m 增设一口回灌井，并及时回灌。回灌井的孔径 150mm，孔深 18m，为 ϕ100 硬质 PVC 管，在孔眼四周外包 2 层尼龙纱网并且用铁丝绑紧，孔眼布置为 D＝10@50×50。

5.2.2 回灌施工

(1) 回灌井启动条件：出现水位低于本场地的原始数据即启动回灌。

(2) 回灌井停止条件：基坑停止降水后观测一段时间，若水位恢复正常，即可停止回灌。

(3) 回灌水源：回灌水源主要以基坑内抽水井的地下水为主，如地下水供应不上可用自来水作为回灌水源。

(4) 回灌压力：先采用无压力回灌，当潜水水位无法满足目标要求时，可适当采用加压回灌方式。回灌压力由小到大，注水压力以监测报告数值控制，水位过高减少注水压力。

(5) 回灌井监控：回灌时对基坑内外观测井水位密切监控，频率为12h一次。

5.3 墙间预埋注浆管注浆止水

在连续墙施工中已在每道地连墙接缝处埋设一根注浆管，且2016年已对部分连续墙接缝进行了注浆堵漏施工，2017年土方开挖施工前将根据降水试验情况，利用已埋置的注浆管对接缝进行堵漏施工。

在旋喷桩预加固区地连墙接缝间需预埋1根ϕ30壁厚3mm钢花管，作为注浆管。注浆管电钻打孔，竖向间距0.5m，孔径3～5mm，然后用电工胶带应至少缠绕5层，保证其密实，地面以下4m范围内不开孔。墙间注浆管埋设在迎土侧钢筋笼接头处，止水钢板与连接钢板的交点处。埋设深度至基坑开挖面下5m，顶部高出冠梁顶0.5m。

每根注浆管压浆初定为2m^3，具体压浆量根据现场实际试验情况确定。注浆压力0.4～1.2MPa，注浆材料为P.O 42.5普通硅酸盐水泥，水泥和水配合比为1∶1或0.8∶1。

5.4 加强施工监测

基坑开挖过程中加强施工监测，密切关注监测数据变化情况，一旦达到预警值，立即分析原因，根据具体情况采取相应的应急措施，并加大监测频率。为确保建筑物安全，监测不留死角，监测数据反馈及时。下一步将启动自动化监测，监测点布置按设计要求严格执行。

5.4.1 混凝土框架结构7层住宅楼

监测点按“近密远疏、总体控制、重点监控、断面比对”的原则布设。该建筑计划布设2条水准测线：一条为临近基坑侧，基准点放置于JGC-70位置南侧，采用全站仪复合高程并网；另一条基准点布设于建筑物背侧院内，采用水准仪复核高程并网。

2组静力水准测线共布设静力水准16台，分别与JGC-59、JGC-61、JGC-64、JGC-66、JGC-67、JGC-70、JGC-72、JGC-76、JGC-77、JGC-78、JGC-79、JGC-81、JGC-101、JGC-102、JGC-103建筑物测点对应，以便比对校核。在主承重墙外立面两面安置梁式测斜仪4支，安装位置为JGC-61、JGC-78上部挑梁（楼板）位置水平、竖向交叉布设，临近基坑测2支，背侧2支；邻近基坑台阶错动部位JGC-59竖直布设测缝计1支，在紧邻的两建筑之间、裂缝发生部位JGC-79、JGC-101上方2m处水平布设测缝计。通过结构缝开合度的大小直接判定结构、建筑之间的位移变化情况。建筑物背侧扭面台阶位置（台阶上方，三角标识位置），对称布设倾角计2支。

临近基坑侧挑梁位置及建筑物背侧线路均采用壁挂式施工，线缆集中后，汇集至本测量单元，测量单元布置于院内JGC-76测点位置，通信方式采用G网无线传输。

5.4.2 中西医结合医院、儿童电影院

该建筑总体安装条件优于混凝土框架结构7层住宅楼，故设置2组静力水准测线，一个基准点，布设静力水准12台。各静力水准测点分别与JGC-2、JGC-13、JGC-17、JGC-22、JGC-24、JGC-29、JGC-32、JGC-37、JGC-38、JGC-45、JGC-49建筑物测点对应，以便比对校核。

主承重墙外立面两面安置梁式测斜仪9支，安装位置为JGC-9、JGC-14、JGC-18、JGC-21、JGC-27、JGC-34、JGC-37、JGC-39、JGC-41上部楼板位置水平布设；在紧邻的两建筑之间结构缝位置JGC-3、JGC-15、JGC-19、JGC-24上方2m处水平布设测缝计，通过结构缝开合度的大小直接接判定结构、建筑之间的位移变化情况。建筑物背基坑侧院内位置布设倾角计。

5.5 越冬防护

对尚志大街站已开挖基坑采用珍珠岩、彩条布进行越冬覆盖防护，珍珠岩满铺厚度1m。

5.6 降水试验

(1) 在基坑开挖前，抽取基坑内降水井进行降水试验，记录坑内外水位变化。通过水位变化查看坑内外水位是否连通，若坑内水与坑外水连通，则对围护结构接缝处进行注浆封堵，保证基坑封闭，确保基坑开挖安全。

(2) 每口降水井排水管头设置流量表，及时监测地下水位及抽水流量，发现问题及时采取措施，调整降水井开启数量及抽水流量，指导开挖施工和降水运行。

(3) 在降水井抽水时要随时注意抽出的地下水含砂量是否达到标准，特别是发现抽水变混浊时，应立即停泵，报废该降水井。

(4) 降水试验结果如下。

2017年3月1日23时开始降水，开启小里程SG-02、SG-01、JY-01，小里程SG-05和大里程SG-09、SG-10、SG-12作为观测井。坑内水位大里程降到15.7m，小里程降到17.8m，坑外水位基本无变化。

2017年3月2日7时开启SG-09、SG-02、SG-

01、JY－01四口井，小里程观测井为SG－05，大里程观测井为SG－10、SG－12。11时30分开启SG－10，停井JY－01，小里程观测井为SG－05，大里程观测井为SG－12。到14时小里程坑内水位到达20.3m，大里程水位到达18.76m。14时开始停止抽水，至2017年3月3日7时，坑外水位观测井水位下降最大值点DSW－7下降量为1.9cm。

5.7 基坑开挖控制措施

（1）严格按照设计要求进行施工。基坑开挖遵循先撑后挖、分段分层、先探后挖的原则（采用小型挖机和洛阳铲配合探挖）。基坑开挖前检查连续墙接缝处的施工质量，若墙缝结合处2m深度范围内有渗水、湿渍情况，应处理后再进行土方开挖作业。

（2）基坑开挖过程中及时架设钢支撑，对架设的钢支撑严格按设计要求施加预加轴力，对轴力衰减较大的钢支撑及时补加轴力。通过减小分段长度和分层深度来缩短支撑架设时间，必要时进行支撑加密。

（3）严格控制支撑安装施工精度，同层支撑中心标高高差不大于30mm；中间立柱垂直度偏差不大于基坑开挖深度的1/150。

（4）现场应配备富裕的钢支撑，如出现围护结构变形严重情况，应立即对钢支撑进行加密架设，并检查每道钢支撑预应力情况，及时有效地控制围护结构变形。

（5）合理组织基坑开挖工作，确保基坑开挖连续、快速完成。加大资源投入，尽快完成施工底板，及时封闭基底，以控制围护结构变形及地面沉降。挖土过程中派专人指挥，控制挖土深度，防止挖掘设备对支撑及围檩的破坏。

（6）施工前对相关现场管理人员、施工作业人员（含测量员和焊工）进行施工技术和安全技术交底。

（7）基坑开挖到基坑底面设计标高时，应注意天气预报，避免雨水侵袭，挖土到设计标高后应立即施作接地和垫层。

（8）针对建构筑物沉降做好应急预案，现场备足应急物资，组建应急抢险班组，基坑开挖期间，遇异常情况及时处理。

6 结语

哈尔滨地铁2号线尚志大街站位于严寒的松花江漫滩区，车站周边建构筑物密集，且多为历史保护建筑，在车站深基坑施工中，通过对周边重要建筑物产生的沉降及时进行详细的分析和论证，采取地连墙预加固、降水试验、墙间止水、设置回灌井、地连墙墙间接缝探挖、支撑轴力对应变形值计算、基坑开挖控制、建筑物监测等措施，取得了较好的效果。基坑开挖安全可控、周边重要建筑物沉降控制到位、主体结构顺利封顶，可为今后类似条件的地铁深基坑施工提供借鉴。

参考文献

[1] 赵云非，王晓琳．城市地铁深基坑施工渗漏水原因分许与预防［J］．隧道建设，2013（3）：242－246.

[2] 孔洋，史天龙，薛伟，等．哈尔滨某地铁车站深基坑围护结构选型与风险控制研究［J］．建筑结构，2017（S1）：1112－1117.

[3] 戴斌，王卫东．受承压水影响深基坑工程的若干技术措施探讨［J］．岩土工程学报，2006（B11）：1659－1663.

[4] 赵希望，焦雷．深大基坑降水开挖施工对结构及周边环境影响有限元分析［J］．交通科技与经济，2017，19（1）：64－68.

[5] 李瑞平．紧邻既有地铁车站基坑降水及开挖施工技术分析［J］．湖北理工学院学报学报，2019，35（2）：43－47.

[6] 胡鹰．地铁土建工程技术与管理实务［M］．北京：人民交通出版社，2018.

[7] 王中．地铁车站基坑降水开挖地表沉降规律及其控制方法研究［D］．太原：太原理工大学，2018.

审稿人：李林

水泵水轮机安装中几个重难点问题探讨

李　林/中国水利水电第十四工程局有限公司

【摘　要】 抽水蓄能电站在电力系统中具有调峰填谷、调频、调相、紧急事故备用和黑启动等多种功能，与常规机组相比，抽水蓄能机组具有吸出高度低、厂房埋深大、机组运行水头高且变幅大、径向尺寸与轴向尺寸比值小、双向旋转轴承安装调整精度要求高、调试工况多等特点，本文就水泵水轮机安装中的座环蜗壳焊、接蜗壳水压试验与保压浇筑混凝土、座环现场加工、导水机构预装与安装、轴线调整与水导轴承安装、主轴密封安装等几个重点问题进行探讨。

【关键词】 水泵水轮机　安装　重难点　探讨

1　抽水蓄能机组安装特殊性

我国已建和在建抽水蓄能电站主要分布在华南、华中、华北、华东等地区，主要解决电网的调峰调频问题。到2018年年底，我国已建成的抽水蓄能电站34座，在建32座。投产总装机达到30025MW，在建装机容量43210MW。

抽水蓄能电站在电力系统中具有调峰填谷、调频、调相、紧急事故备用和黑启动等多种功能，与常规机组相比，抽水蓄能机组具有以下特点：

(1) 吸出高度低，厂房埋深大。水泵水轮机的安装高程一般是根据水泵工况的气蚀特性来决定的，大多数大型抽水蓄能电站水泵水轮机吸出高度低，如广蓄一期、广蓄二期、天荒坪吸出高度均为－70m，敦化、长龙山为－94m，而阳江抽水蓄能电站更是达－100m。在埋深较大的地下厂房内进行机电安装，施工用电、通风、设备材料运输、人员进出以及设备的防水、防潮、防尘等各方面均需充分考虑，合理布设。

(2) 机组运行水头高且变幅大。抽水蓄能电站多为高水头高转速机组，而且机组运行水头变幅大，（如天荒坪运行水头变幅达95.5m）。这对于水泵水轮机主轴密封的制造、安装调试和运行维护各方面均提出了更高的要求。

我国部分抽水蓄能电站参数对比参见表1。

(3) 径向尺寸与轴向尺寸之比值小。由于水头高，转速高，受转动惯量所限，使得机组转动部分的径向尺寸相对较小，轴系较长，机组长径比大，机组结构呈细长型，转动部分与固定部分的各种间隙均比较小，机组安装要求更小的绝对误差值，精度要求更高。转轮迷宫间隙、定转子空气间隙、机组轴线、各导轴承轴瓦间隙等的安装偏差值对机组运行温度、摆度、振动影响程度明显。水泵水轮机又具有S形长流道、进口高度很小的特点（如天荒坪水轮机进口高度仅260mm），使得转轮安装测量调整的难度增加，导叶端面间隙的大小也对水轮机效率有较大影响。

(4) 双向旋转轴承安装调整精度要求高。抽水蓄能机组推力瓦、导轴瓦均必须采取中心支承结构，以满足发电和抽水不同的旋转方向，特别是对于推力轴承，运行过程中轴向水推力变化更频繁，推力瓦支撑的弹性变形和轴瓦热变形相互制约和平衡，其安装调整精度要求更高。

(5) 辅助设备系统复杂。发电与抽水工况转换停机启动频繁，抽水蓄能电站电气设备、监控系统、辅助设备及管路系统、通风空调系统等均比常规电站多而复杂。

(6) 调试工况多，调试时间长。机组运行工况一般有水轮机工况、水泵工况、水泵方向调相、水轮机方向调相、黑启动，调试时间长，一般调试时间按3个月考虑。水泵水轮机调速器比常规机组调速器增设水泵工况

表 1　我国部分抽水蓄能电站参数对比

电站名称	机组台数	单机容量/万 kW	额定转速/(r/min)	额定水头/m	最大/最小水头/m	水头变幅/m	最大/最小扬程/m	吸出高度/m
广蓄Ⅰ期	4	30	500	496.02	537.18/496.02	41.16	550.01/514.14	−70
天荒坪	6	30	500	526	607.5/512.0	95.5	614.7/526.5	−70
广蓄Ⅱ期	4	30	500	510	536/494	42	652.8/514.5	−70
惠蓄	8	30	500	517.4	557/509	48		−70
仙游	4	30	428.6	430	479.39/424.27	55.12	479.39/424.27	−65
敦化	2	35	500	655	701/656	45	712/661.47	−94
	2	35	500	655	693.37/630.91	62.46		−94
沂蒙	4	30	375	375	416/351	65	420/355	−72
长龙山	4	35	500	710	755.9/681.3	62.3	764.2/701.9	−94
	2	35	600	710	755.9/681.3	62.3	764.2/701.9	−94
清远	4	32.65	428.6	470	502.73/440.39	62.34		−66
阳蓄	3	40	500	653	694.37/626.1	68.27	698.7/648.8	−100

按扬程调节导水叶最优开度装置，对蓄能机组调试前须解决上库蓄水问题。水泵工况启动比较复杂，需要增设辅助启动设备，通常采用的有静止变频启动装置(SFC)和背靠背启动。

2　水泵水轮机安装的几个重难点

2.1　座环蜗壳安装

(1) 座环蜗壳焊接。大型水泵水轮机座环采用铸钢，一般分两瓣运到现场组装焊接，运输条件较好时也有整体运到现场的(如山东沂蒙抽水蓄能电站)，蜗壳一般采用600MPa级、800MPa级高强钢制造。

对于分瓣运输的座环，在制造厂将蜗壳挂装在座环上，分两瓣运至现场，在现场组装焊接，根据实际尺寸挂装座环组合缝处的蜗壳凑合节。其优点是方便运输，减少蜗壳现场焊接工作，缺点是座环在现场组焊，焊接变形不易控制，有的预留余量在现场进行精加工。

对于整体运输的座环其优点是可保证座环尺寸精度，无须现场精加工，缺点是超限运输增加了运输成本，需现场挂装蜗壳，增加现场工作量。

座环是机组安装的基准部件，其高程和中心即确定了机组的安装高程和中心，其水平度对机组安装质量以及运行效率均有影响。关于抽水蓄能机组座环法兰面的水平度，对于现场不进行机加工的，建议按照0.03mm/m、最大不超过0.35mm控制；对于需现场进行机加工的建议按照0.02mm/m、最大不超过0.20mm控制。

随机组运行水头变化和运行工况转换，水泵水轮机座环蜗壳受到的压力频繁地增、减，形体受力状况复杂，需充分考虑金属疲劳问题。高强钢焊接最基本的要求是确保焊缝无损检测合格率，但焊接过程控制更应加强，应严格按照焊接工艺评定确定的焊接参数，焊前预热，焊后消氢，严格控制预热温度和焊缝层间温度，控制焊接线能量输入，焊接层间温度一般应控制在250℃以内。特别应注意的是焊接时严禁在坡口外母材上随意引弧，应在焊接前设置引弧板。焊接过程中监控座环法兰面水平和座环内径变化，控制焊接变形，尽可能减小焊接应力集中。

(2) 蜗壳水压试验与保压浇筑混凝土。大多数抽水蓄能电站蜗壳均在现场进行水压试验，并保压浇筑混凝土。水压试验可检验焊接质量，也可适当削减应力集中峰值。

蜗壳保压浇筑混凝土可根据需要选择钢蜗壳与外包混凝土之间的荷载分配，使钢蜗壳及外包混凝土内应力更趋于均衡，模拟蜗壳静压条件下的应变状态，使机组运行工况变化引起蜗壳内水压发生改变时，在卸压与加压过程中，钢蜗壳与外包混凝土之间形成一个弹性应变空间，有利于改善钢蜗壳在交变荷载下的工作条件，增加蜗壳抗疲劳性能。

蜗壳浇筑宜采取对称分层分块方式，每层浇高度一般不超过2m，浇筑上升速度不应超过300mm/h。浇筑过程中应监测蜗壳的变形以及座环的中心、水平，特别应严格监测座环水平变化，并根据变化情况适时调整浇筑方位和浇筑速度，参见图1。

(3) 座环现场加工。抽水蓄能电站活动导叶密封一般采用钢性密封，为尽可能减少导叶漏水量，导叶端面间隙较小，为确保座环水平和圆度，很多电站在机组安装前需对座环法兰面进行精加工。座环现场加工关键在于现场对底环、顶盖、导叶等各部件尺寸的精确计算和精准测量，精加工时严格控制进刀量。

座环上下法兰面间的高度由导叶高度和端面间隙决定，应特别注意的是某些电站的顶盖在与座环把合紧固后会产生0.1～0.3mm不等的挠度(下沉)，下沉值一般由制造厂通过有限元计算得出，座环加工计算导水机构导水机构进水口高度时应计入该下沉值。

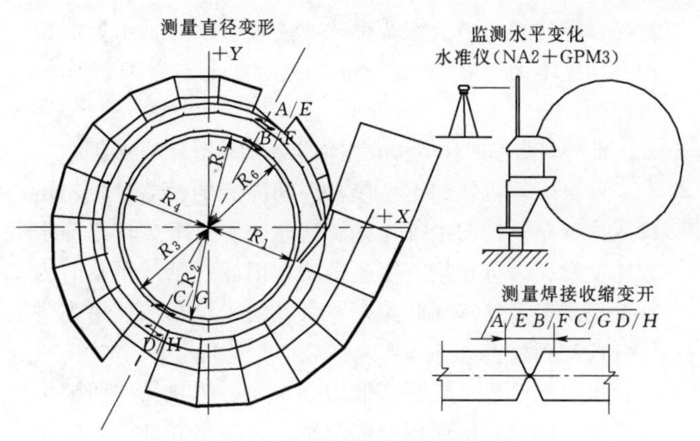

图1 座环焊接变形监测示意图

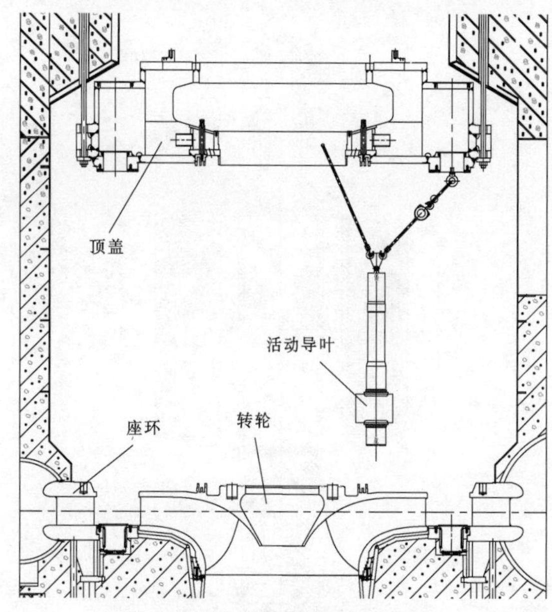

图2 顶盖临时固定及活动导叶吊装

但也有现场不进行座环加工的，如天荒坪、清远。清远抽水蓄能电站座环蜗壳在安装间进行分瓣拼装，在座环组合法兰面预紧约束下完成座环组合缝焊接，限制和保证座环法兰水平。座环蜗壳在机坑就位调整后，临时安装底环、顶盖、导叶等部件，通过导水机构对座环蜗壳夹紧约束，减小焊接变形对座环水平的影响。

现场不进行座环精加工的，在导水机构预装时用钢片调整片底环、顶盖的水平以及导叶端面间隙，同样完全能满足机组安全稳定运行。

2.2 导水机构安装

(1) 导水机构预装。导水机构由顶盖、活动导叶、控制环、拐臂、接力器及操作机构等组成，顶盖一般分为2瓣运输到现场，在现场组合为整体。

顶盖在现场组装、吊装的方式受到推力轴承布置形式的制约。对于悬吊式机组，推力轴承布置在上机架，下机架仅作为导轴承支架，其基础承重性要求不大，机坑内径较大，可以满足顶盖整体吊入机坑条件；而对于推力轴承布置在下机架的伞式、半伞式机组，为满足下机架基础承重要求，机坑内径小，顶盖需分瓣吊入机坑，再在机坑内组装为整体。

对于顶盖需在机坑内组装的导水机构预装，在底环安装后应将转轮吊入，调整好中心、高程和水平，导水机构预装完成后转轮不再吊出，顶盖临时起吊固定在机坑内，参见图2。

导水机构预装前，应测量各固定导叶中心线的绝对高程，计算平均值，以此平均值作为导水机构安装中心线，标记在机坑里衬或专用的高程标记板上，并做好保护，作为机组安装的高程基准点。

导水机构预装时一般要求是至少吊入一半活动导叶，也有吊入全部活动导叶的。为保证上下止漏环同心度及导叶垂直，建议在对称的四个方向留四个导叶孔测量导叶上下轴颈孔的同心度，其余导叶全部吊入进行预装，测量上下止漏环同心度、导叶端面间隙和四个导叶孔的垂直度，根据测量数据综合判断调整顶盖的位置。

某些电站的顶盖在与座环把合紧固后会产生0.1～0.3mm不等的挠度（下沉），预装时需打紧全部顶盖与座环的组合螺栓，测量实际下沉值。

(2) 导水机构正式安装。安装导叶前应注意检查导叶下轴端面的倒角，必要时进行少量修磨。目的：一是安装导叶时可避免损伤下轴套密封；二是可避免机组长期运行中因导叶存在上下窜动时损伤导叶下轴套内表面，这种情形有可能造成导叶上浮后不能下落，从而发生导叶端面与抗磨板直接摩擦。

按照规范要求顶盖与座环固定螺栓伸长值误差为小于±10%，鉴于某些水电站可能存在的螺栓紧固后顶盖下沉问题，建议螺栓伸长值误差按照±5%控制。

抽水蓄能机组导叶端面间隙较小，间隙调整的准确性对导水机构安全运行十分重要。安装调整时一般采用在导叶顶部压铅条，根据实测值配刨导叶间隙调整垫的方式，可确保导叶上、下端面间隙满足设计要求。

导叶吊入后全部调整至关闭位置，初步检查立面间隙，对活动导叶止水面的高点进行修磨。立面间隙调整采用传统的钢丝绳捆绑导叶，将导叶调整至全关位置，测量导叶分度圆半径是否满足要求，测量导叶立面间隙。

2.3 轴线调整与水导轴承安装

当今主机设备加工精度大幅度提高，一般均可做到发电机轴与水机轴连接同镗同车，在加工制造环节保证了机组轴线足够精度，在安装现场进行轴线调整的余地很小。但由于抽水蓄能机组转速高、相对轴系长的特点，机组轴线的优劣将会加剧转动部分动不平衡对机组稳定安全运行的影响，特别是轴线在水导轴承处的摆度对机组运行时的振动、噪声、瓦温均有明显影响，因此机组轴线调整仍是水电机组安装中一项十分重要的工作，参见图3。

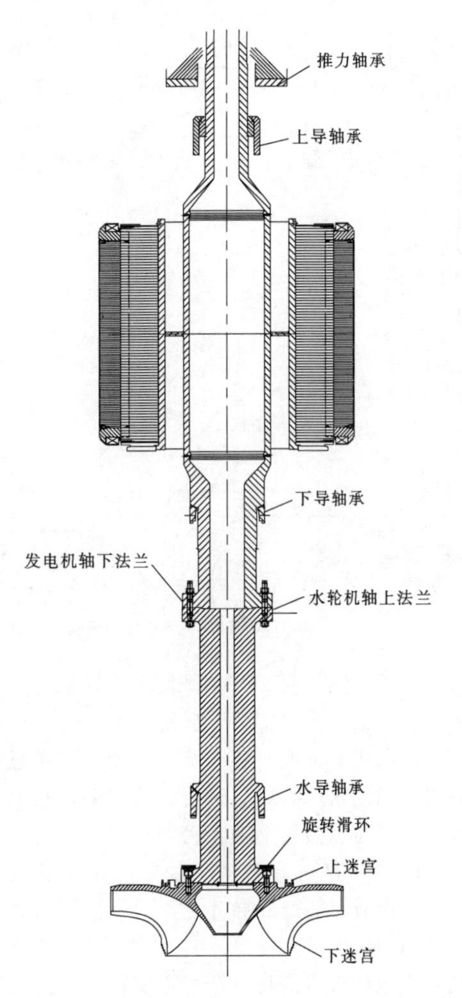

图3　悬吊式抽水蓄能机组盘车测量示意图

《水轮发电机组安装技术规范》(GB/T 8564—2003)对于转速大于500r/min的机组水导处的相对摆度标准是要求不大于0.03m/mm，绝对摆度不大于0.2mm，对高水头、高转速的抽水蓄能机组来说，这个标准偏于宽松，建议在机组盘车调整轴线阶段，水导轴承处应按相对摆度不大于0.015m/mm，绝对摆度不大于0.1mm来控制。

此外，盘车时还应检查主轴密封旋转滑环的波浪度。

水泵水轮机转轮上下迷宫环间隙测的偏差对转轮出口压力分布、轴向水推力以及转轮与上、下盖板之间水流速度及压力分布均有明显影响，因此在轴线调整时因测量记录上下迷宫环间隙，并将其纳入盘车数值序列进行分析和调整。

水泵水轮机水导瓦一般为分块瓦，每块瓦的间隙可按照实测的机组摆度值分配调整，如果水导轴承处的绝对摆度小于0.1mm一般也可以按照均匀分配间隙来调整。瓦间隙调整关键在于间隙值的精确测量以及对大轴位移的监控，调整时在轴颈上安装4套百分表监测，大轴不能出现位移。

2.4　主轴密封安装

主轴密封的作用：一是在机组发电、抽水和停机工况时，阻止尾水上溢；二是在调相工况时，阻止转轮室的压缩空气外泄，以减小机组吸收功率。

发电、抽水时主轴密封工作介质为水，而调相运行时主轴密封工作介质是压缩空气，与常规机组相比，水泵水轮机主轴密封结构必须具有可靠、漏水量小、具气密封性、耐磨、结构简单、维修方便等全方位的特点，对主轴密封的安装调试也提出了更高要求。

主轴密封分接触式密封和非接触式密封两类。使用较广泛的接触式密封包括端面式密封、径向式密封、平板式密封；其密封件的材料一般采用橡胶、不锈钢、聚四氟乙烯、尼龙、碳精、陶瓷等；端面密封结构（包括机械式端面密封、水压式端面密封和水压-机械组合式密封）具有密封效果较好的优点。典型端面自平衡式主轴密封参见图4。

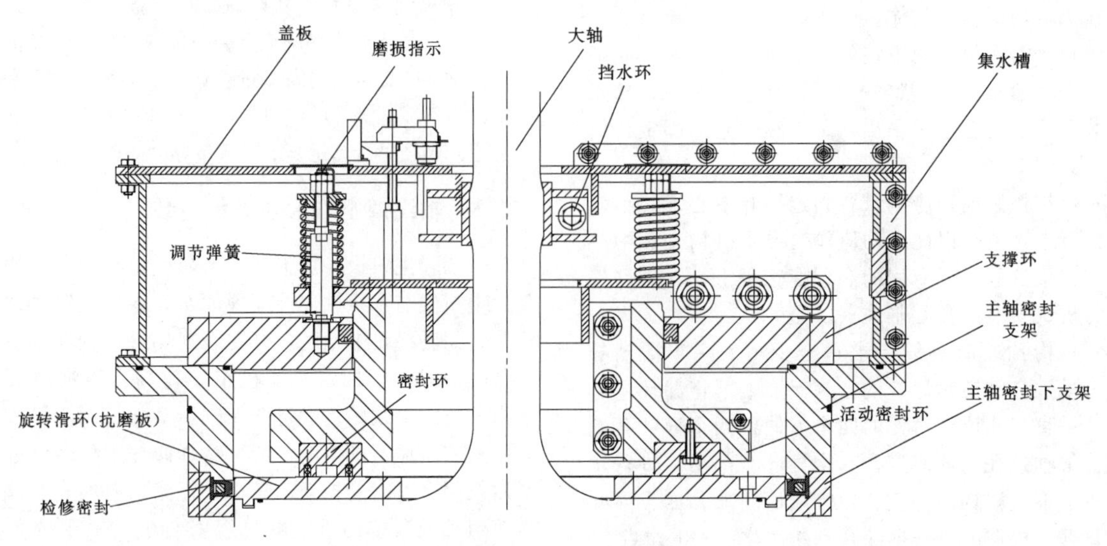

图4　端面自平衡式主轴密封

对于端面自平衡式主轴密封，旋转滑环（抗磨板）、活动密封的安装是重点。为保证主轴密封安装质量，水轮机轴立轴后，旋转滑环应先在安装间进行预装，检查旋转滑环与基础面接触情况；旋转滑环安装时应考虑机组运行过程中的热胀冷缩情况，准确调整组合面间隙、内外环水平差，检查密封环与旋转滑环接触面积，必要时现场进行研磨；盘车时应检查旋转滑环的整体水平度和波浪度，水平度应按 0.02mm/m 控制，波浪度应小于 0.05mm。

整体安装时精确调整活动密封环与支撑环的间隙，活动密封环能上下自由活动；尾水充水后，通密封冷却水，活动密封环应均匀上浮，水膜厚度应满足设计要求。

3 结语

抽水蓄能机组启停灵活、反应迅速，与常规机组相比，其设计水头高、转速高，吸出高度低而运行水头变幅大，需满足正反双向旋转要求，辅助系统多而复杂，安装调试具有诸多特殊性。通过总结和创新，不断开展新技术、新材料、新工艺、新设备应用研究和实践，不断提高我国抽水蓄能机组安装调试水平。

审稿人：张正富

福州地铁项目立柱桩施工机械选型及施工措施

陈勇忠/中国水利水电第十六工程局有限公司

【摘　要】本文介绍福州地铁5号线浦上大道站临时超长立柱桩在不同地质条件和不同施工阶段的成孔机械选型、施工措施及施工过程中不良情况的处理方案，以供类似工程参考借鉴。

【关键词】砂层　厚卵石层　立柱桩　机械选型　施工工效

1　工程概况

福州地铁5号线浦上大道车站长214m，为地下2层岛式结构，标准段宽19.7m，基坑开挖深度约18.57m。浦上大道站—建新南路站轨道区间总长1831m，隧道覆土深度为11.43～20.13m，平均深度15.78m。因路面交通疏解需要，车站第14～21轴设计为盖挖法施工，盖挖顶板下方设计19根上部为ϕ600的钢立柱桩、下部为ϕ1200灌注桩作临时支撑。桩底进入卵石层不少于2m，且有效桩长不小于55m（15根）和73m（4根）。

2　地质分析

2.1　地质材料组成

地质结构层自上至下为：杂填土、粉质黏土、含泥中砂、含泥粗中砂、卵石层。

根据钻探资料结合土工实验结果，本场地主要由以下几个土层组成：

杂填土层，地层代号＜1－2＞：该层材料密实度为松散～中密，均匀性较差，主要为人工堆填的黏性土，夹杂有碎石、砖块、混凝土块等建筑垃圾，局部含少量中粗砂，硬杂质含量大于30%。

填砂层，地层代号＜1－4＞：该层材料密实度为松散～稍密，均匀性中等，多位于路基下部堆填，以及江河两侧吹填而形成，局部夹有少量填石和黏性土，上部堆填时间为5～10年。

填石层，地层代号＜1－5＞：该层材料坚硬、杂色、稍湿，密实度为稍密～密实。主要分布在现有道路路基上，以碎石块为主，岩性以花岗岩为主，中～微风化，为人工早期抛填而成，大部分稍压实～欠压实。

粉质黏土层，地层代号＜2－1＞：该层材料呈黄褐色。干强度与韧性中等，黏性一般。

淤泥层，地层代号＜2－4－1＞：该层材料呈深灰色，处饱和流塑状态，以黏粒为主，部分夹少量薄层细砂或混有少量砂，局部含有腐殖质，有腥臭味，摇振反应慢，有光泽，捻面光滑，干强度及韧性中等。

淤泥粉细砂交互层，地层代号＜2－4－3＞：该层材料呈深灰色，处饱和松散状态，淤泥与砂呈韵律沉积，层状砂厚度2～30mm，部分表现为砂团状，多为中细砂，部分为粉细砂，与淤泥的厚度比为1/3～3之间。

淤泥夹砂层，地层代号＜2－4－4＞：该层材料呈深灰色，处饱和流塑～可塑状态，以黏粒为主，多混粉细砂团或夹2～20mm粉细砂层，层状砂与淤泥厚度比为1/10～1/3，局部含有腐烂植物碎屑，有腥臭味，摇振反应中等，无光泽，干强度及韧性低，局部钻孔下部含有较多贝壳等杂质。

（含泥）中砂层，地层代号＜2－5＞：该层材料呈深灰色，密实度为稍密状为主，局部松散或中密，饱和，主要成分为石英，以中砂为主，另含少量淤泥，级配较差。

卵石层，地层代号＜4－8＞。该层材料呈浅灰色，密实度以中密～密实为主，饱和，卵石多呈椭球状，磨圆度较好，含石英及长石，母岩为花岗岩，中等风化，粒径一般为 3～20cm，最大粒径大于 30cm，含量为 55%～85%，间隙主要由中粗砂充填。层厚 3.04～6.93m，平均厚度 4.35m。

2.2 各土层力学性能检测结果

根据详勘报告对岩石的试验结果表明，中风化花岗岩的饱和状态岩石单轴抗压强度为 36.20～56.50MPa，平均值 44.75MPa。各土层力学性能检测结果见表 1。

表 1　各土层力学性能检测结果

岩土层号	岩土名称	岩土层剪切波速平均值 V_s/(m/s)	土的类型（根据《城市轨道交通结构抗震设计规范》）
＜1－2＞	杂填土	136	软弱土
＜1－4＞	填砂	120	软弱土
＜1－5＞	填石	144	软弱土
＜2－1＞	粉质黏土	158	中软土
＜2－4－1＞	淤泥	97	软弱土
＜2－4－3＞	淤泥粉细砂交互层	158	中软土
＜2－4－4＞	淤泥夹砂	139	软弱土
＜2－5＞	（含泥）中砂	188	中软土
＜3－1－1＞	粉质黏土	218	中软土
＜3－3＞	（含泥）中砂	236	中软土
＜3－5－2＞	淤泥粉细砂交互层	110	软弱土
＜4－2＞	（含泥）中砂	285	中硬土
＜4－7＞	（含泥）砾砂	290	中硬土
＜4－8＞	卵石	320	中硬土
＜7－1－1＞	强风化花岗岩（砂土状）	350	中硬土
＜8－1＞	中风化花岗岩	650	坚硬土

注　本表为工程勘察时检测结果。

通过查阅浦上大道站一期工程详细勘察阶段岩土工程勘察报告，各岩土层渗透系数详见表 2。

表 2　各岩土层渗透系数范围值表

层号	岩土名称	时代成因	抽水试验/(m/d)	室内试验/(m/d)		建议值/(m/d)		透水性
			K	K_v（竖向）	K_h（水平）	K_v（竖向）	K_h（水平）	
＜1－2＞	杂填土	Q_4^{ml}	—	—		0.5～10.0		弱～强透水
＜1－4＞	填砂	Q_4^{ml}	—	—		15		强透水
＜1－5＞	填石	Q_4^{ml}	—	—		30		强透水
＜2－1＞	粉质黏土	Q_4^{mc}	—	0.00276	0.00441	0.005		微透水
＜2－4－1＞	淤泥	Q_4^{m}	—	0.000285	0.00076	0.001		微透水
＜2－4－3＞	淤泥粉细砂交互层	Q_4^{m}	—	0.00029	0.0042	0.50	2.0	中等透水
＜2－4－4＞	淤泥夹砂	Q_4^{m}	—	0.0004	0.00114	0.07	0.50	弱透水
＜2－5＞	（含泥）中砂	Q_4^{al+pl}	44.62	—	—	45		强透水
＜3－1－1＞	粉质黏土	Q_3^{m}	—	0.007	0.016	0.02		弱透水
＜3－3＞	（含泥）中砂	Q_3^{al+pl}	9.23	—		10		强透水
＜3－5－2＞	淤泥粉细砂交互层	Q_3^{m}	—	0.00027	0.00039	0.50	1.5	中等透水
＜4－2＞	（含泥）中砂	Q_3^{al+pl}	—	—		20		强透水
＜4－7＞	（含泥）砾砂	Q_3^{al+pl}	—	—		25		强透水
＜4－8＞	卵石	Q_3^{al+pl}	7.45 ＜3－3＞和＜4－8＞联合含水层	—		30		强透水
＜7－1－1＞	强风化花岗岩（砂土状）	γ_5^3	—	—		0.80		弱透水
＜8－1＞	中风化花岗岩	γ_5^3	—	—		0.20		弱透水

3 施工设备选型

3.1 地质适应情况分析

从调查分析得知，本工程地质发育的砂层分布较广，且厚度较大；卵石层粒径适中，层厚较厚，平均厚度4.35m。初步考虑采用冲击钻机和旋挖钻机施工。冲击钻机适用于黄土、粉质黏土、杂填土，特别适用于有孤石的砂砾石层、砂砾卵石层和岩层；旋挖钻机一般适用于黏土、粉土、砂土、淤泥质土、人工回填土及含有部分卵石、碎石的地层。

3.2 工程适用性分析

浦上大道站地处繁华城市中心，交通压力较大，前期82幅地连墙施工分2期4阶段进行，工期较短。本工程共19根立柱桩（共1144.2m），需分两个阶段进行施工：第一阶段12根立柱桩（735.1m），施工须于2018年6月30日—7月19日完成，第二阶段7根立柱桩（409.1m），施工须于2018年12月1—9日完成。根据以往经验，冲击钻机与旋挖钻机工效对比：每台冲击钻机进尺为2～6m/d，每台旋挖钻机进尺为5～7m/h。要完成立柱桩成孔施工进度，两个阶段施工需要2台冲击钻机或1台旋挖钻机。

3.3 经济分析

旋挖钻机工效高于冲击钻机，但旋挖钻机费用较高，每台冲击钻机单月租赁费为104500元，每台旋挖钻机单月租赁费为184800元。通过机械费用、人员配置等综合经济分析，第一阶段采用2台冲击钻机进场施工，视施工效果和质量决定第二阶段立柱桩的施工机械型号。

4 施工方法

4.1 第一阶段施工情况

4.1.1 第一阶段立柱桩施工设备及配套设施

所选配的冲击钻机型号为CZ－6D钻机，直径范围1～1.5m，钻具重量5500kg，杆高度12m，最大钻孔深度100m，匹配动力55kW，主卷额定提升力68kN。设备简单，设备参数能满足施工需求。适合在本项目地质中施工。

第一阶段立柱桩施工设备及配套设施见表3。

表3 第一阶段立柱桩施工设备及配套设施

设备名称	规格型号	数量	技术状况	备注
冲击钻机	CZ－6D	2	良好	匹配动力55kW
导管	260	若干	良好	
高压泥浆泵	22kW	2	良好	
各类钻头	ϕ1200	2	良好	
钢护筒	ϕ1200	2	良好	
混凝土导管	ϕ250	配套	良好	
汽车吊	50t	1	良好	
电焊机	GB630	4	良好	
钢筋加工设备	—	1	良好	

4.1.2 第一阶段冲击钻机施工工效

经过统计现场立柱桩冲击钻孔成槽和整桩浇筑的实际施工情况，总结得出第一阶段利用冲击钻机成孔施工的工效见表4。

表4 第一阶段冲击钻机成孔施工工效

桩号	桩长/m	使用设备	成孔开始时间	成孔结束时间	混凝土灌注结束时间	总用时/d	成孔工效/(d/根)
LZZ－01	58.0	冲孔桩机	2018－06－30	2018－07－03	2018－07－04	5	4
LZZ－11	58.1	冲孔桩机	2018－06－30	2018－07－10	2018－07－10	11	11
LZZ－16	58.1	冲孔桩机	2018－07－08	2018－07－17	2018－07－18	11	10
LZZ－15	58.4	冲孔桩机	2018－07－14	2018－07－19	2018－07－20	7	6
LZZ－06	58.0	冲孔桩机	2018－07－19	2018－07－25	2018－07－25	7	7
LZZ－05	58.5	冲孔桩机	2018－07－21	2018－07－26	2018－07－26	6	6
LZZ－07	59.0	冲孔桩机	2018－07－28	2018－08－01	2018－08－01	5	5
LZZ－14	58.7	冲孔桩机	2018－07－28	2018－08－02	2018－08－02	6	6
LZZ－02	67.0	冲孔桩机	2018－08－08	2018－08－18	2018－08－18	11	11
LZZ－12	67.1	冲孔桩机	2018－08－10	2018－08－21	2018－08－22	13	12
LZZ－04	67.0	冲孔桩机	2018－08－14	2018－08－29	2018－08－30	17	16
LZZ－13	67.2	冲孔桩机	2018－08－16	2018－08－28	2018－08－29	14	13

从表4得知：一阶段共12根立柱桩施工进度慢，工效低，成孔平均工效为8.9d/根。

4.1.3 现场施工过程中不良情况及应对措施

（1）卵砾石覆盖层冲击进尺慢及提速措施。卵砾石上下层有明显的不同，上层由于受地下水流冲击等外界干扰大，卵砾石不易胶结；下部分经过长期的沉积，受外界冲刷等干扰小，比较密实。实践证明：使用冲击钻锤击厚卵石层进尺较慢，最不理想进尺0.5～1.0m/d。为了加快进度，在较密实的卵砾石地层段适当加大冲程，冲程控制在0.6～0.8m，冲击频率控制在30～40次/h，以提高冲击进尺。

（2）塌孔及处理措施。当冲击钻孔进入砂层时，容易发生塌孔。现场实际施工中，曾经多次因塌孔而埋住钻头。对此，我们采取以下措施：钻孔冲击过程中，当钻孔至护筒底部时，由于容易出现串孔和坍孔现象，采用“填二进一”的方法，即填红土夹浅石、卵石高度为二，进尺为一，反复冲砸造孔，使护筒底部孔壁密实，效果明显。同时，提高泥浆浓度，泥浆密度控制在1.40～1.50g/cm^3，放慢冲孔速度，确保孔壁稳定、安全。

（3）缩孔的预防和处理。为防止缩孔，施工中及时修补磨损的钻头。出现缩孔时，上下、左右反复扫孔以扩大孔径，直至使发生缩孔部位达到设计孔径要求为止。

4.1.4 第一阶段采用冲击钻孔施工存在的问题

（1）由于桩身进入卵石层2m以上，且深度较深，穿透卵石层工效较低，施工工期长。

（2）部分桩身发生缩颈、塌孔甚至埋钻等不良状况，降低了施工工效，也增加了施工成本。

（3）选用2台冲击钻机施工并没有达到预期效果，工期仍比计划工期长，不满足工期要求，效果不理想。

4.2 第二阶段施工情况

在总结浦上大道站一阶段立柱桩施工的经验和分析遇到的问题后，决定将剩余的7根立柱桩改用旋挖钻机施工。所选配的旋挖钻机型号为：SH32A型多功能钻机，直径范围1～2.5m，动力头回转扭矩320kN·m，动力头回转速度6～30r/min，最大钻孔深度70m，柴油机功率266kW，主卷扬单绳提拔力300kN，主机重量88.5t。整机结构稳定性更高，设备参数能满足施工需求。尤其是旋挖钻机更适合在中小粒径的厚卵石层地质中施工。

4.2.1 第二阶段立柱桩施工设备及配套设施

第二阶段立柱桩施工设备及配套设施见表5。

表5 第二阶段立柱桩施工设备及配套设施

设备名称	规格型号	数量	技术状况	备注
旋挖钻机	SH32A	1	良好	
导管	260	若干	良好	
高压泥浆泵	22kW	1	良好	
套筒钻头	ϕ1200	1	良好	
钢护筒	ϕ1200	1	良好	
混凝土导管	ϕ250	配套	良好	
汽车吊	50T	1	良好	
电焊机	GB630	5	良好	
钢筋加工设备	—	1	良好	

4.2.2 第二阶段立柱桩施工工效

经过统计现场立柱桩旋挖钻孔和整桩浇筑的实际施工情况，总结得出第二阶段利用旋挖钻机成孔施工的工效见表6。

表6 第二阶段旋挖钻机成孔施工工效

桩号	桩长/m	使用设备	成孔开始时间	成孔结束时间	混凝土灌注结束时间	总用时/d	成孔工效/(d/根)
LZZ-17	58.0	旋挖钻机	2019-03-22	2019-03-22	2019-03-23	2	1.5
LZZ-08	58.1	旋挖钻机	2019-03-22	2019-03-22	2019-03-23	2	1.5
LZZ-09	58.4	旋挖钻机	2019-03-24	2019-03-24	2019-03-25	2	1.5
LZZ-18	58.2	旋挖钻机	2019-03-24	2019-03-24	2019-03-25	2	1.5
LZZ-10	59.0	旋挖钻机	2019-03-26	2019-03-27	2019-03-28	3	2
LZZ-19	58.6	旋挖钻机	2019-03-26	2019-03-27	2019-03-28	3	2
LZZ-20	58.8	旋挖钻机	2019-03-29	2019-03-30	2019-03-31	3	2

从表6得知：第二阶段采用旋挖钻机进行立柱桩成孔的施工效率大为增加，平均成孔工效为1.7d/根。工期得到有效保障。

4.2.3 采用旋挖钻机成孔的优劣

（1）在砂层夹杂中小粒径的厚卵石层地质条件下，选用合适型号的旋挖钻机能大大提高施工效率，成孔质量较好，操作灵活方便，安全性能高等优点。

（2）采用旋挖钻机成孔，其缺点是沉渣厚度较一般设备厚，现场施工需要加强清底处理。

5 施工过程质量控制措施

5.1 泥浆护壁防塌孔

泥浆采用膨润土进行泥浆拌制，并在施工中定期对泥浆的指标进行检查，泥浆由泥浆棚输送到现场预制的泥浆箱进行输送。泥浆配制、管理性能指标见表7。

表7 泥浆配制、管理性能指标表

泥浆性能	新配制		循环泥浆		废弃泥浆		检验方法
	黏性土	砂性土	黏性土	砂性土	黏性土	砂性土	
比重/(g/cm³)	1.04～1.05	1.06～1.08	<1.10	<1.15	>1.25	>1.35	比重计
黏度/s	20～24	25～30	<25	<35	>50	>60	漏斗计
含砂率/%	<3	<4	<4	<7	>8	>11	洗砂瓶
pH值	8～9	8～9	>8	>8	>14	>14	试纸

注 表中泥浆配制管理性能指标表参照《建筑地基基础工程施工规范》（GB 51004—2015）以及福州地铁公司编制的《福州市地铁施工标准化管理指南（地下车站）》相关文件规定。

5.2 成孔质量检测

（1）桩的充盈系数不小于1.1，也不宜大于1.3；成孔用优质泥浆，以防泥皮过厚。立柱桩须检测成孔的形状，桩身质量，以确保孔径，孔壁粗糙度。

（2）根据浦上大道站主体围护结构设计图（FZM5I-S-04-Z08-JG-01-04），立柱桩成孔质量检测指标控制见表8。

表8 立柱桩成孔质量检测指标控制表

序号	项　目	允许偏差/mm
1	孔径	不小于设计孔径
2	孔深	不小于设计孔深
3	孔位中心偏心	≤50
4	垂直度	长度的不大于1/500，最大不大于30
5	立柱顶面标高和设计标高	≤10
6	浇筑混凝土前桩底沉碴厚度	≤100

6 采用旋挖钻机与冲击钻机施工技术及经济效益比较

6.1 采用旋挖钻机效率更高

在特定的地质条件下（砂层夹杂中小粒径的厚卵石层），选用SH32A旋挖钻机，在钻机的回转扭矩力（320kN·m）满足钻机要求时，旋挖钻机平均每8h能完成一根立柱桩成孔（平均深度58m），成孔速度是冲击钻的7～8倍。再者，旋挖钻机是一种高度集成的桩机施工机械，采用一体化设计、履带式360°回转底盘及桅杆式钻杆，全液压系统。筒式钻斗可直接取土出碴，不需接长钻杆，钻杆自动伸缩，大大地缩短成孔时间，提高效率。

6.2 采用旋挖钻机安全性更高

由于是液压旋挖钻进成孔，对砂状土层的孔壁扰动更小，成孔过程更安全；减少了类似于冲击钻成孔时冲击振动能对地质的扰动而引起塌孔、埋钻等不良风险。

6.3 采用旋挖钻机成孔垂直精度更高

由于驾驶室内装有仪表盘显示仪，自动监测成孔垂直度和孔壁实时情况，同时，带有自动垂直度控制和自动回位控制，比起操作手依赖以往的经验进行调整，更能保证成孔的垂直度和成孔质量。

6.4 经济比较

按照设备租赁合同，冲击钻机（CZ-6D）每月含税租赁单价为104500元/台，旋挖钻机（SH32A）每月含税租赁单价为184800元/台。同时，根据现场施工得出：冲击钻孔工效约为8.9d/根，旋挖钻机约为1.7d/根，旋挖钻机工效远优于冲击钻机的工效（5.2倍）。假如项目部全部选用旋挖钻机和全部选用冲击钻机施工立柱桩，则全部选用旋挖钻机的选型方案将为项目部节约机械租赁费约228万元。

7 结语

实践证明，本项目在立柱桩第一施工阶段虽进行了试成孔作业，但由于设备租赁原因未能及时更换施工效率低的冲击钻机，造成前期立柱桩施工工期的延误，属桩基机械选型不合理的阶段，今后将从本次经历中吸取经验教训。在第二施工阶段选用旋挖钻机进行立柱桩成孔施工效果是成功的，既缩短了立柱桩施工工期、提高了施工质量，还降低了施工成本。

复杂地形下大型 PCCP 输水管道施工技术

范利从　王正大/中国水利水电第十一工程局有限公司

【摘　要】 PCCP 管道具有重量轻、强度高、抗腐蚀性高的特点，加上施工完毕回填后能很好地恢复地面耕地优势，在运行过程中可以避免外部环境对水质造成污染，因此，在我国水利工程，特别是大型长距离输水工程中得到了广泛的应用。本文通过对大型 PCCP 管道安装施工技术介绍，为类似工程施工提供一些借鉴经验。

【关键词】 大型 PCCP　吊装　施工方法

1　工程概况

湖北省鄂北地区水资源配置工程以丹江口水库为水源，自清泉沟取水，自西北向东南方穿越襄阳市的老河口市等多个市、县和村镇，最后止于孝感市的大悟县王家冲水库，沿途多以埋设管道为主。孟楼—七方倒虹吸段平面总长 20.970km，单管管径 3800mm，每节重约 45t，设计流量 $38.0m^3/s$，管道工作压力为 0.4～0.6MPa，设计压力为 0.6～0.9MPa，最小覆土深度 2.0m，最大覆土深度 12.1m。采用三管平行同槽埋设。由于占线长，多次穿越丘陵深谷、水塘和公路，三次和引丹支渠相交，沿途地形变化大，干扰比较多，施工难度较大。

2　现场总体方案

本工程位于襄阳市襄州区，施工交通对外可通过乡村公路、G207 国道或 S217 省道、福银高速 G70、二广高速 G55 等与周边城市相连。场内新建施工道路 2.2km，路面净宽 7m，砂砾石路面；修筑运管道路 16.2km，路面宽 9m，转弯半径满足运管车辆要求，横坡 2%，其他借助于原有道路，道路两侧设排水沟，道路路基满足吊装及运输安全。

综合施工区内的丘陵、水塘、公路等复杂地形，根据 PCCP 管道安装的特点，采用 650t 履带式起重机进行管道的卸车、下入沟槽和安装作业为主，特殊地段考虑其他施工方法。由于征地原因，施工中只能分段施工。一台履带吊能满足进度要求，在高峰期采用 2 台 650t 履带吊，以满足工期要求。PCCP 管道安装施工程序见图 1。

3　PCCP 管道安装

3.1　施工准备

由于管线段土质主要以黏性土为主，可用机械直接开挖，开挖至设计高程前预留 30cm 保护层，以小型设备或人工开挖至设计高程，即管道的底部高程，局部软弱基础需要换填的以设计变更为主。管道沟槽开挖，采用自上而下的方法，分段、分层进行，管槽开挖深度小于 8m 的管段临时开挖边坡为 1∶1，开挖深度大于 8m 的管段临时开挖边坡 1∶1.5，每 8m 设一级 2m 宽马道。沟槽开挖到设计高程，经验收合格后进行管道施工，管道安装施工前，进行设计交底，当发现施工图纸有误时，及时向监理部上报。熟悉图纸并现场进行技术、质量、安全交底，按照要求进行沟槽开挖，验收合格，具备下管条件，现场施工道路满足运管车和 650t 履带式起重机工作条件。

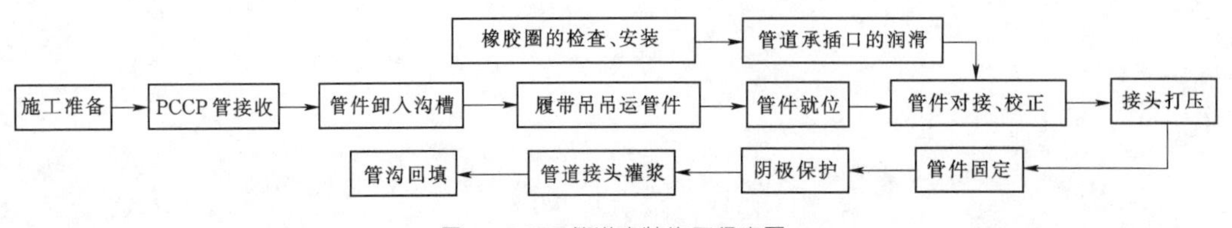

图 1　PCCP 管道安装施工程序图

3.2 PCCP 管接收

对到场的 PCCP 管和密封圈，必须附有产品合格证，并对管体外观质量逐根进行检测、验收，做好检测记录，合格后方可进入施工现场。

3.3 管件卸入沟槽

运管车将 PCCP 管件运输至现场，卸管使用 650t 履带式起重机，为保证设备安全和沟槽边坡稳定，履带吊回转中心距沟槽开口线不小于 10m。650t 履带式起重机在标准工况下，额定起重量 73.5t，工作幅度 34m，管道沟槽底部宽度 18m，三排管中心间距为 6.m，允许起吊沟槽深度为不超过 8.7m 的第三排管子（从近处往远处数）。

沟槽深度超过 8.7m 的，650t 履带式起重机需采用超起工况，额定起重量 103t，工作幅度 54m，完全满足本段沟槽深度最大 15.57m 的吊装要求。650t 履带式起重机标准工况起重量表及超起工况起重表见表 1、表 2。

管道吊装采用符合要求的尼龙带、宽帆布吊索、加垫吊索或其他专用吊具，并且机具起吊能力留有一定的富余，严禁超负荷或在不稳定的工况下进行起吊装卸。吊装设备下管时，架设的位置不得影响管沟边坡的稳定，不得与管沟壁及槽下的管道相互碰撞；管道安装时，待装管应缓慢而平稳地移动，避免承插口环碰撞；应将管节的中心及高程逐节调整正确，安装后的管节应进行复测，合格后方可进行下一工序的施工；当管道移动至距已装好管道的承口 100～200mm 时，用方木支垫在两管间。

各项准备工作完成后，撤除支垫方木，采用内拉法或外拉法，使待装管徐徐平行移动，直至达到规定的安装间隙。对于直线段，安装间隙控制在 25mm±10mm；管道接头设计有转角时，接头的最小间隙不小于 10mm。

根据管道横剖面图，三排管中心距为 6.1m，两侧管道中心线距沟槽底板边线距离为 3.1m，履带吊回转中心距离沟槽开挖边缘安全距离按照 10m 考虑，则此种工况 650t 履带式起重机吊装幅度（水平距离）剩余：34−10−3.1−6.1−6.1=8.7m。

管槽开挖深度小于 8m 的沟槽段临时开挖边坡为 1∶1，开挖深度大于 8m 的管段临时开挖边坡 1∶1.5，每 8m 设一级 2m 宽马道。当管道沟槽深度小于等于 8.7m 时，中联 QUY650 履带式起重机在标准工况下可以完成沟槽内三排 PCCP 管道吊装。

表 1　650t 履带式起重机标准工况起重量表

标准主臂起重量表

后配重 180t　车身压重 40t　360°全回转

主臂长/m		24	30	36	42	48	54	60	66	72	78	84
倍率		2×24	2×22	2×19	2×16	2×15	2×14	2×13	2×11	2×11	2×9	2×9
幅度	6	650.0										
	7	590.0	586.8	543.1								
	8	522.0	821.0	475.0	460.9	448.2						
	9	457.1	441.0	434.0	422.1	411.4	401.0	380.5				
	10	388.0	365.0	360.0	352.0	352.0	351.0	343.7	335.4	327.2		
	12	294.0	283.0	281.0	271.0	269.0	268.0	266.0	265.0	265.5	264.8	261.8
	14	224.0	219.0	215.0	213.0	208.0	207.0	206.0	205.5	204.6	204.3	204.0
	16	185.0	181.0	175.0	171.0	168.0	166.0	165.0	164.0	163.0	162.0	161.0
	18	157.0	151.0	146.0	143.0	139.6	139.0	138.5	137.0	135.3	135.2	135.0
	20	135.0	128.0	125.0	123.0	121.5	121.0	120.0	120.0	119.6	119.4	119.1
	22	116.0	113.0	111.0	109.0	104.5	103.0	102.0	101.5	100.1	100.9	100.6
	24		105.0	101.0	97.0	92.5	92.0	91.5	91.5	91.2	91.0	90.7
	26		101.0	98.0	95.0	91.3	90.0	89.5	89.2	88.1	83.0	81.0
	28		95.0	93.5	91.5	89.3	88.0	85.2	85.0	82.0	77.0	72.0
	30			88.0	85.0	82.5	81.3	76.0	75.6	73.5	69.0	63.0
	34				73.5	71.0	70.0	69.2	69.1	66.3	58.3	52.3

表 2　　650t 履带式起重机超起工况起重量表

超起主臂起重量表

主臂长度 36～108m　超起换杆 32m　超起半径 15m　后配重 180t　车身压重 40t　超起配重 300t

主臂长/m		36	42	48	54	60	66	72
倍率		2×23	2×23	2×22	2×19	2×18	2×16	2×14
幅度	7	650						
	8	650	650	622.0				8
	9	650	650	622.0	560.0	527.4		
	10	650	650	622.0	560.0	527.4	462.0	411.0
	12	650	620	622.0	560.0	527.4	462.0	411.0
	14	585	565	535.0	525.0	527.4	462.0	411.0
	16	526.5	525	505.0	500.0	480.0	450.0	411.0
	18	460.5	465	457.5	451.6	432.0	426.0	405.0
	20	406	415	410.8	405.9	383.0	392.0	382.0
	22	355.2	366.45	372.5	368.1	360.0	358.2	369.9
	24	316.5	333.9	340.3	336.5	327.0	325.5	326.9
	26	285.9	300.3	313.0	309.5	300.0	298.0	299.0
	28	259.3	269.85	286.4	282.9	276.0	274.4	275.3
	30	231.4	242.5	261.2	257.9	256.0	246.0	246.8
	34		202.6	215.2	225.7	223.0	219.0	218.0
	38		172.3	186.4	193.8	195.0	193.1	191.0
	42			157.0	165.9	172.0	170.1	165.0
	46				143.0	152.0	150.3	146.0
	50					132.0	133.0	129.5
	54					115.0	116.1	14.5
	58						103.1	102.8
风速/(m/s)		14		12.8			11	

根据履带起重机和工作幅度的对照表，650t 履带式起重机在超起工况时，额定起重量为 102.8t 时，工作幅度可以达到 58m，本标段管道沟槽开挖深度最大为 15.57m，相应履带吊工作幅度为：10＋15.57×1.5＋2＋3.1＋6.1＋6.1＝50.66m＜58m，满足要求。650t 履带吊在标准工况和超起工况下工作示意图分别见图 2、图 3。

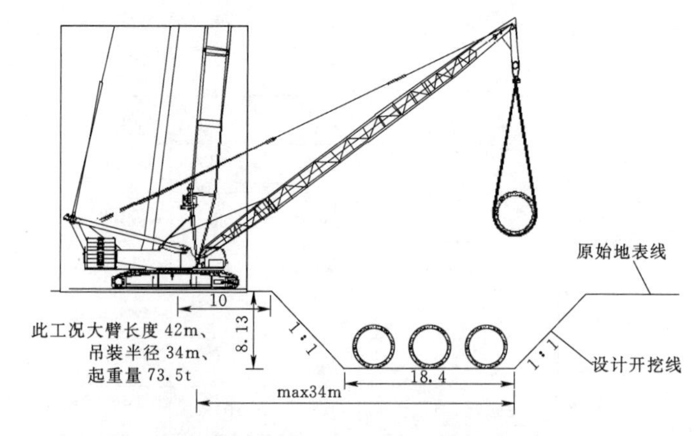

图 2　650t 履带吊在标准工况下的工作示意图（单位：m）

PCCP 到现场后做好吊装准备，对有涂层防腐的管道要有防晒、防碰、防老化的存储措施。安装时，履带吊将吊起的管件小心地运送到已经装妥的管道处，准备对接。当管件移动时，移动管件应缓慢操作（平稳移动），待距离已装管的承口 10～20cm 时，用木衬块把两管相隔，以防承插口碰坏。

3.4　橡胶密的检查、安装

PCCP 安装采用的橡胶密封圈材质符合 PCCP 管材制造标的技术要求的规定。在安装前先进行胶圈外观质量检查，橡胶圈为圆形实心胶圈，表面不应有气孔、裂缝、重皮、平面扭曲、肉眼可见的杂质及有碍使用和影响密封效果的缺陷。然后对承口工作面均匀涂刷食品级植物类润滑油。橡胶圈在套入插口环凹槽之前，将橡胶

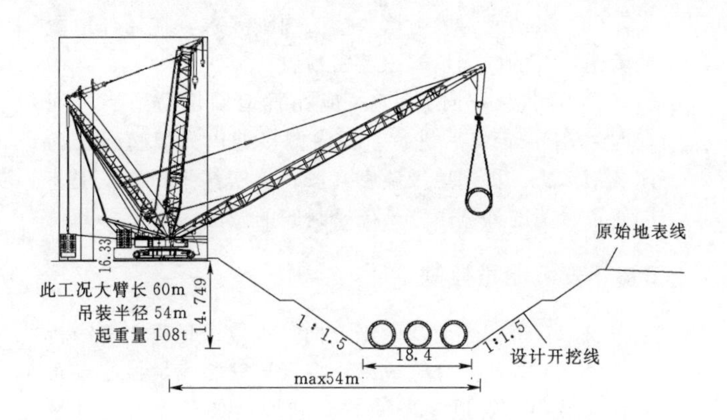

图 3　650t 履带吊在超起工况下的工作示意图（单位：m）

圈涂满润滑剂，或在装有润滑剂的专用容器内浸过；套入插口环凹槽后，使用一根钢棒插入橡胶圈下绕整个接头转一圈，将胶圈在插口的各部位上粗细调匀，使其均匀地箍在插口环凹槽内，且无扭曲、翻转现象，在每根安装好的胶圈外表面涂刷一层食品级植物类润滑油。橡胶密封圈安装见图 4。

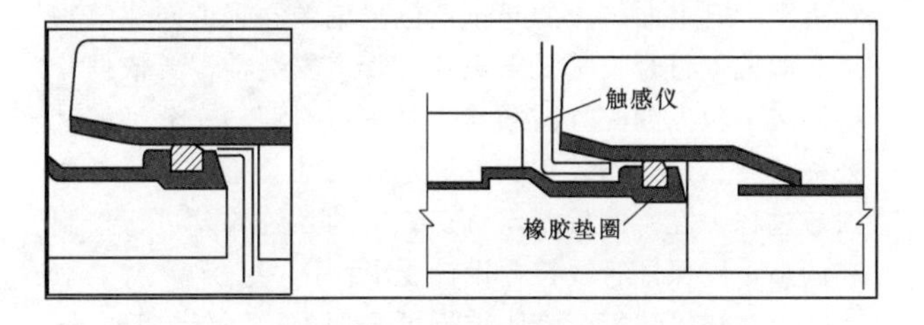

图 4　橡胶密封圈安装图

3.5　管件对接、校正

管道安装应将承口端面朝向水流方向。对接时，应使插口端与承口端保持平行，并使四周间隙大致相等。管道对接前，采用以下方法将管道调整到合适位置：

（1）确定管道中心线：用一根长度 2.5m 左右、校正平直的角铁置于要调整的管道内，标示出角铁中心线位置，将不小于 60cm 长水平尺放在角铁上，角铁中心位置处挂一垂球，将角铁用水平尺调整水平后，垂球垂线稳定后所指示线即为管道中心线。

（2）调整管道中心：用经纬仪上十字丝和垂线之间相对位置，可确定管道中心线是否偏差。利用起重吊在安装高程上小范围内，用其他工具撬动管子慢慢移动，使管道中心线（垂线位置）和经纬仪十字线位置重合，此时管道中心校正完毕。

（3）调整管道标高：用水准仪观测，通过起重机起降，将管道调整到设计高程。在管道调节中，注意检查管道承口和插口之间的间隙，尽量保持周围间隙均匀；将管道调整到合适的位置后，即可进行管道对接。

（4）管道对接采用内拉的方法进行，内拉工具为专用的内拉设备。内拉示意图见图 5、图 6。

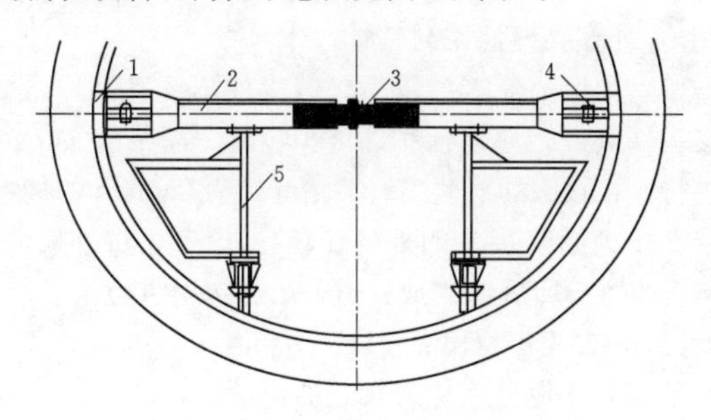

图 5　已安装管处受力内架示意图

1—弧形受力板；2—ϕ194 无缝钢管主梁；3—调节丝杆；4—ϕ50 连接轴；5—行走小车

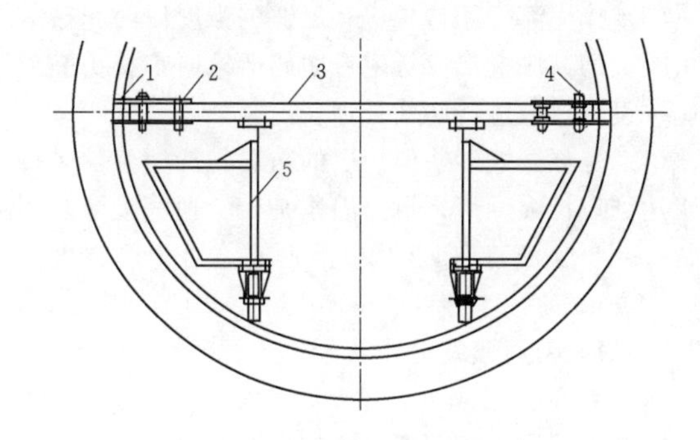

图 6　待安装管受力外梁

1—受力板；2—ϕ50 旋转轴；3—150×150 方钢主梁；4—ϕ50 锁定轴；5—行走小车

（5）所有连接件连接完毕、检查无误后，启动液压系统顶拉，使各连接杆件受力；由专人统一指挥，开始进行管道对接：专人观测拉力器读数，保证两侧液压缸顶拉力量大致平衡；专人检测管道对接缝隙，确保对接时两侧缝隙均匀；缝隙接近设计要求时，采用已制作并标示尺寸的木质块控制管道间缝隙值，保证安装满足设计要求，另外在对拉过程中出现异常情况时，应立即停止顶拉。

3.6　接头打压

（1）管道安装完成后，随即进行接头打压，以检验接头的密封性。

（2）接头水压试验前后共计 3 次，即安装时接头打压试验、安装后打压试验、管顶以上 500mm 回填后接头打压试验，打压试验压力不低于 1.0MPa。一般在每安装完 3 节 PCCP 后，对先前安装的第一根管接口进行第二次接口水压试验，试验压力为工作压力，保持 5min 压力不下压降即为合格；第三次打压是在管顶以上 500mm 回填后完成后进行接口水压试验，保持 5min 压力不下降即为合格。

（3）接口试验不合格且确认是接口漏水时，应马上拔出管节，找出原因，重新安装，直至符合要求为止。

3.7 接头灌浆处理

3.7.1 外部接缝灌浆封堵

(1) 为保护外露的承插口钢构件不受腐蚀，需要在管接头外侧进行灌浆保护。接头包带、灌浆应按下列方法进行：在接头的外侧裹一层宽度约为250mm的接口灌浆带，作为灌浆接头的外模（套）。应事先将外模（套）材料的两边折回后缝制成孔道，用打包钢带穿入后裹好、收紧，只在最上面留出灌浆口。然后灌入1：2～1：2.5的水泥砂浆，水泥砂浆应有较好的流动性，砂浆的注入以不小于4MPa砂浆泵进行灌注。

(2) 待砂浆灌满接头后，灌浆口上部用干硬砂浆填满抹光。

(3) 接头灌浆用包带应有足够的强度以防止破裂或发生较大的鼓胀变形；管道有防腐要求时，接头灌浆处理应按设计要求进行防腐处理。

(4) 外部接缝砂浆保护层的防腐：待灌浆护带内的砂浆达到设计强度后，拆除灌浆护带，现场喷涂防腐层涂料（环氧煤沥青），至少喷涂两道，总干膜厚度不少于1000μm。

3.7.2 聚硫密封胶塞缝

本工程在检修阀井、镇墩、排空阀井、排气阀井、分水阀井上下游各相邻两节管接口处及地基变化、易产生不均匀沉陷的部位的PCCP管道接口处的内、外壁缝隙内填充聚硫密封胶。

(1) 涂胶密封面表面处理。密封部位基层必须严格进行表面清洁处理，保证基层干燥。对蜂窝麻面和多孔表面必须用磨光机、钢刷等工具，将涂胶面打磨平整并露出牢固的结构层，管道接口处金属保护漆不得破坏。

(2) 涂胶前变形缝处理。基层处理完毕的变形缝用8～10个大气压的空气压缩机将缝内的尘土与余渣吹净，然后按设计深度填入与伸缩缝宽窄相等的聚乙烯闭孔板。

(3) 涂胶工艺。密封胶材料应满足有关的标准要求，施工时首先用毛刷在变形缝两侧均匀地刷涂一层底涂料，20～30min后用刮刀或手向涂胶面上涂3～5mm密封胶，并反复挤压，使密封胶与被粘结界面更好地浸润。然后再用注胶枪向变形缝中注胶，注胶过程要保证胶料全部压入并压实，保证涂胶深度。

(4) 涂胶过程中胶体连接工艺。密封胶施工过程中胶体连接分干式连接和湿式连接两种方法。

两次涂胶施工时间间隔不超过8h，一般采用湿式连接，湿式连接对胶体接头无特殊要求，可连续涂胶施工；两次涂胶施工时间间隔可能超过8h，采用干式连接方法。

3.7.3 管道内部接缝封堵

(1) 水泥砂浆封堵。清扫管道内接缝的异物和灰尘，在内侧接缝内塞填1：2水泥砂浆，捣实抹平。

(2) 聚硫密封胶封堵。按照图纸要求，在局部地段的管道接头的内侧填塞聚硫密封胶。

管内侧接口处的填充，应在管道回填后适当时间（变形基本稳定）后进行。在内侧接缝内先填塞聚乙烯闭孔泡沫板，再塞填聚硫密封胶，捣实抹平。施工工艺同管道接头的外侧填塞聚硫密封胶的做法。

3.8 安装测量控制

(1) 管道安装前，做好方向、坡度、里程、管线转折的计算，并按照计算成果，将管道安装测量控制点布放在沟槽内。管道安装的方向和坡度偏差，满足以下要求：

1) 管道基础、管道安装的允许偏差符合《给水排水管道工程施工及验收规范》（GB 50268—2008）规范的有关规定。

2) 管道沿直线安装时，插口端面与承口底部的轴向间隙大于5mm，且不大于25mm。

(2) 里程（长度）控制与调整。管道的实际安装位置应同管道安装配管图一致，施工过程中严格控制管线转折点、管道曲线段的起止点位置偏差。管道同建筑物接点的偏差符合技术要求规定。管道安装前，要依据管材制造承包人的配管图纸与实物进行对照。充分了解其公称长度、设计安装正、负偏差等尺寸关系。充分考虑安装过程中发生的偏差，对安装中的系统偏差进行控制和调整，以保证管线符合设计要求。

(3) 管线转折。管线转折可采用配件、斜口管、标准PCCP接头偏转等形式。及时调整管道安装桩号和轴线，保证管道安装符合设计要求。

3.9 PCCP与配件连接处的施工

为了避免相邻两种管材接口处发生的附加应力，在连接处根据两种管材的不同外径，确定管道沟槽底部高程。PCCP与配件连接按下列规定执行：

(1) 阀门或钢管等为法兰接口时，配件与其连接端必须采用相应的法兰接口，其法兰螺栓孔位置及直径必须与连接端的法兰一致。其中垫片或垫圈位置必须正确，拧紧时按对称位置相间进行。防止拧紧过程中产生的轴向管道拉裂或接口拉脱。

(2) 采用承插式接口时，配件的加厚承口与PCCP连接端必须采用同一压力和覆土等级，并考虑胀圆补偿后的承接口。其承插口及密封圈的规格必须完全一致。

4 PCCP与建（构）筑物地下管线交叉部位施工

4.1 管线与建（构）筑物连接的施工

沿线建筑物的安装和施工与管线施工协调进行，施工中按照设计文件要求，做好建筑物同管道的细部连接，不损伤管道，同时做好连接部位的止水。

4.2 管线与地下管线、管道等建（构）筑物的交叉施工

管线与地下管线、管道等建（构）筑物的交叉施工，须保护原有设施不被破坏，若必须拆除原有设施，需拆除后进行PCCP管道安装。

4.3 现场合拢

根据施工规划，合理安排安装区段和起始点，设置现场合拢点，尽可能利用弯管直段和建筑物段的钢配件相连。严格控制合拢处上下游管道安装长度和偏差，并根据实际偏差情况及时进行调整，以便形成在直管段对接合拢，不允许在管线转折处合拢。现场合拢施工焊接时，气温不高于22℃，合拢形式采用对接双面焊合拢。

4.4 对接双面焊合拢

合拢管均为钢板制作，分为承口段、插口段和凑合短管段三部分。

凑合短管段长度不小于300mm。焊接前应双面打坡口；焊缝按一类焊缝质量要求。焊接完成后进行内、外防腐层制作。

4.5 合拢管件安装方法

因合拢钢管部位都有混凝土包封，所有钢管安装完成后，都用10号槽钢做支撑，将安装完成的钢管稳固，以便绑扎钢筋和浇筑混凝土。

环缝焊接除图样有规定者外，逐条焊接，不得跳越，不得强行组装，管壁上不得随意焊接临时支撑或脚踏板等构件，不得在混凝土浇筑后再焊接环缝。

钢管内外壁的局部凹坑深度不超过板厚10%，且不大于2mm，可用砂轮打磨，平滑过渡，凹坑深度超过2mm的，按规定进行焊补。

土建施工和机电安装时未经允许不得在钢管管壁上焊接任何构件。

5 阴极保护处理

阴极保护是有效解决PCCP的腐蚀问题一个重要措施。在使用牺牲阳极阴极保护法的情况下，安装阳极之前，先要对阳极表面进行检查是否存在油污及氧化物，如果有要处理干净。然后将阳极与特定组分和尺寸的化学填充料装入包中（阳极在包的中央，被化学填充料紧密包裹）置于阳极沟中（如果条件允许，阳极周围填充的化学填料应加入足量的水进行浸泡），再覆盖一定厚度的土层保护安装好的阳极，但是土层的厚度不能影响PCCP的敷设，并禁止向坑内回填砂石、水泥块、塑料等杂物。

6 特殊地段的PCCP安装

特殊地段的PCCP安装包括穿河段、穿光缆等地下管线、穿越非顶管的地方公路等部位的管道安装施工。

6.1 穿河段PCCP的安装

本工程河面较窄，导流水量小，穿河段施工，在枯水期，采用一次导流和围堰施工的方法，进行穿河段的导流、围堰与PCCP安装。履带吊在沟槽内倒管的方法，解决卸管难题。

6.2 PCCP穿越一般公路

在取得公路部门同意，监理、发包人批准穿越公路的施工方案的前提下，修建旁通公路，旁通公路与主公路相连通，设置交通标识及夜间交通安全信号灯，在安全条件达到公路交通相关要求后，使穿越段的公路具备挖断条件。施工完毕后按设计要求回填、进行路面施工，最后恢复主公路交通。

6.3 PCCP穿越地下管线的施工

PCCP穿越地下管线施工，主要方法是使用履带吊进行安装穿越。在地下管线高程与PCCP管线安装冲突时，处理方法是，将管线进行改移，遇到光缆等管线，割断，加长后重新接通，架空，等PCCP管线安装后，产权单位进行恢复埋设。光缆、石油天然气等地下管线，由于管线的改移不允许外单位施工，一般由产权相关单位进行施工改移。

7 管段回填

管道的两侧同时进行回填，将合格的回填料采用输送皮带均匀散布到管道两侧。采用人工对回填料进行摊平。碾压主要以小型蛙式打夯机和人工捣实。施工中，对管身Ⅰ区管顶1/3外径范围内的回填土不进行碾压。对距离管道外壁0.5m范围内使用蛙式打夯机进行夯实，必要时，采用人工进行夯实。夯实过程中严禁夯打到管身上，碾压的遍数按照碾压试验确定的参数执行。管基区回填材料的最小压实度为90%。

8 结语

PCCP管道安装以其自身的优点，在环保、节约土地和防止水源污染及充分利用资源等方面显示出了明显的优势。本文对鄂北地区水资源配置工程复杂地形下大管径PCCP安装设备及施工工艺、质量控制要点等做了详细的论述，为该类工程施工提供借鉴和指导作用。

公路工程（投资类）项目二次经营策划

刘树军　黄润鑫　黄献新/中国水利水电第十二工程局有限公司

【摘　要】在多元化经济施工模式下，跨行业跨专业无清单合同项目的经营管理将面临新的挑战。二次经营目标始于策划梦想，基于诚信共赢，成于实干担当。本文以实用可行为标准、以指导业务工作的开展为目的，实现制度标准引领，部门数据融合，经营精准画像，工作智见未来。健全各级管理体制，规范二次经营操作行为，实施四阶段管理，把握数据融合，做好组织保证，实现二次经营高质量发展。

【关键词】公路工程　投资类　二次经营　策划

1　引言

随着PPP、EPC、平台公司等投资项目的快速增加，建筑施工跨行业跨专业无清单合同项目的越来越多，项目经营管理不平衡、不充分矛盾显现，对项目二次经营策划就显得越来越重要。

二次经营是指合同签订取得项目经营管理权后，在合同履行过程中优化施工图、变更设计、差价调整、费用索赔等对原合同费用的调整和优化的经营行为。其目的是策划降低成本、提高利润，其任务就是优化施工组织和经营全过程管理，通过大数据融合，对施工过程中的收入和支出进行细致量化的管理，并创造提升过程经营管理质量，实现工程收入最大化，工程物耗最小化，从而提高项目的盈利水平。

指导思想是：以确保安全质量为前提，以实现提质增效、高质量施工为原则，以实用可行为标准，以指导业务工作的开展为目的。项目二次经营策划按照收集数据信息、研讨立项申报、资料融合编制、报批跟踪成果等管理环节，每一环节都要做到标准数据融合。

2　落实“四定”运行机制，明确经营使命与担当

经营的本质，是用有限的资源，创造一个尽可能大的经济附加值，而经营的初心是要全心全意地为项目创效，一分一厘见初心。为此二次经营策划要落实确定好工作方向、攻关策略、管理制度、经营目标的运行机制，才能实现二次经营工作制度标准引领，部门数字融合，经营精准画像，工作智见未来。

2.1　定工作方向

2.1.1　信息收集数字化

经营信息：对合同投资中的主要工程内容及数量，联合体及业主指定分包情况，重难点工程分布及重难点工程施工组织设计情况，包括概算是否考虑充分，报价人员针对具体清单项目提出盈亏分析意见。合同风险提示：结合现场踏勘情况，分析工程施工中存在的各项风险，针对如何规避风险，如何化风险为效益提出合理化建议。

设计信息：设计总体思路和原则、资金来源；初步（或施工图）设计鉴定中心审批意见及概算批复情况。概算编制原则及基础资料信息（基础单价、取费原则等），概算编制费用考虑是否充足（对做增量还是减量的判断起关键作用）。特殊设计情况：新材料、新工艺等，当地自然资源情况，社会及自然环境情况（社会环境是否复杂，是否潜在施工干扰；地质条件是否复杂，是否具备更多的变更理由）。

业主信息：业主对投资控制的态度和权限，业主主要人员分工及权限。

2.1.2　现场调查找对策

对社会环境（政府部门工作风气、民风民俗等）、自然环境（地形地貌、环境保护等）、地质条件（根据附近其他工程了解、实地调查）、资源条件（料源料价情况、运输资源情况、设备租赁供应情况）、现场变化（设计阶段至施工阶段现场发生的变化）进行认真细化分析，寻找二次经营管理对策。

2.1.3　合同分析谋方略

分析合同条款：有利与不利合同条款分析，重点对可调整合同条款进行分析，确定二次经营工作方向。分

析招投标文件：要提取对二次经营工作有利与不利的内容，要抓住有利规避不利。

业主变更索赔管理办法：这是现场变更设计的关键性文件，办法是否有利，如何变通执行，要认真分析，谋划具体思路。业主验工计价管理办法：验工计价管理办法可以看出业主对投资控制的态度和意向，对变更索赔工作方向具有重大影响。

2.1.4 成本分析寻出路

分析工程量清单：工程量清单说明分析；具体清单项目盈亏分析（要结合概算进行分析，要摸清子项构成及比例情况）。招标概算分析：结合《工程量清单计价指南》，认真分析概算中的差错漏碰，为检算做准备，也是提出变更索赔的重要依据（如钢筋含量与实际相差大等），找出工作的突破口。

2.2 定攻关策略

通过上述收集信息、现场调查、合同分析、成本分析等程序，提出适合本项目的二次经营攻关策略（分四阶段实施）。树立“地质是创效龙头，方案是创效手段”的经营理念，做好工程地质这篇大文章，把地质当作一门艺术，对施工技术与工程计划紧密结合，选派技术全面、优秀的地质技术人员参与二次经营工作，了解设计标准，认真审图并做好现场核查工作，发挥各自的专业优势，相互密切配合。

成立以项目经理为组长的领导小组，实行项目经理负责制。明确各级部门及工作人员的业务分工、涉外分工及使命担当。如对业主（指挥长、计划财务部、工程部、安质部、物资部、设备部等）、设计（主管副院长、设总、主设）、监理（总监、计价工程师、监理工程师）等在项目运作之初就要安排专人与上述人员取得联系，建立起不间断的定期拜访工作机制。

2.3 定管理制度

项目日常管理制度、例会制度、工作制度 、保密制度、关键人员定期拜访制度、经营业务管理制度（变更索赔工作定期报表制度、经营资料移交交底制度、变更索赔跟踪落实和信息管理制度、变更索赔专家督导制度、变更索赔工作考核奖励办法）等实施信息化数字化管理。

2.4 定经营目标

总体经营目标实现盈利。围绕总目标：按投资分解（合同金额、降造费、业主控制预备费）、按项目分解（路基、桥涵、隧道等）、按阶段分解（投标阶段、出图阶段、施工阶段、完工阶段）确定各阶段二次经营数据融合。

完善变更索赔计划增加额、变更索赔计划收益额、变更索赔实际增加额、变更索赔实际收益额四个参数的数据控制。这四个参数在项目经营全过程管理中，是一个动态的、变量的指标，是检验二次经营成果、实行目标成果考核奖惩一体化管理基础。同时巩固各阶段工作成果，在投标阶段和出图阶段：以进入施工图并经过核准的项目和数量为准；在施工阶段和收尾阶段，以经过批复的变更设计批文和验工计价单结算为准。

3 实施“四阶段”精准策划，把握经营标准实现数据融合

凡事预则立，不预则废。二次经营策划是一种具有建设性、逻辑性的思维过程，在此过程中，总的目的就是把所有可能影响决策的决定因素总结起来，研究积极有效的经营成本控制措施，寻找项目管理最佳方案，指导项目生产经营管理。

贯彻工程计量“增盈减亏、增虚减实”八字方针。强化标准数据融合，工程数量做到全面、系统的增加，重点是增加隐蔽工程和缺单价项目的工程数量。找准有利突破口，共性问题学会搭车，个性问题学会突破。

建立数据预警机制。施工图量差建立数据平台阶段性清理工程量，及时调整进图策略，防止标段内出现大量的正负量差。当出现正量差时，要通过沟通要求设计院进行限额设计，不能让正量差越来越大，重点核减单价亏损项目的工程量；当出现负量差时，就要加大未出施工图的工程数量，最好是加大隐蔽工程、有利润项目的工程数量，逐渐消化负量差。

在投标、出图、施工、收尾阶段工作如下。

3.1 投标阶段有梦想

对投资类项目，要在全线标段概算分劈时提前介入，对意向中标的标段要增大标段的概算（或限价），增加利润点高的项目。

对大型临时工程和过渡工程在投标前做好工作，尽量增大意向中标标段的工程量，招标工程量清单内容简化、数量做大，对不进入总价的单价要相对高报价。在允许的范围内，对工程造价影响大或后期可能增加工程数量的细目单价要提高报价，对后期可能减少或不发生的工程量要降低报价，对有利于提前回收资金的项目要相对提高报价，对意向分包部分的工程相对采取低报价。

3.2 出图阶段有思想

项目中标后，要组织有经验的专家、施工技术管理人员，系统分析本标段的工程特性，提出利于施工又不降低工程功能的技术优化建议，积极与设计沟通，项目优化原则是多做减法慎做加法。

3.2.1 施工图优化方向

减少机械设备及周转材料投入（通常做法有统一墩身坡比等），用效益高的清单项目置换效益低的清单项

目，减少清单细目的子项工程数量，减少投入但不减少投资（比如隧道清单按围岩级别分类，可以在不改变围岩级别的前提下减少措施以及开挖衬砌工程量）、实际必须发生的安全防护措施等要纳入施工图数量表（施工图解决的可能性要高于Ⅱ类变更设计），施工图数量表正式出图前审核到位，减少施工图差错漏碰，包括在数量表中加入不易核实的虚量。

3.2.2 施工图优化策略

（1）路基工程：①单价低的项目重新分析单价。②如地段为喀斯特地貌，积极与设计人员沟通，加大岩溶注浆的工程量。③路基土石方：积极与监理、设计单位沟通，做好原地面复测工作，补测加密横断面，加大土石方工程数量；认真核查调整土石类别，增加石方比例；如沿线有风景名胜区，拟将石方浅孔爆破受限制部分（需计量）变更为控制爆破（单价相差很大）。④调整隧道洞渣利用系数及运距，借方与弃方数量合理分解（注意考虑二次解小问题），增加取弃土场征地亩数量；附属工程量的增减，完善区间排水系统；尽可能增大过渡段级配碎石工程数量；变更边坡防护形式，增加锚杆框架梁工程数量。

（2）桥梁工程：①桥梁的类型尽量做到单一，同时桥梁结构要有技术创新点便于增加费用。②基础结构类型改变、增加基坑开挖工程量；基础下部采空区、溶洞、软基加固处理。③结合投标报价，改变桩径、桩长（以延米计价，改小桩径；以方量计价，减少桩长），挖孔桩改钻孔桩；提高承台标高，增加桩基长度。④为方便施工空心墩尽可能变更为实心墩；尽量统一桥梁跨径，统一桥墩坡比，减少模板投入。⑤增加跨越江河、深谷、紧邻既有线桥梁工程中能计价的各种施工措施费、安全费用和过渡工程数量，桥梁水中墩钢围堰、钢护筒、钢平台、钢栈桥、基坑钢板桩防护等设计方案的变更。

（3）隧道工程：①围岩等级应向有利于施工和增加费用方面调整，主要考虑降低围岩等级或考虑向利润高的围岩级别变更。②调整施工方法，增加临时支护工程量。③高风险隧道增加超前地质预报专项方案设计，在遇有岩溶、岩性变化分界时，应采用地质—物探—水平钻探的综合预报方法。④加强围岩及地质不良地段的描述，为岩溶注浆埋下伏笔；增加洞内软弱下卧层处理，洞内洞穴注浆、填石、钢筋混凝土管桩加固等处理数量。⑤增加可计价的隧道帷幕注浆、径向注浆数量。⑥弃碴场变更增加运距和弃碴场防护、绿化费用，增加隧道弃碴场浆砌片石防护工程数量。⑦据实增设斜井、横洞。⑧浅埋段增加地表注浆工程数量。

3.3 施工阶段有实招

3.3.1 施工图计量数字化

施工图数量统计：在施工图已出但尚未出施工图数量表之前进行，应该由工程部和计划部共同完成，建立计量台账管理。施工图数量差、错、漏、碰统计。实际计算的施工图数量与设计施工图数量表中的数量进行对比，把差错漏碰少计数量报业主与设计单位要求更正。

施工图量差：核准的施工图清单数量与合同清单数量对比，计算出施工图量差，并制定施工图量差风险应对策略。正量差包干则争取获得额外计量（通过新增或签订补充合同或Ⅰ类变更），负量差争取不扣减合同额（要注意尽量不要形成负Ⅰ类变更）或在风险包干费中扣减，然后再用其他内容补计冲减。

施工图检算：检算消化的第一个是施工图量差，第二个是一般的条件变化，细小的设计变化，新增工程子目（清单子目项下），运距变化等。全力做大施工图检算，把招标概算考虑不足的内容，以及施工图差错漏碰少计内容全部纳入。

3.3.2 Ⅰ类变更规范化

结合工程具体实际，通过合同分析提出Ⅰ类变更策划及实施方案。在实施过程中要从完善功能、保证安全质量、标准变化、地质原因、现场条件变化、地方要求等方面寻找理由，只要理由充分就要制定详细的实施方案，全面攻关，不屈不挠。

重点策划：①施工图执行的设计标准与招标文件标准发生变化引起的变更。②大面积地基加固工程因地质情况与现场不符而发生的变更。③桥梁工程中，结合各单位现有技术和装备水平，在不降低建设标准的前提下，争取有利于施工方的桥梁结构形式的改变或重大施正方案的变更。④隧道工程中较大规模的不良地质体的加固处理，隧道的围岩变更一定要系统规划地变，否则有可能得不偿失。⑤施工组织设计的重大调整，重大技术方案的变更。⑥设计漏项和施工安全防护措施的重大变更等。

3.3.3 Ⅱ类变更常态化

在合同约定风险包干的前提下：为确保安全质量、完善功能而增加工程量的变更，要加大虚量，但要把实际需要发生的工程量控制在低限。通过主动策划多做减少工程量和减少投入的Ⅱ类变更。

在合同约定非风险包干的前提下：对于盈利的清单项目做增量变更；对于亏损的清单项目做减量变更，减量变更施工过程尽量不报计价或晚报计价；多做虚量变更。

3.3.4 价差计算精准化

即使合同不予调整的价差也要计算准确，做到心中有数，建立台账实施精准管理。依据合同约定主要材料价差计算，一是要做好标书价格、采购价、信息价格（基期、报告期）三种价格之间的利害关系；二是做好标书清单计算数量、施工图纸设计数量、实际采购数量的三种数量之间的对比分析。精准计算甲供料（钢材、水泥）调差、外来料调差、油燃料调差、水电价差、火工品、地材（砂石料）价差、人工费价差、临时用地价差。

3.3.5 费用索赔常态化

合同索赔，是承包商在合同实施过程中，根据合同及法律规定，对并非由于自己的过错且应由业主或第三方承担责任的情况（与合同比较，额外投入；非我方责任，加大投入）所造成的实际损失，依据合同条款凭有关证据向业主或第三方提出给予赔偿的要求成常态化。主要突破点：

（1）地方和既有线施工干扰费；停工、窝工费（供图滞后，征地拆迁影响，既有线施工停工）；工期拖延、工程终止索赔。

（2）涉及铁路、公路、电力、水利（务）等部门的配合协调费及有关的过渡工程费用；非施工方原因增加的施工费用或引起的废弃工程。

（3）地方政府收费项目：高速公路交通配合费；城市施工排水、污水及雨水管道改移及恢复费用；城市占道损坏赔偿费、城市道路爆破安全防护费；航道、海事费用；通航安全维护及航道维护费；占用公路补偿费；河道管理费；卫生防疫费；乡村环保补偿费；材料进场的过路过桥费；施工安全监护费、河道采砂管理费、水土保持设施补偿费、防洪治理费、防汛费等。

（4）其他索赔：如政策法令变化、业主推迟支付工程款、合同文件缺陷、其他承包商或第三方干扰索赔、额外勘探及检测、为其他承包商提供方便等原因引起的索赔。工程保险索赔（建筑工程一切险、安装工程一切险、第三方责任险、人身意外伤害险、人员工伤事故的保险等）。

3.4 收尾阶段有成果

通过大数据的分析与挖掘，为经营全过程管理提供有价值的数据服务，使二次经营工作规范化、精准化、制度化、数据化、常态化，严格按工程量清单计量规则计量，按编规计价，以事实为依据、以合同为准绳，合规经营，使成果经得起审计。实现对经营全过程的精准画像，进而提升二次经营成效。

4 结语

二次经营策划承载着项目创效的梦想与希望，我们都是追梦人，只要面朝大海就会春暖花开。要实现二次经营目标高质量发展，就离不开项目组织措施的保证。

一是确保工期、安全、质量、环水保达标让业主放心。二是经营好业主、监理、设计等相关方的关系，形成从我要变更到为我变更的氛围，广泛借力，多方位、多层次开展二次经营工作。三是提高各级二次经营管理业务能力，尽量保持主管领导人员的稳定，以保证工作的连续性。先造声势，做好现场，准备资料，主抓个性，规避审计，充分利用经营专家组、业务优势、经验优势和人脉资源，做好变更的策划和外围关系工作。四是形成精诚团结的工作机制，二次经营工作室定期召开专题会议，实行动态管理，既相互分工又协调配合，有明确工作目标，理清工作思路，落实好责任人，在有效的时间内扎实有序地开展工作。五是实行积极的奖励制度，按规定计算并提取二次经营奖励基金，每提出一个合理化建议并能变更立项，四方会议通过并签字后，按“一事一奖”的原则标准实施奖励。

浅谈高速铁路桥梁连续梁合龙段的施工技术

辛文娜　吕　辰/中国电建市政建设集团有限公司

【摘　要】连续梁合龙段施工的成败决定高速铁路桥梁连续梁的连续性，也是连续梁能否投入使用的关键。合龙工作与连续梁一样，采用挂篮单悬臂浇筑施工方法。为了确保连续梁质量的稳定性，合龙施工应在低温环境下进行，合龙浇筑施工尽可能在2～3h内完成，同时控制好混凝土配制等级，计算好悬臂端配重问题，保证梁体线型符合设计要求。

【关键词】新建贵阳至广州铁路　连续梁　合龙段　预应力混凝土

高速铁路桥梁连续梁合龙段施工决定了连续梁的连续性、完整性，更是整个施工建设的难点。本文为后续类似工程的施工提供一定的参考。

1　工程概况

新建贵阳至广州铁路十二标段思贤窖特大桥第一联(40＋64＋40)m连续梁起讫里程DK759＋361.642～DK759＋507.142，跨越贝水涌。桥墩为31～34号墩，直线桥。梁体各控制截面梁高分别为：端支座处及边跨直线段和跨中处为2.8m，中支点处梁高为5.2m，梁底下按圆曲线变化，圆曲线$R=182.502$m；箱梁梁顶宽22.1m，单个箱梁底宽6.4m，梁体为单箱双室，直腹板变高度连续箱梁结构。

箱梁顶板厚度40cm，底板厚度46～75cm，按圆曲线变化至中支点根部，中支点处加厚到115cm，腹板厚度分为50～75cm，在一个节段内按线性划分；全桥共设5道横隔梁，分别设于中支点、端支点、中跨跨中处。中支点处设置2.0m的横隔梁，边支点处设置1.5m的端隔梁，跨中横隔梁厚0.6m，横隔梁处设有孔洞，供检查人员通过。

全桥共分35个梁段，中支点处0号梁段长度12m，悬灌梁段共28个，长度分别为3m、3.5m、4.0m，边直线段7.75m，边跨及中跨合龙段长度2m。

2　合龙段施工工艺流程

根据现场施工进度及安排，本桥连续梁合龙顺序先边跨合龙后中跨合龙。主桥共设3个合龙段，即两个边跨合龙段、一个中跨合龙段。合龙段工艺详见图1。

3　边跨合龙段施工

边跨合龙段施工采用32号墩和33号墩挂篮底模、外侧模、内模作为边跨合龙段模板。考虑到挂篮前移时，因前吊带与边跨现浇段梁体抵触，在前移前要做好以下工作。

3.1　合龙前准备

施工完成2个主墩悬臂端7号块和边跨现浇段后再进行边跨合龙施工，首先合龙段施工前应对两悬臂端的中线、高程进行测量检查，以保证合龙段两端高程偏差在控制范围内。其次在进行模板挂篮施工，将边跨侧挂篮前移，跨过边跨合龙段，在边墩现浇段施工时预埋挂篮侧模、底模和内膜滑梁吊杆、吊带预留孔设在现浇段端部不小于50cm处，底模和侧模锚固，形成边跨合龙托架。待边跨合龙张拉施工结束后，把32号墩挂篮外侧模后退50cm，33号墩挂篮侧模行走至32号墩7号段，与32号墩7号段锚固，形成侧模体系，利用两套挂篮的底模系，作为合龙段底模，在两挂篮的前拖梁之间铺设工28工字钢，工字钢上满铺方木，上面铺设竹胶板作为中横墙的底模，中横墙侧模采用木模，采用竹胶板外加10cm×10cm方木做骨架，外侧加间距不大于50cm加双支ϕ48钢管对拉形成侧模系，形成中跨合龙托架（图2）。

图1　合龙段工艺流程图

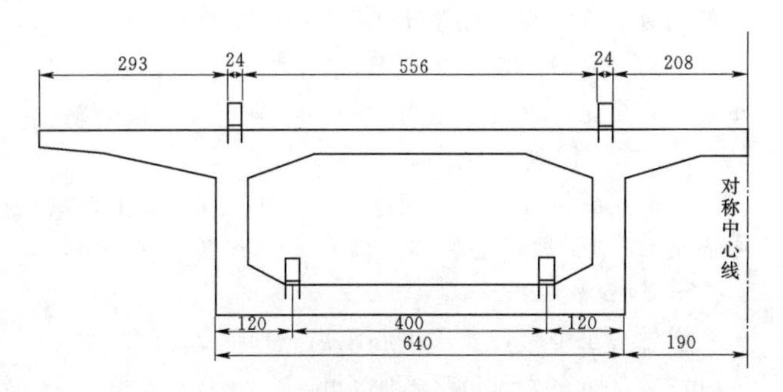

图2　1/2合龙段横断面图（单位：cm）

3.2　钢筋、预应力管道预埋

钢筋下料长度及安装必须满足图纸设计要求。所有钢筋必须横平竖直，不能任意割断，梁体钢筋净保护层不小于35mm，钢筋加工完成后按需求分批吊至梁顶，避免钢筋重量造成两端不平衡，先绑扎底板底层钢筋和部分腹板钢筋，再安装底板波纹管，最后绑扎底板上层钢筋，在靠近两端混凝土侧引出备用压浆管道防止管道堵塞。当梁体钢筋与预应力钢筋相碰时，可适当移动梁体钢筋，调整原则是先普通钢筋，后横向预应力筋，保持纵向预应力钢筋管道位置不动。

3.3　临时锁定、张拉临时预应力索

边跨合龙锁定应在一天中气温最低时进行。根据设计图纸合龙段临时支撑锁定采用8根32＃a槽钢刚性支撑和张拉临时束共同锁定的方法。锁定前应先将刚性支撑的一端与梁端预埋钢板焊接，到计划锁定时间再对称、快速地将刚性支撑的另一段与梁体预埋钢板焊接，在焊接过程中，安排2名技术员分别在箱内顶面焊接全程跟班负责，保证焊缝饱满密实，在焊接下一层前必须敲击清除上一层的焊渣和飞溅物，发现影响焊接质量的缺陷时，应清除后方可再焊，经对应技术员确认后方可进行下一层的焊接（图3）。

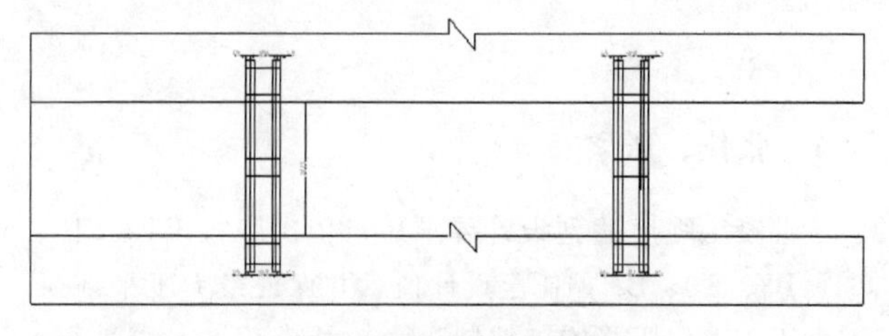

图3　合龙段合龙锁定图

3.4　张拉临时预应力索

刚性骨架联锁定完成后用4个YCE400B型千斤顶同时张拉T10、B1（1000kN），形成支拉锁定结构将合龙口锁定。

3.5　混凝土浇筑、配重卸载

混凝土浇筑应在一天中气温最低的时间段快速连续浇筑，最好控制在2～3h内浇筑结束。计划在一天气温最低的凌晨0时至5时进行混凝土浇筑施工。

为减少混凝土浇筑过程中因边跨合龙段两侧重量变化产生的挠度变形对新浇筑混凝土的影响，加快浇筑速度，使变形在混凝土初凝前完成，在边跨合龙段两侧加相同配重，随混凝土浇筑同步取消边跨侧配重。在一个边跨合龙段两侧各放置水箱进行配重，随边跨合龙段混凝土浇筑重量同步减去边跨侧水箱的重量，保持边跨合龙段两侧力矩平衡。将合龙段施工过程（张拉前）中受力变化幅度减至最小（合龙段混凝土不开裂），保证成桥线形。边跨合龙段采用挂篮施工，梁段的底板、腹板、翼缘板的混凝土重量荷载直接作用在底模板上，箱体顶拱混凝土重量荷载通过内吊拱架传递到悬灌梁和现浇梁的梁端上。边跨合龙段浇筑时卸载A7段梁顶部配

重卸载，配重重量为合龙口混凝土重量的一半，即41.1×2.6/2=53.43t（参照混凝土容重取26kN/m³）。

根据实际情况，设置配重水箱在A7节梁段上，墩中心至A7节梁段中心距离：12m/2+3m×2+3.5m×3+4m+4m/2=28.5m。

墩中心至边跨合龙段中心距离：12m/2+3m×2+3.5m×3+4m×2+2m/2=31.5m。

通过力矩平衡计算，配重重量为53.43t×31.5m/28.5m=59.05t。卸载和混凝土浇筑同步进行，根据混凝土浇筑方量对水箱进行放水（图4）。

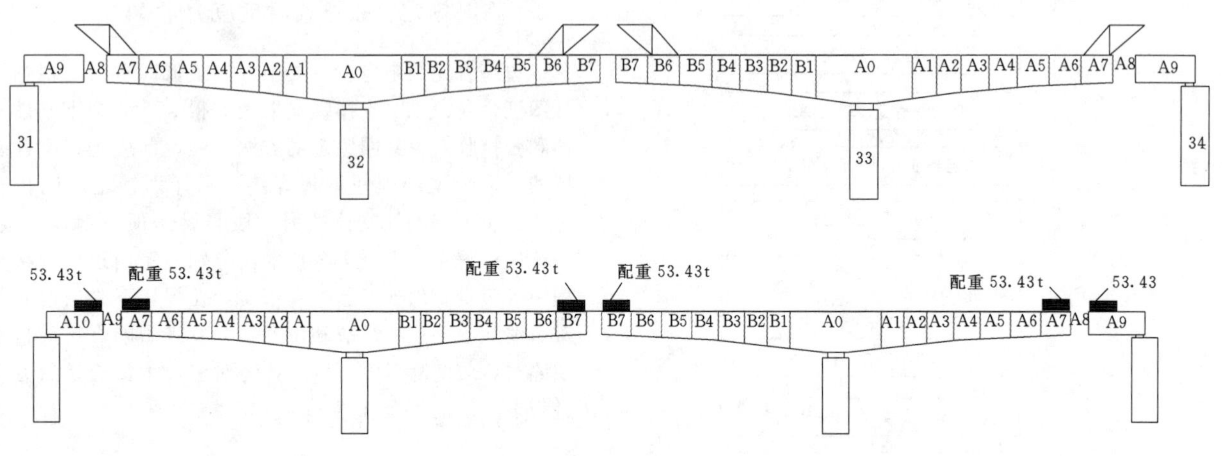

图4　配重布置图

3.6　张拉、压浆

混凝土强度达到设计要求后，依次张拉B5、T10、B4、B3、T9、B2、B1至设计值，并保证最大不平衡束不大于1束。压浆施工控制在张拉结束后24h内进行，压浆前应将合龙锁定刚性支撑拆除。

4　中跨合龙段施工

中跨合龙段施工要求及工艺基本与边跨合龙段基本相同，采用挂篮底模和内外模板充当合龙段模板，采取一些必要的措施防止混凝土开裂。中跨合龙，要将一套挂篮后退，另外一套合龙。

4.1　合龙前准备

中跨合龙同样采用挂篮合龙施工，施工要求同边跨合龙段相同。

4.2　拆除主墩临时支座

待边跨合龙段混凝土强度达到设计要求，张拉压浆完成后，立即解除主墩临时支座和支座锁定。

4.3　钢筋、预应力管道预埋

中跨合龙段钢筋、预应力孔道施工工艺及程序同边跨合龙段相同、当梁体钢筋与预应力钢筋相碰时，可适当移动梁体钢筋，调整原则是先移动普通钢筋，后是横向预应力筋，保持纵向预应力钢筋管道位置不动。

4.4　临时锁定、张拉临时预应力索

中跨合龙段临时锁定要求及工艺同边跨相同，在施工B7时预埋锚固钢板，然后将32＃a槽钢与预埋钢板焊接并在槽钢上部焊接加强钢板。刚性骨架锁定后立即张拉T11、B6（1000kN），形成支拉锁定结构将合龙口锁定。

4.5　混凝土浇筑、配重卸载

边跨合龙段混凝土浇筑同中跨合龙段施工要求相同。混凝土浇筑应在一天中气温最低的时间段快速连续浇筑，最好控制的2～3h内浇筑结束。计划在一天气温最低的凌晨0时至5时进行混凝土浇筑施工。

中跨合龙段浇筑时卸载B7段梁顶部配重卸载，配重重量为合龙口混凝土重量的一半，即66.2×2.6/2=86.06t（参照混凝土容重取26kN/m³）。

根据实际情况，设置配重水箱在B7节梁段上，墩中心至B7节梁段中心距离：12m/2+3m×2+3.5m×3+4m+4m/2=28.5m。

墩中心至中跨合龙段中心距离：12m/2+3m×2+3.5m×3+4m×2+2m/2=31.5m。

通过力矩平衡计算，配重重量为86.06t×31.5m/28.5m=95.11t。

卸载根据浇筑混凝土的方量相应地对水箱进行放水。

4.6　全桥预应力筋张拉施工

中跨合龙段混凝土施工完成后，强度达到设计要求

后开始进行全桥张拉压浆。纵向预应力张拉顺序 B11、B10、B9、T11、B8、B7、B6，并保证最大不平衡束不大于1束。

4.7 挂篮拆除

待全桥预应力张拉压浆完毕后，拆除全部的挂篮。

5 合龙段施工注意事项

合龙段施工应注意影响合龙段施工质量的气温变化，混凝土的浇筑、养护以及合龙段的应力及观测等方面。

5.1 合龙口临时锁定的时机选择

相关部门及时掌握合龙期间的气温预报情况，并迅速反馈给各施工班组，选择日气温较小、温度变化幅度较小时进行临时锁定装置的安装。合龙段的锁定必须迅速、对称地进行。现将刚性支撑一端与预埋件焊接，而后将刚性支撑另一端与梁连接，临时预应力束也应随之快速张拉。在边跨合龙段锁定前，必须释放边墩侧支座的固定约束，让梁一端在合龙段锁定的连接下，能沿支座自由收缩。

5.2 环境温度选择

在连续梁桥合龙时，梁体对温度变化的反应对合龙段质量乃至整个连续梁桥体系受力有很大影响。因此，为保证合龙段的施工质量以及合龙后体系能达到设计的受力状态，必须选择合适的合龙温度，并针对以上问题采取某些构造措施和施工措施。为消除这一影响，合龙段施工采用低温合龙，日温最低时施工。

5.3 合龙段混凝土浇筑

混凝土浇筑时间应控制在2～3h以内，避免因时间过长而出现混凝土的不均匀升温，混凝土浇筑前应将合龙段两侧梁端混凝土凿毛和润湿，以利于新旧混凝土接合。浇筑应遵循自低向高，先底板、再腹板及顶板的顺序，左右对称，在施工中加强与梁端混凝土接缝处的振捣，确保合龙段混凝土振捣密实。在混凝土施工过程中，严格控制混凝土自由下落高度在1.0m以内，避免产生过大的梁体振动，同时控制桥面机械设备、材料等的吊落或移动，以免影响混凝土的质量。为了减小混凝土灌注时悬臂端混凝土和合龙段混凝土温差引起的沿桥梁纵向的轴向力，合龙段混凝土灌注时选择当天温度最低的时间，且应与锁定时温度相同，并加强接头混凝土的保温和养护，使混凝土的早期硬结过程中始终处于升温受压状态。

5.4 合龙段混凝土的养护

混凝土养护对合龙段质量至关重要，连续梁均采用高性能混凝土，水化热较大，若后期养护不到位，易产生收缩裂纹，对连续梁质量造成隐患。合龙段混凝土浇筑完成后应加强保湿保温养护，并应将合龙段及两悬臂端部1m范围进行覆盖洒水，降低日照温差影响。混凝土养护时间不少于7d。

5.5 合龙段的应力及观测

施工现场已具备经批准的张拉顺序、张拉程序和施工作业指导书，经培训掌握预应力施工知识和正确操作的施工人员，以及能保证操作人员和设备安全的防护措施。锚具安装正确，结构或构件混凝土已达到要求的强度和弹性模量。合龙前将现浇段和悬臂灌注梁段上的杂物清理干净，此时除加压等物体外应将施工机具等全部清除，保证应力状态与设计相符。合龙前对全桥梁面高程及平面位置进行全面观测，将两端高差调整到允许范围内，再进行合龙施工（表1）。

5.6 合龙段施工的安全注意事项

（1）高空作业的安全保障设施必须齐全、挂篮四周侧面及底部，应全部挂满安全网。

（2）配重必须对称进行，保证两侧不平衡重量不大于7t。

（3）混凝土浇筑前注意最近时段天气变化情况，确

表1　合龙段施工观测内容及实测数据

序号	观测内容	实测数据	结果	备注
1	合龙前两悬臂端的中线测量	S1（1000.003，1000.008） S2（1000.007，1140.005）	符合误差要求	中线偏差小于15mm（2个观测点单位为m）
2	合龙后两悬臂端的中线测量	S1（1000.010，1000.002） S2（1000.003，1140.010）		
3	合龙前两悬臂端的高程测量	BM1（10.209）、BM2（10.214）	符合误差要求	高程偏差小于±10mm（2个观测点单位为m）
4	合龙后两悬臂端的高程测量	BM1（10.202）、BM2（10.206）		

保在浇筑过程中不出现雨天等恶劣天气。进入现场必须遵守安全生产六大纪律。

(4) 混凝土浇筑前对挂篮后锚、吊带仔细检查。吊带受力必须均匀。做好临边安全防护。

(5) 使用振动机前应检查电源电压，必须经过二级漏电保护，电源线不得有接头，机械运转是否正常，振动机移动时不能硬拉电线，更不能在钢筋和其他锐利物上拖拉，防止割破拉断电线而造成触电伤亡事故。

6 结语

合龙段施工是连续梁体系转换的重要环节，对保证成桥质量至关重要。合龙的好坏直接影响连续梁整体质量，上述施工技术在新建贵阳至广州铁路得到了很好的验证，为今后类似工程积累了一定的施工经验。

参考文献

[1] 董国亮. 京石铁路客运专线滹沱河特大桥跨京广铁路连续梁转体桥中跨合龙段施工技术 [J]. 铁道标准设计，2011 (10)：78-82.

[2] 王宇驰. 高速铁路桥梁连续梁工程施工技术 [J]. 山东农业工程学院报，2016 (2)：156-157.

[3] 陈卫华. 铁路连续梁合龙段施工及体系转换 [J]. 山西建筑，2016，42 (7)：187-188.

审稿人：张建中

关于新形势下建筑企业改革发展的思考

仵义平/中国电力建设股份有限公司

【摘　要】 中国特色社会主义进入新时代，是国家经济社会发展的新方位，也是建筑业发展的新方位。中国经济长期向好的发展态势，国家构筑区域协调发展，推动重大国家战略建设，是建筑企业发展面临的新机遇，也是建筑企业发展面临的新环境。建筑企业应通过深化内部改革，创新体制机制，厚植技术优势，创新建造方式，强化区域布局，加强诚信经营，加强管理创新，推动企业更好地把握市场机遇、实现高质量发展，更好地实现企业“在历史前进的逻辑中前进，在时代发展的潮流中发展”。

【关键词】 新时代　建筑业发展　建筑企业　应对举措

中国特色社会主义进入新时代，是国家经济社会发展的新方位，也是建筑业发展的新方位。中国经济长期向好的发展态势，国家构筑区域协调发展，推动重大国家战略建设，是建筑企业发展面临的新机遇、新形势，也给建筑企业发展提出了新要求。

1　新时代建筑业发展的新形势

准确把握经济长期向好的发展趋势，全面理解新时代发展的新要求，积极践行国家重大区域战略的新布局，是建筑企业在新时代实现高质量发展的基础。

（1）建筑业发展有新方位。我国经济已由高速增长阶段转向高质量发展阶段，正处在转变发展方式、优化经济结构、转换增长动力的攻关期。发展仍是解决我国一切问题的基础和关键，但发展必须是科学发展，必须贯彻新发展理念。党的十九大报告提出，到2020年，全面建成小康社会；到2035年，基本实现社会主义现代化；到21世纪中叶，把我国建成富强民主文明和谐美丽的社会主义现代化强国。要实现党的十九大确定的新目标，就要着力解决好发展不平衡不充分问题，大力提升发展质量和效益。为此，国家推进深化改革，使市场在资源配置中起决定性作用，更好发挥政府作用，国家推动新型工业化、信息化、城镇化、农业现代化及国家治理体系和治理能力现代化。中国特色社会主义的新时代就是建筑业发展的新方位。

（2）建筑业发展有新基础。近年来，面对复杂严峻的国际形势和国内经济下行压力，党中央、国务院进一步深化改革开放，有效抵御外部冲击。强化宏观政策逆周期调节，积极的财政政策加力提效，稳健的货币政策松紧适度，为经济稳定运行创造了良好环境。在经济稳定运行的同时，改革开放不断深化，经济结构持续优化，新旧动能有序转换，经济发展的协调性、可持续性明显增强，经济迈向高质量发展的步伐更加稳健。虽然外部环境不确定性上升，但我国经济长期向好的基本面没有变也不会变，经济韧性好、潜力足、回旋空间大的特征明显，支撑经济平稳运行的积极因素增多。我国发展仍处于重要战略机遇期，中国经济长期向好的发展态势，是建筑业发展的新基础。

（3）建筑业发展的新机遇。近年来国家推动京津冀协同发展、长江经济带发展、粤港澳大湾区建设、长三角一体化、黄河流域生态保护和高质量发展等促进区域协调发展的五个重大国家战略，推进区域协调发展新机制建设，推动区域经济发展质量变革、效率变革、动力变革，推动区域协调发展新格局的构筑。推进重大国家战略区域世界级城市群、都市圈建设，构建以城市群为主体、大中小城市和小城镇协调发展的格局，推进以中心城市引领城市群发展，一线中心城市加快工业化城镇化，增强中心城市辐射带动力，构筑高质量发展的重要助推力。京津冀一体化、长三角一体化、粤港澳大湾区、成渝城市群、哈长、长江中游、北部湾、中原、关中平原、兰州—西宁、呼包鄂榆等城市群是未来中国的聚焦发展区域。从建筑业增加值占GDP比重来看，目前国内建筑业占GDP比重7%、日本占6%、美国占4%，到2030年，国内建筑业占GDP比重预计4%～5%，也将是较目前增加75%。目前我国人均基础设施存量相当于西方发达国家的20%～30%，并且在交通、水利、能源、生态环保、社会民生等基础设施领域仍存在不少短板。总体来看，我国在基础设施领域投资仍有很大空间和潜力，建筑业面临更加广阔的发展空间。将预计未来10年，中国仍将是全球最大的国别建筑市场。

同时，建筑业发展将更加规范。近年来，国家推进“转变政府职能，深化简政放权，创新监管方式”，优化营商环境。世界银行发布《2019年营商环境报告》告显示，中国营商环境总体评价在190个经济体中位列46位，较上一年度上升32位。国家在建筑领域推进以深化建筑业重点环节改革为核心，以推动建筑企业发展为目标，加强建筑市场事中事后监管，深入推进建筑领域的“放管服”改革。优化资质资格管理的市场准入制度，缩小必须招标的工程建设项目范围，试点放宽承揽业务范围限制，加强事中事后监管，完善全国建筑市场监管公共服务平台，健全建筑市场信用体系等。这意味着政府减少对建筑企业经济活动的直接干预，必将推动建筑市场更加规范。

2 关于建筑企业更好地顺应新形势发展的几点思考

建筑企业只有因势谋远、顺势而为、聚势而立，强化内部改革、激发发展活力，强化人才引领、科技赋能作用，更加注重创新，更加注重能力建设，才能顺应时代潮流、把握好市场机遇、实现高质量发展。

（1）要深化内部改革，注重组织的整体功能建设。国家推进深化改革，使“市场在资源配置中使市场在资源配置中起决定性作用和更好发挥政府作用”。建筑行业是充分竞争性行业。建筑企业是建筑市场的竞争主体。要发挥市场在资源配置中的决定作用，必须对接市场需求，以更好地满足市场需求为中心，深化内部改革，不断完善管控模式，加快构筑企业不同专业的发展中心，构筑企业不同区域的发展中心，重塑发展动力，更充分的发挥综合性子企业、专业化子企业及区域性子企业切近市场、熟悉市场、反应快捷的优势与特点，依托管理信息化推动管理扁平化，缩短管理链条，提升决策效率，加快推进中国特色现代企业制度化建设。

（2）创新用人机制，注重人才的引领作用。人才是第一资源。建筑企业要加快推动混合所有制改革，构筑人才成长与企业发展互惠互利的共同体新机制，加快企业管理体制机制创新，构建有利于人才脱颖而出、有利于人才引领作用发挥、有利于业务创新发展的新机制。要加快培养具有国际视野的战略型人才、领军型人才、青年人才和创新团队，培养创新人才。要加快培养熟悉顾客需求、熟悉市场竞争规律的经营管理人才队伍建设。加快推进企业高端智库建设，更好地发挥人才对业务发展的引领作用。

（3）厚植技术优势，注重科技的助推作用。科技是第一生产力。建筑企业要依托科技人才禀赋，充分发挥历史积淀的技术优势，推动企业“高、精、尖、新、特”的技术优势向市场竞争优势转化，更加注重科技对建筑业的助推作用。要加快推进具有行业影响力的实验室、试验基地、技术中心、科创中心等创新平台建设，强化系统思维，强化规划引领，强化科技赋能，不断提升企业核心竞争力。要强化前沿关键技术研究。加强对可能引发建筑业变革的前瞻性、颠覆性技术研究。要发挥集成优势，加快推进CIM、BIM等领先经验与大数据等新技术与建筑行业深度融合，推进数据资源赋能建筑业发展，助力智慧建造，更加注重科技对建筑业的推动作用。

（4）创新建造方式，注重绿色可持续发展。建筑业发展面临资源约束日益趋紧、环保形势愈发严峻等挑战，以及行业发展方式粗放、生产效率不高、资源利用效率低下、科技创新能力不足等问题，建筑企业要坚持市场导向、需求导向，不断创新建造方式，推动建造方式向精细化、信息化、绿色化、工业化的融合发展，加快先进建造设备、智能设备的研发、制造和推广应用，限制和淘汰落后危险的工艺、工法，大力推行精益建造、数字建造、绿色建造、装配式建造等新型建造方式，促进绿色可持续发展。

（5）深化区域化经营，注重服务能力提升。国家推动以中心城市引领城市群发展、城市群带动区域发展的新模式。国家的重大区域发展战略已成为贯彻新发展理念的重要组成部分。部分建筑企业的资源配置与巨大的建筑市场需求存在错位现象，营销组织模式与建筑市场区域性需求的特点存在不适应现象，建立健全建筑企业区域化组织有利于更好地按市场需求配置资源。从国家推进区域协调新形势与建筑业领先企业的发展经验来看，推进区域化经营是建筑企业更好地贯彻国家区域发展战略的必然要求，是更好地按市场需求配置内部资源的必然要求，更好地发挥企业综合优势的必然要求。建筑企业要适应建筑市场区域性需求的显著特征，建立健全区域化组织是更好地满足区域性市场需求的重要举措，也是打通影响内部联动的关键节点，更有利于发挥企业综合优势，深度融入国家区域发展，加快推进企业在区域市场的精准投放。

（6）加强诚信经营，推进可持续发展。政府推进职能转变、进行“放管服”改革。对建筑业管理实行简政放权，加强事中事后监管，健全建筑市场信用体系。这意味着政府减少对企业经济活动的直接干预，给企业释放活力，同时信用体系、工程担保保险等市场机制将加快完善，打破传统禁锢，只要有资金、技术、信用和担保，企业也可以试点突破资质要求投标承揽工程等。这就要求企业由原先的围着资质转转向围着市场转的优胜劣汰。市场竞争力才是企业生存制胜的根本。良好的市场信誉将为企业带来实质性的利益，而失信的企业将寸步难行。因此建筑企业只有切实提高自身的技术和管理能力，加强诚信经营，适应市场和客户的需求，才能实现基业长青、可持续发展。

（7）加强管理创新，推进高质量发展。国内建筑企业多集中于建筑业价值链的低端，在附加值高的融资建设、总承包等方面仍落后于发达国家。国家推动 PPP、总承包模式为建筑企业走向价值链高端提供了机遇。建筑企业必须创新管理模式，转向集成化管理，创新融资模式，优化资产结构，强化社会资源整合，建立与中小专业化企业互补发展的良好生态，进一步提升生产力，推动企业从价值链低端走向中高端市场，提升建筑企业整体竞争力，实现企业高质量发展。

3 结语

中国特色社会主义进入新时代是建筑业发展的新方位，中国经济长期向好的发展态势为建筑业发展提供了良好的外部环境，国家积极构建区域协调发展新机制、积极推动重大国家战略布局为建筑业发展提供了历史性新机遇，建筑企业应通过深化内部改革，创新体制机制，厚植技术优势，创新建造方式，强化区域布局，加强诚信经营，加强管理创新，更好地把握市场机遇，推动建筑企业更好地实现“在历史前进的逻辑中前进，在时代发展的潮流中发展”。

企业关键人才的激励浅探

顾建新　董　娜/中国电力建设股份有限公司

【摘　要】关键人才是企业发展的中坚力量和智力保障。现代企业要在战略目标引领下，做好关键人才的激励工作，激发关键人才的积极性和创造性，保障企业的可持续发展。本文通过对新形势下企业现有关键人才状况的分析，发现关键人才激励工作中存在的主要问题并分析原因，进而提出对关键人才激励的对策。

【关键词】企业　关键人才　激励

关键人才，作为生产经营的核心力量和事业发展的重要支柱，对其的管理和激励直接影响企业发展全局。尤其是国家改革发展进入新常态的今天，建筑企业都面临全面深化改革、转型升级、提质增效的紧迫任务，亟须围绕公司总体发展战略目标，在对现有关键人才现状进行梳理的基础上，完善和改进对关键人才的激励，有效激发关键人才队伍潜力，着力提升企业人力资源管理的科学化水平，为企业发展增添新的内驱动力。

1　关键人才的界定与特点

本文的关键人才，主要是指那些处于关键岗位、具备核心能力或者能为企业带来核心价值的组织成员。他们控制关键资源、掌握核心机密或拥有专业技术，对企业发展具有独特的重要作用，是企业核心竞争力的重要载体之一。有研究表明，关键人才为组织中的稀缺资源，数量上，通常只占全体员工总数的5%～10%，但他们对企业的贡献，一般占组织创造财富的60%以上。根据岗位不同，通常将核心人才分为企业领导人员、科技创新人才、经营管理人才、高级技能人才等四类。

作为特定群体，关键人才具有其自身独特且鲜明的群体特征：

（1）自主性大，创新能力强。关键人才由于普遍受教育程度较高，知识化、专业化的特点突出，往往工作岗位相对独立，工作内容受时间和空间限制较小；创新意识强、学习能力强，思维活跃、视野开阔、兴趣广泛，有能力给企业带来高额回报，推动企业向前发展的不竭动力。

（2）稀缺性大，流失率较高。由于关键人才所拥有的企业需要的知识、能力或资源具有相对独占性，企业一般无法完全控制，这种稀缺性决定了关键人才具有很高的市场价值。同时，这些知识、能力或经验需要经过长期培训或者实践积累，企业要培养出类似的员工需要花费大量时间和金钱成本，关键人才不仅短时间内难以被替代，且因为稀缺，往往容易流失。

（3）绩效难评，影响力较大。关键人才往往是企业中的管理或技术骨干，但很多创新成果都是团队智慧的结晶，很难对其进行分割，给关键人才个人绩效衡量和量化带来很大困难。同时，他们对企业的贡献率较大，在企业乃至行业中都有一定的影响力，他们的一举一动都必然会影响其他员工的思想波动，处理不好，则会引起连带的人员流动。

2　现行关键人才激励中的问题

员工激励问题研究的实证结果表明，薪酬福利因素、个人成长因素、管理制度因素、工作环境因素和企业文化因素等，是重要的激励因素。现行关键人才的激励中存在的问题主要表现在以下四个方面：

2.1　激励机制战略性需持续加强

首先，由于管理者对于关键人才的概念比较模糊，前期并未根据企业发展战略对关键岗位进行认定和识别，也未对关键人才进行界定，导致实际上的关键人才主人翁意识不够强。其次，管理者往往对企业所有员工的激励“一把抓”，没有把关键人才作为重点对象进行战略性的管理研究、制度配套与激励机制组合起来，这导致关键的技术、管理人才感觉不被重视。再次，企业经营者缺乏对不同类型人才需求特点的深入研究，激励因素同质性较高，在制定和实施激励方案时缺乏对关键人才的需求分析，对不同类别关键人才激励的侧重点也不够明确，没有很好地做到因人、因时、因地、因事制宜。

2.2 薪酬体系激励作用有待提高

由于关键人才对企业的贡献较大，往往成为同行和猎头公司争相抢夺的对象，相应的市场价值也较高，当企业所给予的待遇达不到他们的预期时，关键人才往往容易流失。但关键人才的收入普遍与所处职务级别、岗位层级有较大相关性，与业绩、岗位贡献的相关性反而较小，导致对企业发展起关键作用的员工与一般员工在待遇上差别不大，贡献突出而收入不突出；薪酬体系的市场化程度不够高，多元的市场化分配手段相对较少，在关键人才注重的股权激励、岗位分红激励等方面缺少经验，员工福利一般也实行集中管理、平均发放。这种相对传统单一的薪酬体系无法满足关键人才对更高物质待遇和多样性福利的追求，进而影响该群体积极性的发挥。

2.3 职业通道和成长空间待扩展

关键人才受业务形态和企业文化的影响，企业核心人才晋升渠道较为单一，岗级序列“金字塔”上“千军万马挤独木桥”的现象依然存在。这种相对模糊的工作评价标准和不够畅通的职业发展通道，使部分关键人才感觉自身价值无法得到实现且成长空间受限，给企业带来了不必要的人才流失。同时，企业员工不仅是“经济人”，更是“社会人”，他们除了追求物质利益，更有社会和心理方面的需求，且关键人才对此类需求更为显著。企业未能充分重视工作自由度、培训和教育等其他非经济型激励措施对核心人才所起的激励作用，导致关键人才工作满意度不够高。

2.4 企业内部人文关怀有待增强

企业文化是组织内部凝聚成员向心力的共有价值和信念体系，对人力资源管理具有极大的动力、导向、凝聚和约束功能。具有吸引力的企业文化可以使关键人才与企业之间形成牢固的“心理契约”，从而增强其对企业的忠诚度和积极性，一定程度上有效降低关键人才流失率。在物质激励边际效用递减的情况下，给予关键人才适当的精神激励和人文关怀，包括领导的肯定和认可，公司给予的各种荣誉、他人的尊重等，激励的效果往往事半功倍。而现实中，较为忽视企业文化对关键人才的心理导向作用，对关键人才的工作生活情况和个人成长需求重视不够，荣誉激励总是停留在传统的年度评比表彰先进上，情感激励则显得更为薄弱，主要是传统的政治思想教育工作，导致关键人才反映问题、解决困难的渠道较少，对企业的归属感不强。

3 对关键人才的激励

关键人才激励是一项系统工程，尤其是在全球化日益加深、关键人才与时代发展高度吻合的今天。企业需要站在战略发展的高度，搭建一整套行之有效的关键人才激励体系，为关键人才提供实现价值甚至提升价值的平台，才能真正留住、用好关键人才，从而实现高质量发展的要求。

3.1 建立战略型的关键人才激励制度体系

首先，进一步转变对关键人才管理的理念。思想是行为的先导，理念决定处事方式。企业管理者转变对关键人才管理的管理意识，以身作则，自觉践行，对关键人才多尊重、多沟通、多信任、多宽容、多赞美、多关心，切实把“人才第一”的理念贯穿于企业发展的全过程，成为企业核心价值理念。其次，围绕企业发展战略，整合关键人才的管理机制，包括由岗位体系、绩效考核体系、培训开发体系、企业文化体系等组成的牵引机制，由薪酬福利体系、职业通道制度、员工行为规范和科学奖惩机制等组成的激励约束机制，由竞聘上岗制度、退出淘汰制度等组成的公平竞争淘汰机制等，切实为关键人才实现自身价值创造良好的制度环境。再次，要结合企业战略要求，充分考虑各级各类关键人才队伍建设的整体性、层次性和差异性，积极推进企业关键人才工程，培养与储备符合公司战略发展要求的人才，进而带动人才资源的整体性开发，为企业战略转型提供人才保障与智力支持。

3.2 建立科学的关键人才薪酬福利体系

科学的薪酬福利制度能够有效提高关键人才的积极性和主动性，为企业发展提供有力支撑与坚强保障。因此，企业可根据行业总体标准、企业战略定位和未来业务重点，在考虑运营成本的基础上，优化关键人才的薪酬福利体系，完善市场化、差异化的薪酬分配机制，设计出具有一定竞争优势同时又能与关键人才职业期望相契合的薪酬福利制度。按照“以岗位价值为基础，以工作业绩为导向，与市场接轨，内具公平性、外显竞争性”的薪酬设计原则，强化“业绩升、薪酬升，业绩降、薪酬降”的分配理念，实践股权激励、期权激励、岗位分红、项目跟投、协议薪酬等多元化的市场化分配手段；优化完善薪酬福利结构，根据员工尤其是关键人才的实际需求，改变传统单一的福利政策，有针对性地制定灵活的“套餐式”多元化福利措施，如可选择的菜单式福利、弹性工作制等，充分调动关键人才的工作热情，增加其对企业的认同感和归属感。

3.3 建立网状互通的关键人才职业发展体系

研究制定横向互通、纵向贯通的网状职业发展全通道。横向上，重点保证序列间的界面清晰、利益公平、过渡平稳，纵向上，重点保证层次间的梯度合理、衔接有序、上升通畅，逐渐消除各专业和类别之间关键人才流动的壁垒，改变“千军万马挤独木桥”的现状。同时，坚持员工与企业共同发展、公平公正以及互信协作等原则，明确关键人才职业发展通道与岗位晋升、绩效考核、薪酬激励的关系，真正实现企业发展战略的有效传导，确保关键人才与企业发展目标的一致和利益的共赢。尤其要重点拓宽科技创新人才的职业发展通道，打通科技创新人才成长的天花板，搭建科技创新人才胜任力模型，建立职业发展晋升标准、要求和评价等制度体系，鼓励科技创新人才向专、精、尖方向发展。同时，要探索建立横纵向的交流轮岗机制，完善关键人才岗位交流管理制度，建立健全轮岗交流的周期、考核、绩效、薪酬、回任等配套机制。

3.4 建立富有特色的关键人才人文关怀体系

关键人才政治站位普遍较高，大多对国家、社会和企业发展有正向认识，具有一定的政治敏锐力和鉴别力，非常关注企业发展与形势任务，还具有一定的道德自律意识和社会责任意识；能发挥吃苦耐劳的革命传统、拼搏奉献的行业品质和齐心协力的团队精神，思想政治基础普遍较好。企业要继续把握这一优势，以良好的企业文化理念和人文氛围来激励关键人才。例如，密切关注关键人才的心理变化，从成长性激励出发，引导关键人才正确处理各种关系、表达利益诉求，保持奋发进取、开放包容的精神风貌。关心关键人才尤其是海外或偏远、艰苦地区关键人才的生活，整合自身或社会资源，切实为他们解决实际困难，以稳定关键人才队伍。大力开展喜闻乐见的文体活动，让“快乐工作、健康生活”理念深入人心，实现企业文化对关键人才的心理同化，增强企业的凝聚力与向心力。

4 结语

关键人才的激励，不仅是个系统工程，也是个动态过程。企业只有坚持战略引领，切实从关键人才的特点出发，才能最大限度激发关键人才的积极性和创造性，切实提高关键人才管理的有效性，从而不断增强企业发展的动力，实现企业的可持续健康发展。

浅析EPC总承包模式履约中的问题与对策

陈德功　兰　晴/中国电力建设股份有限公司
张要玲/中国水电工程顾问集团有限公司

【摘　要】目前国内EPC总承包模式，虽然取得较好的效果，但也存在许多问题，制约着该模式的发展。本文总结业主与总承包方在项目实施中的不同立场和突出矛盾，结合"交易费用"理论和"委托代理"理论，来科学划分业主与EPC总承包商的权责，并针对EPC总承包履约中的突出问题提出探索对策。

【关键词】EPC总承包模式　问题与对策

EPC总承包模式是指从事工程总承包的企业受业主委托，按照合同约定承揽整个工程的设计、采购、施工，并对工程的质量、安全、工期、造价等全面负责，最终向业主提交一个符合合同约定，满足使用功能的工程项目。EPC总承包模式源于20世纪60年代的美国，20世纪80年代以后，在国外建筑市场迅速发展，凸显了设计、采购、施工一体化的优势。国际理论界对工程总承包的实践研究表明，采用工程总承包模式的项目总体执行绩效高于其他模式。

在国内，国家相关部门为了推动总承包业务在建筑市场的应用，出台了一系列政策与法规。如1992年建设部颁发了《设计单位进行工程总承包资格管理有关规定》（建质〔1992〕第805号）；1997年通过（2011年修正）《中华人民共和国建筑法》，第二十四条提倡对建筑工程实行总承包，在法律层面为EPC总承包模式在我国建筑市场的推行，提供了依据；2003年建设部《关于培育发展工程总承包和工程项目管理企业的指导意见》（建质〔2003〕第30号）；2016年5月，住建部发布了《关于进一步推进工程总承包发展的若干意见》（建市〔2016〕93号），明确要求大力推进工程总承包模式；2017年2月，国务院办公厅发布了《关于促进建筑业持续健康发展的意见》（国办发〔2017〕19号）要求政府投资工程带头推行工程总承包。但从一系列政策和法规的延续看，工程总承包尤其是EPC总承包模式在国内的推进并不顺利。

1　DBB与EPC建设管理模式的对比

目前国内建筑市场常用的建设管理模式为DBB模式。DBB模式20世纪80年代从国外引进，至今已有30多年。DBB模式下，业主自身组建项目部，将设计和施工分别发包给设计企业与施工企业，向设备和材料供应商进行主要设备、材料的采购。这种模式业主需要配备足够的管理和技术人员，并全程参与相关方的协调和平衡。DBB建设管理模式下各方的管理关系如图1所示。

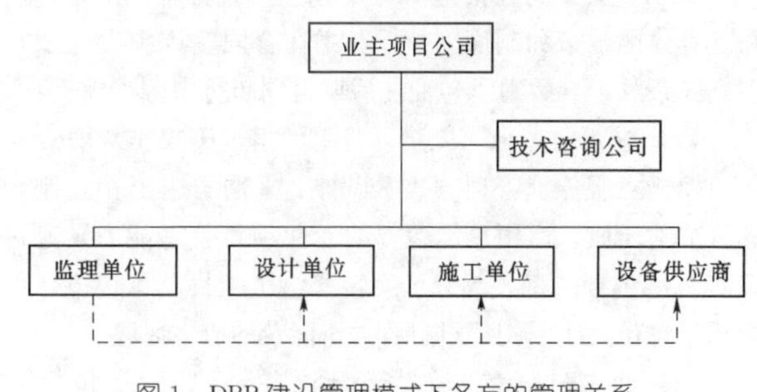

图1　DBB建设管理模式下各方的管理关系
——合同关系；-----管理协调关系

国内工程建设企业在努力培养能力、完善管理机制的管理模式是EPC总承包模式。该管理模式下，业主直接面对EPC总承包商，仅与EPC总承包商签订合同。设计或施工的分包以及主要设备材料的采购，均由EPC总承包商与相应的协作企业签订合同，并统一协调各方的关系和进度。EPC总承包建设管理模式下各方的管理关系如图2所示。

2　EPC总承包模式履约中存在的问题

从EPC总承包项目履约实践来看，业主认为制约EPC推广的突出问题有：

（1）总承包企业尚未建立起与EPC模式相适应的管理机制。目前的EPC总承包企业基本上都是只有设计或施工资质，参与市场投标的是一批人，审定合同文

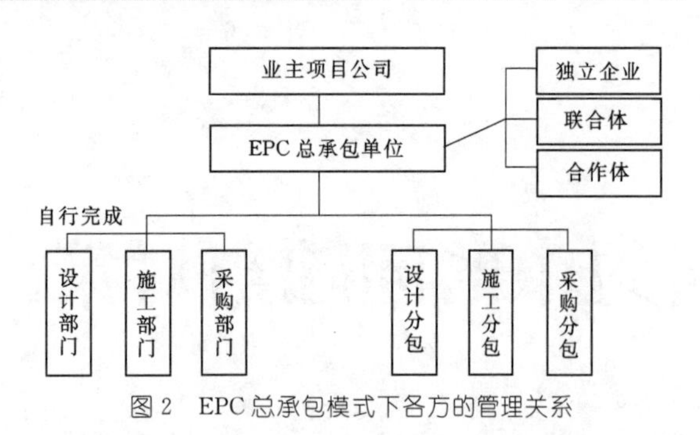

图2 EPC总承包模式下各方的管理关系

本进行合同谈判的是另外一批人，承担总承包合同履约的是第三批人。在履约过程中对于EPC总承包合同内部条款、约定工作内容、责任分摊等缺少系统的理解与认识，导致履约合作中分歧不断。

（2）总承包方主动履约意识有待加强。总承包方参建人员受DBB模式下惯性思维的影响较重，为追求利润最大化，一定程度上仍寄希望设计变更和工程索赔。对于工程现场遇到的施工难题，尤其是总承包方责任边界上的工作，不能主动克服，推责任、扔包袱的现象严重。

（3）设计优化可能损害工程后期运行。对于EPC总承包项目，总承包方无可避免要根据现场的实际情况对原有设计进行优化，但由于信息的不对称总承包方可能过度优化，最终影响项目投产后的长期安全稳定运行。

总承包方认为在推进EPC总承包的过程中，由于国内缺乏具体的政策和制度支撑，业主在合同签订中设立了很多霸王条款，导致总承包商在后期合同履行中困难重重：

（1）总承包方合同风险、费用承担过于集中。EPC总承包模式克服传统管理方式中设计、采购与施工相互制约和脱节的矛盾，运用总承包方的专业项目管理能力，通过EPC总承包合同将大部分风险转移给了项目总承包方，但总承包单位无法承担超过自身力所能及的成本风险。

（2）业主过度参与现场管理。在EPC总承包模式下，业主负责整体性、目标性的管理，应赋予总承包方有更大的管理空间。目前业主仍有强大的现场工程管理队伍，受传统DBB模式管理惯性影响，现场管理介入程度很深，直接管理到总承包单位下属的设计项目部和施工项目部，甚至比DBB模式下的工程管理更细更深入。

（3）EPC总承包模式下，总承包方承担了绝大部分项目实施风险，理应有更大的设计变更决定权。但业主经常不允许设计变更，更有甚者对于设计变更节省的成本从合同中扣除，对于外部原因超过合同价的部分又不给总承包商价格调整的机会。

3 EPC总承包模式的两个相关理论

通过大家长期对EPC总承包管理模式的研究与实践，“交易费用”理论和“委托代理”理论可以看作是EPC总承包管理模式构建的两个基础理论。EPC总承包模式下履约双方的矛盾与争议，也是两个理论所揭示问题的现实反映。

“交易费用”的概念是诺贝尔经济学奖获得者科斯提出的，用以解析企业存在原因和企业规模边界问题。他认为交易费用是企业产生和存在的根本原因，当企业进行生产时，需要与其有关联的上下游企业之间进行交易，若该企业通过收购、兼并等手段将其相关联的上下游企业内化为自己的企业时，就可以将所有生产要素进行集中管理，减少原来与关联企业之间由于交易过程产生的消耗，即降低交易成本。

“委托代理”理论以非对称信息博弈论为基础，起源于专业化的存在，是经济学家在研究企业内部信息不对称和激励问题时提出来的。由于专业化的存在，代理人与委托人相比有明显的专业能力优势，代理人可以花费较小的代理成本为委托人创造更大的收益，构成了代理人与委托人合作的基础。委托人将企业或项目交由代理人来管理，由于信息不对称，代理人代表委托人的利益行使某些决策权时，可能会损害委托人的利益。

4 EPC总承包模式履约中的问题对策

根据“交易费用”理论和“委托代理”理论，结合EPC总承包管理，可以归纳出如下三项内容：

（1）业主采用EPC总承包的管理模式，意味着业主通过委托代理关系，将项目的设计、采购、建造活动委托给了EPC总承包商，利用EPC总承包商的专业管理能力来降低管理过程中的风险与成本。

（2）EPC总承包商作为受托方在有效整合资源、提高效率的同时降低了业主对工程管理的影响力与知情权，造成了业主与总承包商之间信息不对称。

（3）作为EPC总承包商来说，他是一个将设计、采购、建造等外部交易整合为内部交易的一个承包商，优势在于所有管理的内化与协调。

综上所述，对EPC总承包模式履约中的主要问题提出如下对策：

（1）双方风险分配问题。传统的DBB管理模式下，业主将工程设计任务发包给设计企业，受到勘察设计手段的局限，设计企业无法把项目实施的风险全部判断准确，因此，业主要分析、论证并做好应对风险准备。EPC总承包是一个专业承包商受业主委托，将设计、施工、采购三者的外部交易内化为内部管理，来提高管理效率，降低管理成本。因此，EPC总承包模式下现场管理中的风险以及由于现场管理带来的外部协调中的风险由总承包方承担，由于勘察设计手段局限造成的风险由业主承担，这样符合工程项目全寿命周期管理的科学性与合理性。

（2）双方的权责问题。直接表现为双方对项目的管理深度，业主的过度管理源于“委托代理”理论中信息不对称造成的“道德风险问题”。在EPC总承包模式下，总承包商具有明显的信息优势，可能为了自身利益而损害业主的利益。因此，在 EPC 模式下，业主方设置业主代表和聘请独立第三方对 EPC 总承包方履约管理过程进行监督是必要的。国内建筑行业的 EPC 总承包管理能力处于逐步提高的过程，待 EPC 总承包管理体系完善后，业主的监管重点应该是总承包方内部控制过程的充分性、合规性和有效性，对于总承包方内部的管理协调应当减少干预。

(3) 设计优化问题。设计优化涉及“委托代理”理论中的激励问题，即设计优化节约成本后各方利益的分配。设计优化既要防止总承包方激进过度优化，也要破除业主保守能不优化坚决不优化。正常的设计优化是双赢的结局，业主降低投资增加项目的抗风险能力，总承包方在保证安全质量的前提下降低成本缩短工期。因此，在 EPC 总承包模式下，业主方通过聘请设计监理或咨询机构对总承包方的设计变更进行审核认定，同时完善各方的利益分配机制来调动各方进行设计优化积极性的方法是可行的，也是促进 EPC 总承包模式推广应用的一个关键手段。

5 结语

EPC 总承包管理模式要更好地适应时代的发展，就要客观地面对目前存在的问题，通过科学的措施有效地解决相关问题，这就需要国家的立法，也需要参建的各方加强对 EPC 总承包模式的学习和理解。只有不断健全完善 EPC 总承包模式下的管理体制与机制，在磨合中不断寻找 EPC 总承包模式下风险、权责分配的平衡点，才能提升该模式的实际应用价值，提高总承包公司的行业竞争优势，带来更大的经济效益，促进我国工程管理行业的健康发展。

参考文献

[1] 张东成，强茂山，温祺，等. 浅析工程总承包模式的国际发展与实践绩效 [J]. 水电与抽水蓄能. 北京：中国电力出版社，2018 (6)：35-40.

[2] 申茂夏，张春生，李东林，等. 杨房沟水电站 EPC 工程总承包管理实践 [J]. 水力发电，2018 (12).

[3] 方永泰. 浅谈新疆阜康抽水蓄能电站 EPC 总承包项目管理存在的主要问题及相关建议 [J]. 水电与抽水蓄能. 北京：中国电力出版社，2018.

[4] 李昕. EPC 项目总承包管理模式中的委托代理问题研究 [J]. 门窗，2016 (6)：170-171.

[5] 郭玉婧. 基于交易费用理论的工程项目交易模式选择研究 [D]. 大连：东北财经大学，2016.

浅谈对外承包行业发展形势与趋势

李京东/中国电建集团国际工程有限公司

【摘　要】随着当前我国“一带一路”政策的全面推进和落实，对外承包行业也在发生着需求和模式的转变。在肯定过去成绩的同时，工程承包企业也应适应新的对外承包营销环境，积极面对新形势，不断探索业务转型和模式创新。深化改革、转变观念、开拓创新、加强管理，进一步提升企业的核心竞争力。本文将就此进行探讨，为不断提升企业及整个产业的国际竞争力提供参考。

【关键词】国际　工程　形势　趋势　展望

在我国进一步深化改革扩大对外开放的进程中，2005年以前对外承包以竞标类现汇项目为主，承包商投标后以价格取胜，基本上为低价中标；2005—2015年对外承包以主权担保类的议标项目为主，承包商拼的是协助业主融资的能力，承包商协助业主融资后获得整个项目的设计施工采购等工作内容，且利润空间较为丰厚；2015年以后对外承包市场发生根本性变化，承包商已经不再是单纯的投标或者协助业主融资，而是进入了投融资、建设、运维一体化的新模式。随着对外承包市场环境的改变，势必要求各个工程承包企业要顺势而为，不仅要了解当前行业发展的形势还要能够预判将来发展的趋势，只有顺应市场的变化，才能在对外承包的舞台上长盛不衰。

1　对外承包工程业务发展特点

1.1　业务规模——整体保持基本稳定

2017年，对外承包工程业务继续实现增长，完成营业额1685.9亿美元，同比增长5.8%，新签合同额2652.8亿美元，同比增长8.7%。截至2017年年底，对外承包工程业务累计签订合同额2.09万亿美元，完成营业额1.42万亿美元。2018年1—6月，完成营业额727.6亿美元，同比增长8.1%，新签合同额1067.4亿美元，同比下降13.8%，整体保持稳定态势。

1.2　业务领域持续扩展——集中与多元化

对外承包工程80%以上业务集中在交通、房建、电力、通信和石化五大业务领域。2017年虽然仍集中在前三大业务领域，但进一步向交通和房建领域集中，电力业务同比增速出现下滑。尽管部分企业已开始重视以投资带动总承包、BOT及PPP等高端商业模式，但仍处于初级发展阶段。据统计EPC项目占44%，施工总承包项目占36%。

1.3　业务发展面临的突出困境——热点市场趋于饱和

随着中资企业内部竞争的加剧及外部竞争压力的增大，如果没有新市场、新业务基本就没有大幅增长的可能。这在一定程度上是在考验一些企业的开发潜力和核心竞争力。当前对外承包市场上，业务的竞争越来越表现为企业融资能力的竞争。优惠出口买方信贷和商业信贷，目前也面临着一定的瓶颈问题。主要表现为：商业银行贷款利率过高，在国际市场竞争力还需提高。企业利用国际信贷资金的项目还比较少。总体形势为：项目所在国负债率过高，主权担保制约，出现所谓的债务陷阱问题。优惠出口买方信贷的额度有限，特别是随着还款期的到来，推动的力度也有所下降，重大项目对中小项目也有挤出效应。基础设施项目融资规模巨大，项目投资期较长，新监管规则下银行等金融机构无法提供长期信贷，养老、保险等长期限资金参与程度低。政府部门财政平衡压力大，基础设施投资乏力。同时，商业和私人资本参与有限，导致资金来源不足。东道国或当地市场相关法律、政策环境不完善、不稳定，政治风险较高，投资人或施工企业承担较高风险。

2　对外承包工程面临的新形势

2.1　对外承包工程市场——整体前景广阔

基础设施建设进入高峰期。发展中国家新建和发达国家更新改造两个高峰重叠。平均年增长速度3.9%。预测2030年全球建筑产业将增长85%至15.5万亿美元，其中中国、美国和印度将占据全球增长的57%。未来15年美国建筑市场增长速度超过中国。印度增长速度几乎是中国的2倍。欧洲不会收复其“失落的十年”，但英国将超过德国成为世界第六大建筑市场。预计墨西哥将超过巴西，而印度尼西亚将在2030年赶超日本。主要市场增长潜力巨大，全球基础设施中心（Global Infrastructure Hub，G20下属的研究机构）与牛津经济研究院联合发布了《全球基础设施展望》，报告预测2016—2040年间全球基础设施投资需求将达到94万亿美元。建筑业可能会成为下一个15年中最具活力的工业部门，而且对世界各地社会繁荣至关重要。

2.2 “一带一路”倡议与互联互通建设

完善跨境基础设施，逐步形成“一带一路”交通运输网络，为各国经济发展、货物和人员往来提供便利。2017年交通工程业务增加了50%，铁路工程增加了72%。电力工程成为“一带一路”沿线国家市场业务热点，风电和太阳能等清洁能源建设取得突破，房屋建筑领域业务取得快速增长。另外沿线国家调整产业结构、改善投资环境、优化能源结构、加大基础设施建设投入以吸引更多的资金参与。

2.3 全球经济再平衡与国际产能合作

我国的发展必须加强与世界的融合。无论是站在“一带一路”倡议交会点上，还是站在“走出去”的潮头，国内企业都要从开放中不断扩大增长空间，尤其是要积极参与国际产能合作。因此，企业产业结构调整及其产能的转移，需要大力发展对外投资，在境外建设工业园区，推动投资建设各类生产设施等。对外承包工程日趋大型化、综合化，其发展不仅涉及全产业链的综合竞争优势，也涉及“走出去”的不同产业之间的合作。

3 业务转型升级与企业探索实践

3.1 加大新市场的开发力度——发达国家市场

目前，由于传统市场趋于饱和，无法满足企业发展需求，企业开始进行频繁的并购，向更高端市场发展。收购兼并和战略投资业务也已成为企业开拓发达国家市场，优化市场布局和业务结构的重要方式。扩大海外业务是大型建筑企业规模成长的必由之路，而海外并购是迅速做大海外业务规模的有效途径之一。除了发达国家市场外，企业应关注印度、巴西、俄罗斯，以及拉美市场，但应注意波兰、巴西等国家的市场风险。

3.2 开发新的业务——主业基础上的业务多元化

大部分企业靠专业领域的业务起家，但在保持核心业务领域竞争力的基础上，逐步从建筑领域向石油化工、工业、制造业、电信等行业领域发展。老市场坚守、深化、多元，正确处理好“走出去”与“留下来”的关系。重点核心市场要有长期发展战略，要能够留下来不断深化开发，包括开展广泛领域的多种合作等。维持市场存在、等待发展机会。产业链延伸，如从建筑服务提供商向提供规划设计、咨询服务、建设项目的运营维护管理等方面发展，落实投建营一体化的模式，主动适应国际基础设施建设的新趋势。

3.3 规划先行与综合开发——帮助业主策划项目

专业的前期介入，充分发挥技术、融资优势。参与整体区域规划和综合开发。基础设施建设项目普遍存在投资大、周期长、回报率低的特点，需要结合实际情况，探讨各种综合开发的模式，撬动对外承包工程的发展。将基础设施建设与产能合作、土地综合开发等相结合，推动基础设施建设企业和产业企业协同抱团出海，实现互利共赢、共谋发展。交通基础设施与周边土地综合开发、房地产开发、矿产资源开发、农业开发等有机结合。

3.4 产业合作与抱团出海——形成联盟

当前各地各领域企业都在推动开展跨界合作，越来越多的产业联盟、专业联盟正在逐步建立，跨界紧密合作、风险共担、利益共享已成为行业共识。农业、建材领域的投资及与当地特色产品贸易的结合，建设工程项目与施工机械制造，矿山建设与矿产品贸易等都存在巨大的合作机会，逐渐形成了一种新的合作走出去的模式。

3.5 投资带动——PPP项目模式

未来的对外承包业务模式将更多地向PPP项目模式发展，应积极研究探讨在国外工程项目上运用PPP的业务模式。目前PPP（BOT）项目所占比例较低，但企业已开始重视以投资带动总承包业务发展。PPP（BOT）等高端商业模式正在快速发展阶段，PPP项目融资也将成为“一带一路”基础设施的主要融资模式之一。企业应加强项目所在国PPP法律制度的研究，积极参与境外PPP项目，调高项目的银行可融资性，降低债权人风险。

4 应关注的重点问题

4.1 提升能力和水平

低价竞争成为常态，管理能力提升是必要手段，如何提高项目的精细化和信息化管理能力值得企业好好研究。提升市场开发和项目运作的能力，尤其是融资的能力，突破买贷融资的局限是成功营销的突破口。对外承包工程的转型升级，发展对外投资业务等，人才短缺与培养也是一个新的挑战。

4.2 企业的合规经营

当前政府部门，金融机构对合规经营的要求越来越高、越来越全面，对违规经营的各种处罚和制裁措施越来越严厉。如世行等除了反腐败要求外，还有各种社会安全保障政策方面的要求等，都必须引起高度重视。企业要建立跨国经营的合规制度，要设立合规部门，配备合规人员，建立合规队伍，包括内部和外部。制定合规审查程序及决策程序，要树立合规是助推企业发展、增强竞争力和增长点的观念。

4.3 融合发展

"创新、协调、绿色、开放、共享"五大发展理念，给对外承包工程的发展指明了新的发展方向。在国际形势复杂多变，面临诸多风险的大背景下，与国际承包商、当地企业和社会共同探讨融合发展之道，实现双赢、多赢是今后发展的必由之路。切实提高本土化经营水平，从普通施工人员的本土化（起步阶段），到高级管理人员的本土化（与当地沟通的关键），实现经营管理的本土化。加强与当地企业的合作，发挥其本土优势，深化产融结合和产业协同，加强与利益相关方合作，与不同的社会团体保持良好关系，更好地融入当地社会。

4.4 社会责任

履行社会责任是企业可持续发展的重要条件。重视履行社会责任是企业做强做优做大、培育具有国际竞争力的世界一流企业的内在要求。积极履行企业社会责任是培育新的竞争力的要求。因此，对外承包工程企业要履行对业主、员工、当地社区的责任义务，诚实守信、质量第一。保护生态环境，回馈当地社会（技术转让、人才培训、解决就业）树立良好企业形象，才能更好适应国际化发展趋势、提高企业核心竞争力、促进企业可持续发展。

5 结语

"一带一路"倡议作为推动中国对外开放的新举措，是促进与沿线各国互联互通的新路径，正在为世界经济提供新的增长点，也为企业开拓了新的发展道路。十几年间，对外承包的模式也发生了根本性的变化。承包商不但需要承担设计施工采购的传统工作范围，还需要解决项目的资金来源及可融资性问题。本文针对对外承包工程的发展历程探讨了近年来该业务发展过程中呈现的特点及面临的新形势。在新形势下，工程承包企业需要着眼未来，抓住机遇，转变观念、开拓思路、创新模式、加强管理、重视合规、融合发展、继续推进本土化进程。只有适应大环境的合作共赢，才能在对外承包的竞争中和谐共处，实现与项目所在国共发展、共成长、共受益，打造具有全球竞争力的世界一流企业。

浅谈大数据在水电建设工程管理中的应用

华　楠/中国电建集团国际工程公司
郭　强/中国水利水电第十工程局有限公司

【摘　要】当下，各行各业的发展都在利用大数据助力，水电建设行业则还未起步。但水电建设行业拥有大量的建设数据，若能将这些数据加以收集、整理，利用互联网思维，建立数据统计团队、挖掘团队，提出研究方向，深度挖掘数据，将挖掘的数据再应用到行业的管理中，将影响日常建设、企业管理、金融投资等方方面面。久而久之，利用大数据能推动整个水电建设行业科学、高效、现代化的发展，在未来融入高速信息化的物联社会。

【关键词】水电施工管理　大数据团队建设　施工大数据挖掘　水电建设行业发展

大数据，又称为巨量资料，指的是在传统数据处理方法下不足以处理的大或复杂的数据集的统称，是互联网社会的必然产物。它并非是传统意义上的空间巨大，而是数据的复杂性，其复杂性主要来源于数据间多条件的组合排列，数量级庞大，为需要数据的个人和团体提供高效准确的参考与分析的结果，并预判未来的可能，为各行各业提供科学的依据。

在以互联网信息服务、零售和医疗卫生等为代表的行业，积极开展大数据收集与分析的同时，水电建设行仍未起步。

1　为什么水电建设行业需要大数据

1.1　水电建设行业拥有大数据

水电工程从立项开始，就调动了金融投资、地质勘测、设计规划、水利研究、建筑施工、运行维护与统筹协调等诸多专业。因此，水电建设涉及的人、材、机多样、工艺复杂、规范详尽，管理精准，在建设过程中会产生处理大量的数据。在Ⅰ类和大Ⅱ类水电站中，平均每5年的建设周期，就产生约10TB级别的工程数据，相当于185万套四大名著。由此可见，水电建设行业是一个拥有海量数据的行业，若加以科学的利用，是企业提升自身竞争力的明智之举。

未来掌握大数据应用的水电建设企业，无论是市场开发、施工风险管控，还是运行维护等方面，势必会使管理更科学与高效，也将在该行业的国际竞争中具有更大的优势。

1.2　水电建设行业需要依赖大数据制定有效的决策

水电建设行业在我国现代化建设中起步较早，为从业人员提供了大量的施工与管理经验；在改革开放后的40年里，又积累了大量的市场与金融方面的经验。在未使用数据分析方法时，人们的决策往往依靠经验和对事情的判断能力，决策结果很难得到质的保证；而大数据的收集与挖掘，为决策人提供更加有效且科学的决策依据。

1.3　大数据的挖掘有利于水电建设行业的延展

若将水电行业现有的数据收集，成为大数据，并作为出发点，通过分析便可得出同时期建设的电站的服役、产能和维护等情况，再通过叠加地质与环保方面的数据进行剖析，可以对电站的改（扩）建、修复和拆除等工作进行全面的评估，建设者们应当逐步地、有序地从“建设”过渡到“服务”，转换角色，使行业向新的方向发展。

1.4　大数据可助力水电建设行业转型

据统计，水力发电在2019年上半年涨幅达到11.8，但水电总装机的增长比例则仅有1.14%，这意味着可开发水电站的流域逐年减少，水电建设市场在未来会逐年萎缩，转型升级迫在眉睫。水电建筑业应把“转方式与促升级”结合，充分挖掘和利用自身的大数据，将水电行业的管理优点和先进经验带入其他行业中，进而实现行业的延展与转型。

2 水电建设行业构建大数据构建思路

2.1 创建大数据挖掘框架

传统的施工数据收集，管理者往往只注重产能、产值等生产数据，或资产、负债等财务数据。对资源的投入增减、施工方案的计算等过程数据不做为重点收集对象，而过程数据又决定细节成本。这就是传统报告数据与大数据之间的不对称。

但是，仅有生产过程数据是不够的，为了更科学地管理，企业需要大数据的支撑，组建起大数据挖掘的管理架构。即以前方项目→后方分公司（区域）建立基础大数据挖掘构架，以在建项目与完工项目进行大数据信息的收集，对比今后的市场，利用“链环回路模式”，使数据尽可能服务到每一级的生产管理。收集的水电建设数据信息不仅包括项目生产活动直接产生的数据，同时也应当包含外部信息，即设备、材料、劳动力、运力、政府政策、金融等相关的数据，保证数据信息具备完整性优势。

2.2 去中心化数据平台

在以往的水电建设中产生的大量数据，往往被设计和施工管理人员掌握，并成为他们个人的“数据中心”。这种“中心化”的数据管理，对整个行业的数据积累造成了一种“浪费”。

所以，在不涉及企业商业秘密的前提下，有必要在水电建设领域搭建一个统一的数据“仓库”，让所有行业内技术人员可以随时、随地通过互联网共享自有数据或查找需求数据。数据仓库体系构建应符合一定的关联规则，可以为新项目建设和投产电站维护提供量化支撑，如图1所示。这种去中心化的数据建立与关联规则，才能盘活“休眠”的数据，使它服务整个行业，也可以减少不必要的资源投入。

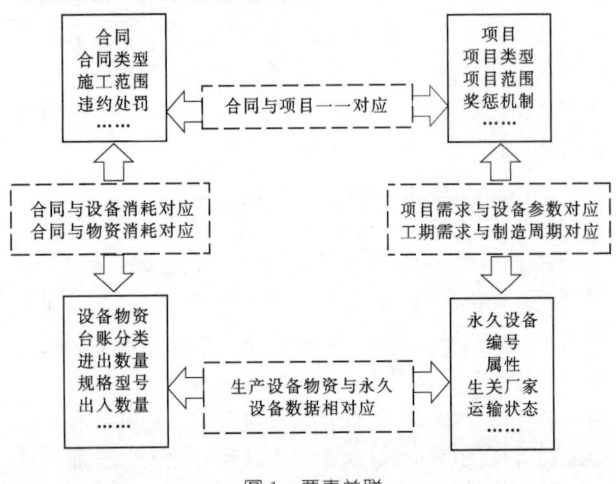

图1 要素关联

2.3 组建大数据挖掘团队

为利用大数据带来的管理优势，水电建设单位可自行建立大数据挖掘团队，该团队负责对于大数据信息的初步挖掘。需要建立的团队方向有以下几方面：

（1）生产数据挖掘团队。该团队全面收集项目生产进度相关数据信息，由公司数据部门进行评估与指导工作，项目生产管理部门对相关数据信息进行深入挖掘，提炼数据信息价值，实现对于工程生产进度的有效管理。

（2）技术数据挖掘团队。对工程项目施工作业过程中产生的技术性数据加以有效整合，在计算地质数据结构数据的日常工作中，及时发现工程施工过程中可能存在的风险问题，比如地质风险、材料质量问题、设计缺陷等，通过技术数据抓质量，有效提升质量管理水平。

（3）经营数据挖掘团队。该团队需要对成本相关数据信息进行全面收集与有效整理，包括上述的生产与技术信息，结合材料仓储信息、设备使用信息、成本预算信息及人才市场信息等，动态优化生产资源配置，增加项目资金的流通和利用效率，实现对于工程施工成本的有效控制，避免由于超出预算等问题导致工程质量和企业利润下降。

在这三个大数据挖掘团队的基础上，在保障不触及商业保护相关法律，各机构（或公司）的大数据工作，未来还可以扩展各自领域（图2）。

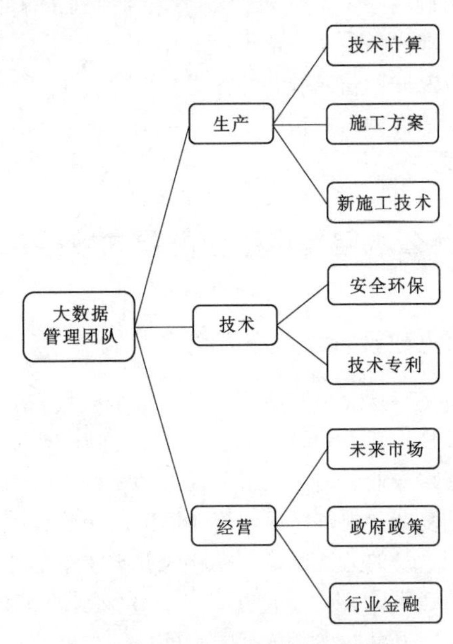

图2 大数据团队未来工作的扩展方向

2.4 建立有效的数据模型

利用大数据挖掘管理水电项目，应当按照资金管理、进度管理、安全管理、设备管理、材料管理、水文监测、金属结构和机电设备制作及运输管理、运维管理等细化条目，进行基础信息的有效收集与罗列，在这个过程中，需要运用“几何拓扑学原理”，将数据汇聚成“三维蜘蛛网”结构，通过数据信息的不断累积与叠加，进行大数据的分布式挖掘，获得基础信息，以便于对工程项目管理工作加以指导。

若项目规模有限，也可以利用个别专业数据，搭建一个奇异值模型挖掘数据。比如一个只有开挖的项目，因为项目工作内容涵盖很小，不具备可参考模型，且管理项目存在极值，这就导致大数据挖掘时，若采用常规的平均分析方式，会对分析结果带来较大影响，因此可采用奇异值模型，对细部工序进行拆解，这样根据需要变换统计目标，可保证大数据挖掘的深度，通过大量细致计算，精准确定不同管理对象条目下的数据分析结果，保证数据合理性。

2.5 与大数据公司合作挖掘相关数据

水电建设行业能产生大量数据，却无法更深入挖掘数据，实际情况是并未有效地将自身优势发挥，或没有找到结合方法，没有大数据思维，便不具备挖掘大数据潜在价值的技能。

水电建设行业内部数据收集的深度是够的，但了解行业外数据的广度却远远不够，这就需与专业大数据公司合作，建立更广的水电大数据覆盖范围和深挖数据价值。

3 水电建设行业大数工作的重点和难点

在一个尚未完整构建大数据思维的行业中，大数据的收集与挖掘无法一蹴而就，重点和难点主要有以下面四个方面。

3.1 基础数据的收集之重

大数据工作中，基础数据是重中之重，这需要建设企业明确数据收集的方向，再逐渐扩展到其他专业领域，从而形成大数据。

目前，我国已建有4.6万余座水电站，且有大量的水电站投产在2000年以前，这类项目鲜有数字资料留存，收集的难度可见一斑。

3.2 数据分析延展性之重

若在建设中，只对工程量、月强度、成本等简单要素进行分析，往往可用价值低。需要更多专业数据参与，才能挖掘更多数据奇迹。

但是很多电站水文数据、环保数据、技术数据等成为了参与者的“秘密”，无法完整公开，若能在法律允许范围内，使行业内的人共享一个完工项目的技术数据，便能使数据的延展性得到进一步发展。

3.3 行业内外数据关联之重

前面提到的水电行业的“独立”性，亟须关联其他行业的数据来促进本行业的发展。行业内外相互关联数据，其结果为：

（1）弥补数据的完整性；

（2）提供数据管理手段；

（3）提供数据副本；

（4）提高数据质量；

（5）提供数据安全及访问控制。

3.4 数据分析人才培养之重

水电建设大数据的人才紧缺，具备现场施工经验、市场经营与金融知识、设计常识、统计学技能和计算机编程能力的综合人才更少，需要付出大量的精力去培养。

水电建设大数据是需要整个行业共同努力，分层分级逐一整合与分析。在吸纳、培养大数据人才的后，还要构建一系列框架，即以项目为基础，整合各专业数据；以公司为基础，整合各项目数据；以集团为基础，整合各公司数据；以国家权威机构为基础，整合各集团数据，才能构建一个完整的行业大数据平台。

4 水电建设行业大数据的未来

整个水电建设过程越来越重视数据的收集。在潜移默化下，为大数据收集打下基础，缺少的只是数据整合的平台与数据挖掘的方向。

2019年上半年，全国水电发电量5138亿kW·h，同比增长11.8%。这证明水电仍是电力能源需求的可靠来源，水电建设行业也有进一步发展的潜力。未来的水电建设大数据中，一定会搭上5G战略的快车，利用AI智能识别的技术，借助央行数字货币的优势，在全球市专业市场站稳脚跟，成为物联社会中重要的区块。

5 结语

水电工程建设大数据的收集与运用并非一蹴而就，它需要像弹簧一样，呈螺旋式提升。这是一场技术革命和管理革命，需要有一个过程；但如果稍有懈怠，就会落后于同类行业或其他行业，甚至被淘汰；它也没有一个一劳永逸的方式，需要在实践和日积月累的工作中逐渐走向成熟。

参考文献

[1] 2019年上半年中国水力发电行业运行现状分析 水力发电机遇与挑战并存［EB/OL］. 2019-07-30. https：//www.huaon.com/story/451915.

[2] 曾晖. 大数据挖掘在工程项目管理中的应用 [J]. 科技进步与对策，2014 (11)：46-48.
[3] 胡威林. 工程项目管理中大数据挖掘的应用研究 [J]. 建材与装饰，2016 (48)：169-170.
[4] 刘炜，夏翠娟，张春景. 大数据与关联数据：正在到来的数据技术革命 [J]. 现代图书情报技术，2013 (4)：2-9.

浅谈沙特阿美项目施工 PMS 进度控制理论与方法探讨

谢　豪　王元辉　龚昭进/中国电建集团山东电力建设有限公司

【摘　要】 建筑工程管理中有效的进度控制是项目按照基准计划和合同计划执行的关键保障。通过以沙特萨拉曼国王国际港务综合设施 EPC 项目施工 PMS 系统进度控制为例，分析 PMS 系统在进度控制过程中的重要性以及 PMS 系统更新过程中存在的问题，通过采取澄清、控制百分比、“分解”和“链接”等方式，可以有效解决 PMS 系统控制过程中存在的问题，并总结经验教训，为今后类似施工项目 PMS 更新提供经验与借鉴。

【关键词】 进度控制测量系统　作业项　进度百分比

工程施工进度控制是工程项目的三大控制目标之一，是决定工程项目建设水平的关键性工作。施工进度控制就是要在保证工程项目能够按合同工期完成的前提下，合理安排施工资源，从而使工程项目的造价实现最优化。因此，工程项目施工进度控制研究是工程项目管理的重要研究课题，具有较强的实践价值。

1　进度控制及 PMS 系统概念

进度控制是根据批准的基准计划而编制的控制系统，是通过对计划和实际进度作比较，采取措施进行调控。而这个过程在整个项目执行期间进行，并始终是一个循环向前的过程，直到工程项目竣工验收并交付使用为止。

在沙特阿美项目中，PMS（Progress Measurement System）指进度控制测量系统。在项目基准计划被业主批准后，根据业主要求编制的控制测量系统，包括设计 PMS 系统、采购 PMS 系统、施工 PMS 系统，对项目的整体进度进行监督控制。

本文基于沙特萨拉曼国王国际港务综合设施 EPC 项目施工采用 PMS 进度控制系统。通过对该项目的具体案例分析 PMS 系统更新控制过程中存在的问题，最终确保按项目按计划执行。

施工 PMS 首页主要包括时间、项目总体进度、主要区域进度、主要工程量完成情况、进度绩效指数（Schedule Performed Index，SPI）、人力资源信息、合同里程碑完成情况、目前存在的风险及主要问题等，反映项目的整体情况，供项目管理者做出合理决策与判断。施工 PMS 子表格提供各单项、单位、分部、分项工程的具体信息，主要包含：周计划和实际曲线、月度计划和实际曲线、人机计划和实际柱状图曲线图及曲线、WBS（Work Breakdown System）进度统计、作业层进度计划对比、人工工效、主要工程量计划和实际对比等子表格。

2　PMS 系统的特点

通过定期更新作业层项目的开始时间、完成时间、进度完成百分比、人与机械工时等数据或通过 P6 软件更新进度计划导出到 PMS 系统中，并通过在 PMS 系统中具体公式链接到周月曲线表格、WBS 进度统计表格、人工工效等表格，形成项目实际进度曲线、人工工效表格、主要工程量完成曲线等。

2.1　实现动态控制

（1）直观性强。①通过更新每一个作业项的完成情况，实时直接通过进度曲线和 WBS 各层级进度百分比，清晰反馈项目的整体进度；②通过 *SV*（进度偏差 Schedule Variance）、*SPI* 反应施工进度（当 *SV* 为正值时或 $SPI>1$ 时，均表明进度提前，反之亦然；当 $SV=1$ 或 $SPI=1$ 时，表明项目按计划执行）；③通过 *RAG* 标识（红色表示滞后严重、琥珀色表示按计划执行、绿色表示进度提前）反应施工进度。

（2）指导性强。主要体现在：①通过对作业项目开始和结束时间筛选。例如，筛选 10 月 12—18 日，可以确定此周重点工作及计划；同样通过筛选可以明确月重点计划的监控；②通过对比每周混凝土浇筑、土方开挖、土方回填、钢筋绑扎等计划和实际完成工程量的偏差，分析产生的原因，通过采取有效措施，避免进度滞后；③通过分析权重，对比工作项，例如，工作 A 和工作 B，在同等具备施工条件，并且目前进度落后时，但是 A 权重 0.2%，B 权重 0.1%，可以通过重点完成工作 A 以此确保项目的整体进度；④通过完成工程量和人工时统计，计算实时人工效率，以此对现场施工进行调整。

2.2 提供项目收款依据

根据该项目的合同条款，项目施工要根据进度和里程碑完成情况进行结算。因此，通过定期更新 PMS 作业项的完成百分比，并在 CBS（Cost Breakdown System）系统更新作业项的进度，以此确定当期每个作业项的结算进度，为项目的中期结算提供重要依据。

3 施工 PMS 更新流程

施工 PMS 系统更新主要分四步骤完成：

（1）施工部各专业工程师每周定期更新 PMS 作业项目实际开始、结束时间和完成工程量（或作业项目完成百分比）。

（2）控制部针对完成的工程量进行进度调整和确认，并填写人机工时、更新进度曲线等。

（3）总承包商与工程量核实人员（Quantities Surveyor，QS）进一步现场核实完成工程量，并与业主进行进度百分比确认。

（4）业主施工进度确认后，承包商核实是否有异议，若有异议可进行澄清，若没有异议则周（月）进度确认完成。

具体更新流程图如图 1 所示。

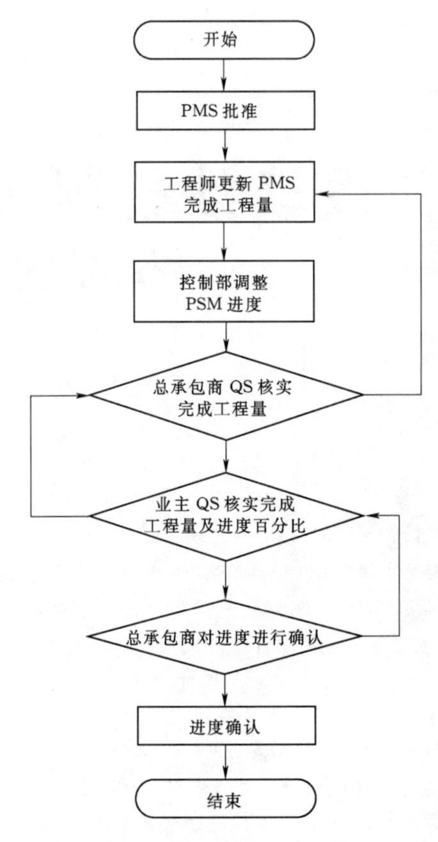

图 1　PMS 系统更新流程图

4 PMS 系统更新存在的问题

针对该项目在施工 PMS 系统更新过程出现的各种情况，通过对具体案例分析，并给出了解决措施，确保项目按照基准计划执行，按计划合同工期移交。

（1）针对施工 PMS 系统中不存在的作业项。由于设计变更或施工调整会导致实际施工过程中的部分工作已经取消，但是在批准的施工 PMS 系统中仍包含，因此，在更新 PMS 系统过程中，针对此类项目可以通过与业主澄清，关闭此作业项。例如，施工 PMS 系统堆场区域中水罐、水管工作项目由于设计变更，造成此作业项不存在（权重达到 0.036%），因此，在更新过程中，通过根据“F－S 关系”判断，若紧后作业项已完成，则可以通过使不存在作业项澄清为 100%；例如，施工 PMS 中包含堆场一区和二区，但是根据实际施工需求，堆场一区可以满足现场施工需要，堆场二区将不再建设，因此可以通过澄清，将一区和二区同进度更新。

（2）针对施工 PMS 系统中不包含工作项，针对此类作业项，可通过“分解”或“链接”两种方式将作业项的施工真实反映现场的施工。例如，办公室区域板房安装，在施工 PMS 系统中只包含板房安装一项作业项，此一项作业项不能完全反应现场实际进度，因为施工包括吊装、内部隔断安装、吊顶安装等主要工序，因此，可以通过“分解”将板房安装分解为吊装 30%、内部隔断安装 30%、吊顶 10%，使 PMS 更能实际反馈现场进度；再例如，在土建施工过程，根据施工工序，首先应完成柱的支模和脚手架搭设工作，再完成柱的浇筑工作，但是在施工 PMS 系统中不包含搭设的脚手架搭设作业项，因为脚手架搭设需要大量人工时，所有在施工 PMS 系统中可以通过“链接”将脚手架搭设和支模进行链接，以此真实反映现场的实际进度。

（3）针对施工 PMS 系统中工程量不准确的作业项。由于该项目是 EPC 总承包项目，因此，在更新过程中通过控制作业项的进度百分比，以此反应项目的实际进度。例如：①IFC（施工图 Issue For Construction）图纸中作业项 A 工程量为 4000，但是实际工程量为 2000，当完成 1000 时，可以通过与业主澄清，调整作业项 A 进度为 50%；②根据 IFC 图纸作业项 A 工程量为 4000，但实际工程量为8000，当完成4000时，作业项A进度应为50%。在PMS更新过程中可以通过更新作业项的百分比，避免工程量不同影响项目的进度百分比。例如，作业项电缆敷设总量为10000m，截至上周完成20%，通过更新截至本周完成50%，则得到本周完成工程量为3000m（10000×50%－10000×20%＝3000m）。

（4）针对施工PMS系统中计划不准确的作业项。主要包括计划时间、工序等不准确。例如，在施工PMS系统中计划T101变电站开始时间为8月1日，实际开始时间为8月17日，滞后16d。首先分析进行确定此工作是否在关键路径，是否具有浮动时间，经过确认此作业项在关键路径上，浮动时间为0d，因此，通过对施工现场进行反馈，采取增加资源、调整作业班次等措施，确保完工日期不受影响，达到监督管理目的。

5 存在问题的解决措施

通过以上具体案例分析施工PMS系统更新过程中存在的问题，可通过采取以下措施使PMS系统达到监督、控制和指导施工目的，并真实反映现场的实际进度：

（1）加强培训和PMS交底工作。通过定期培训和PMS交底，确保工程师了解和掌握PMS系统，可以在更新过程中根据实际情况对施工作业项目完成情况进行更新调整，避免因为不熟悉PMS造成作业项进度的虚报或漏报，使PMS不能实际反应现场进度。

（2）强化沟通。在编制施工基准计划和施工PMS过程中，加强与现场工程师以的沟通，使施工计划和资源配置合理化，达到指导现场施工的目的。

6 结语

通过结合沙特萨拉曼国王国际港务综合设施EPC总承包项目施工过程中施工PMS更新具体案例，对更新过程中存在的具体问题进行分析总结，通过澄清、控制百分比、“分解”和“链接”等方式解决存在的具体问题，并通过采取加强培训及PMS交底、加强计划编制过程中的沟通等措施，使施工PMS系统达到监督、控制和指导施工目的，从而提供对工程建设全过程实行动态的、定量的、综合管理和控制手段，最终实现提高项目管理水平，加快进入国际承包市场、建设大型国际工程公司的目的。

参考文献

［1］ 熊永磊. 项目进度管理中存在问题分析及应对策略［J］. 水利水电施工，2018（3）：119-121.
［2］ 黄勇. 工程项目进度控制的方法及实例分析［J］. 工程建设与设计，2019（13）：302-304.
［3］ 王志宏. 谈公路工程施工进度控制［J］. 工程建设与设计，2012（2）：210-215.
［4］ 战明雷. 海阳核电AP1000项目进度控制研究［D］. 济南：山东大学，2013：9-11.
［5］ 叶强. 工程项目进度控制研究［D］. 天津：天津大学，2013：4-6.
［6］ Project Management institute. 项目管理知识体系指南（PMBOK©指南）［M］. 北京：电子工业出版社，2018.

浅谈科技查新在企业科技创新中的作用

郭　丹/中国水利水电第十二工程局有限公司

【摘　要】本文介绍了科技查新的定义、作用、查新业务的发展，从查新项目名称确定、查新点挖掘及提炼、常见错误等方面分析了如何做好科技查新工作，从而使广大科技人员更好地提高科技查新工作的质量和效率，最大限度地提升企业的创新能力。

【关键词】科技查新　企业　科技创新　发展

1　引言

科技查新，简称查新，是查新机构以委托人提供的反映查新项目主题内容的查新点作为依据，以计算机检索为主要手段，以获取密切相关文献为检索目标，运用综合分析和对比方法，对查新项目的新颖性作出文献评价的情报咨询服务。也就是说查新是以通过检出文献的客观事实来对项目的新颖性做出结论。

1980年，上海科技情报所开展水平分析报告，服务于上海市创优产品评审。1985年，中国医学科学院情报所开展了全国医药卫生专业查新。1985年，《中华人民共和国专利法》的实施，专利检索报告（专利权评价报告）成为国家发明奖评审的必备条件。1991年2月，国家科学技术奖励工作办公室下发了《关于申报国家发明奖项目查新工作规定的通知》，将查新报告列为申报奖项的必备文件之一。1991年10月，国防科学技术发明奖评审委员会下发了关于公布实施修订后的《国家发明奖国防专用项目查新工作规定》。1992年8月，国家科委制定了《科技查新咨询工作管理办法》。2000年12月，科学技术部印发《科技查新机构管理办法》、《科技查新规范》（国科发计字〔2000〕544号）。

2　科技查新的作用

科技查新是在科技文献检索和科技咨询基础上发展起来的一项新型的科技信息咨询服务业务，它为科技项目立项、科技项目验收、科技成果鉴定、科技奖申报、工法申报、专利申请等提供了客观的评价依据，可用于科技项目立项、科技成果申报、产品、标准、专利等相关事务，为科技人员提供了可靠丰富的信息，在科技工作中是非常重要的。

（1）科技查新为科技项目立项提供了依据，防止重复研究开发而造成人力、物力、财力的浪费和损失。在科技项目立项之前，要对拟立项项目做调研、进行可行性研究，科技查新就是必不可少的。它可以全面准确地掌握国内外的相关情况，查出该项目在国内外是否已经有相关的文献报道，还可以了解国内外相关的技术水平、发展情况、研究的深度及广度等，来判断项目是否值得立项。这样就可以提高立项项目的水平，避免大量相似或者没有创新性的项目立项，减少科研人员时间与精力的浪费，促进科研工作的创新与发展。

（2）科技查新为项目成果鉴定、验收、评估、转化、科技奖和工法申报提供客观依据。近年来，随着科学技术的不断发展，科技创新成为重中之重，科技成果逐渐多了起来，因此，在科研活动中总结出来的成果极为宝贵，不仅能创造出极大的经济效益和社会效益，还能推动行业的发展，应用前景也很广阔。那么如何来评价这些成果的水平呢？这就要经过科技成果鉴定、科技奖申报，等等，而科技查新就是评审的依据之一。经过科技查新，对比分析这项成果关键技术的创新性、先进性，是否填补了国内空白，广度、深度如何，这是评审的依据。而现在申报各级科技奖、工法等，也都要求要有查新报告。

（3）科技查新为企业分析自身的科技发展提供了依据。企业可以通过科技查新来了解自己的科技发展状况，对查新检索出的数据资料进行全面的分析，了解具体的行业研究状况，企业自身有哪些欠缺的地方，今后要往哪些方面发展，确保企业在研究发展过程中能掌握主动权。还能保护企业的知识产权，在开发专利的时候就可及时调整整个研究方向，避免走弯路，节省科技经费，也可避免侵权行为的发生，确保企业长期稳定发展。

3 查新技术要点的撰写

查新结论是委托人最关注的，大家都希望能获得一个好结果。查新结论是针对查新点将查新项目与文献检索结果进行对比分析，并由此得出查新项目是否具有新颖性的判定结果。所谓新颖性就是指在查新委托日或指定日期前，查新项目的查新点没有在国内或国外公开出版物上发表过。要想得到一个好的查新结论，查新技术要点的撰写就非常重要，而查新点的挖掘和提炼是重中之重。

3.1 确定查新项目名称

应与查新项目申报书（申报项目）上的项目名称一致。国内查新只需填写中文项目名称，国内外查新需分别填写中文和英文项目名称。尽可能突出项目的技术特点及创新性。

3.2 查新目的

查新目的可分为科研项目立项、科研成果鉴定、申报奖励、新产品、创新基金、新药注册、工法申报等项目查新。

3.3 技术要点的撰写

3.3.1 查新项目的技术背景

说明项目所属技术领域，概述项目背景及国内/国外情况，简述现状、存在的问题，为什么要研发该项目，所要解决的技术问题。

（1）所属科学技术领域是指查新项目技术方案所属或直接应用的科学技术领域。

（2）背景现状（存在问题）是指查新项目要解决的技术问题。

（3）解决方案是指查新项目为解决存在问题所采取的技术手段，通常包括采用的技术路线和方法，如工艺、配方、结构、技术参数等若干技术特征。

3.3.2 查新项目的研究内容和结果

查新项目的研究内容和结果是指项目技术创新的内容和所解决的主要问题，解决其技术问题拟/已采用的技术方案或方法，达到的目的，包括主要技术特征、所达到的技术效果、技术指标及成果应用情况等。

3.3.3 查新项目的查新点

（1）查新点：是指需要查证其新颖性的具体技术创新内容，是项目技术内容的本质特点。查新报告结论就是回答创新点是否成立。查新点是查新检索的前提，是文献对比分析的依据，每个查新点应清楚、准确，突出一个技术主题或技术特征。科学技术要点必须包含查新项目查新点。

（2）基本要求：查新点的表述要客观、科学，文字应简明、透彻，不要使用自造词，不要用或少用形容词，不做自我评价，语句要简练，条理要清晰。以具体的技术方案为主，功能效果为辅。不应将本领域的一般技术特征作为查新点。查新项目有多个查新点需要查证时，应逐条分别列出。查新点一般不超过3个，每个查新点应突出表达一个技术主题或技术特征。

（3）基本格式：采用……方法、技术、结构、材料、工艺等，解决（减少、降低）……问题，取得（提高、改进）……效果等。

（4）附加要求：图片、相关技术报告、检测报告、专利、公开文献、权属证明等。查新项目知识产权情况是指委托人申请、拥有或使用的与本委托项目相关的专利情况，与查新项目密切相关的国内外参考文献应尽可能注明文献的作者、题目、刊名（年、卷、期、页），以供查新机构参考。

3.4 关键词、名称和术语的解释

国内查新，只填写中文检索词；国内外查新，需填写中文和英文检索词。检索词从查新项目的科学技术要点中抽取，含规范词、关键词、各种同义词、近义词、全称及缩写、专利分类号等。

3.5 查新点提炼案例分析

3.5.1 比较规范的查新点提炼

（1）多样性料源填筑高面板堆石坝质量控制技术查新点：

1）采用大坝碾压GPS实时监控系统，对各填筑区的不同料源坝料的开采、装运、摊铺、碾压施工全过程进行实时监控，实现多样性料源筑坝的差异化施工参数控制，确保填筑质量，减少坝体沉降量。

2）采用“堆饼法”施工工艺实现坝体各分区的填筑层厚精确控制。“堆饼”采用堆石料在坝面按照20m×20m网格布置，按堆石体填筑的松铺层厚制作成“饼状”，作为推土机驾驶员摊铺堆石料的参照物，提高了施工工效和质量控制水平。

3）为解决料源紧张问题。堆石坝下游坝坡面以C20预制混凝土网格梁替代砌石护坡，网格梁横截面尺寸（宽×高）为250mm×400mm，菱形布置，中心线间距3.0m×3.0m。网格梁内回填表土并做相应绿化，减少了整个工程的块石用量。

（2）抽水蓄能电站高水头高密闭尾水闸门制造技术查新点：

1）所研究制造的抽水蓄能电站尾水事故闸门设计水头达163m，闸门为焊缝较密且焊接热量集中的厚板结构，针对该结构采用了组合式消除焊接应力，即：整体退火消除门叶焊接应力，振动时效消除门槽焊接应力。

2）针对全封闭箱形结构门槽总体高度高、单件重量大、分段多的特点，对下部结构采用立式组装，对上部结构采用卧式组装，降低了整体组装难度。

3）设计了一种大型工件平面圆弧槽加工装置，对顶盖与腰箱、进人孔盖与顶盖之间所设四角为圆弧的回字形密封槽进行特殊加工。

3.5.2 不规范的查新点常见问题分析

（1）没有提炼主要的查新点创新点，只是对项目背景、现状等情况进行了介绍。查新点不明确，重点不突出，无实质性内容。

（2）介绍了传统的施工工艺流程，这步做完了下一步要做什么，没有创新的技术、工艺，都是常用的、一般的施工流程。

（3）使用自造词，生僻字等，有时候为了显示独特性、创新性，委托者会使用一些自造词或者生僻的专业术语，这样会使查新人员看不懂，也会使查新结论失去客观、公正性。所以在提炼查新点的时候，要使用规范的专业术语。

（4）罗列了好多条查新点，每个特点都作为一个查新点。查新点不是越多越好，太多反而显得啰嗦，不精练。查新点不应超过3条，最好把相似的综合起来提炼下，表达出最关键的地方，把重点突出出来。

在日常科技管理工作中，科技查新除了以上四个方面，其实还存在其他很多问题，譬如有的员工从来没接触过科技查新，委托时就不知道从哪里入手，有的没有实际现场工作经验，提炼出来的查新点又反映不了项目的技术特点，有的总结不到位，明明很好的项目查出来结论却不好等，这就需要在工作中慢慢积累，不断进步。

4 结语

科技查新在企业从事科研活动、提升自身创新能力的过程中有不可或缺的地位与作用，为促进企业创新发展发挥了重要作用。因此，企业要更加重视科技查新工作，利用发达的网络收集各种有用信息，做好科技创新体系建设，培养优质创新人才，及时进行技术创新。科技查新为企业的科技创新提供便捷高效获取信息的途径，进而，为企业的科技管理工作更加科学化、严谨化、规范化提供了有力的保障。

未遂事件管理在国际工程项目中的应用与分析

高西望　孔春华/中国电建集团国际工程有限公司

【摘　要】 近年来，国际市场对安全生产的要求越来越严格，项目生产安全事故的成本越来越高，事故一旦发生，首先项目停工整顿、影响进度是必然的结果，其次后续投标经营都会受到很大的限制。而如何有效地防范事故的发生，除当前我们采用的“双重预防”机制外，未遂事件管理的科学应用将有效减少事故发生率，在事故发生之前及时发现风险，并提供有依据的针对性措施。本文以中国电建卡塔尔GTC606管线施工项目为例，通过未遂事件管理在项目中有效应用的案例，为国际工程项目安全管理提供经验，进而达到提高国际工程项目整体安全管理水平的目的。

【关键词】 未遂事件　隐患　控制措施　安全管理　双重预防

1　概述

GTC606管线项目是卡塔尔战略管线的一部分，主要是将卡塔尔经济区130MIAG海水淡化厂的水，输送至战略水池以及现存管网系统。该项目包括76km铸铁管线的设计、采购、施工以及并网运行，管径范围600～1600mm，其中主要为74.6km长DN1600管线及209个相关阀室、220个镇墩的施工和沿线光缆敷设。该项目位于Doha南部，北侧穿越多哈外环线F ring，靠近战略水池5号水厂，西侧接入战略水池4号水厂，南侧接入沃卡拉以南海边，预计为拟新建的淡化厂的位置。该项目合同工期为27个月，质保期为24个月，合同额为21771万美元。

卡塔尔近10年来，引进西方管理团队，严格要求在建项目贯彻欧美标准，尤其是强调安全环保工作的重要性和标准化。该项目自开工伊始，高度重视安全生产工作，在遵守当地法律法规和规章制度的前提下，坚持安全工作中西合璧，坚持贯彻未遂事件管理同“双重预防”机制的有机结合，完善项目安全标准化体系建设，有效地防范了事故的发生，为工程项目的高质量履约起到了有效的保驾护航作用。

2　未遂事件管理在项目上的应用

未遂事件（Near Miss），是指事实上已经发生，但未造成人员伤害、财产损失或环境影响的非预期事件。它具有三个明显特征：①在事实上已经发生；②性质上属于非预期；③未造成人员伤亡、财产损失或环境影响。未遂事件介乎于隐患和事故之间，属于隐患由“隐”暴发到“明”（或者说显性的隐患），也属于“幸运的”事故。未遂事件管理是以未遂事件为管理对象，对项目发生未遂事件后的处理、统计及预防措施的总称。

未遂事件统计是应用统计学原理，对未遂事件数据资料进行收集、整理和分析。通过合理地收集与未遂事件有关的资料、数据，并应用科学的统计方法，对大量重复出现的数字特征进行整理、加工、分析和推断，找出未遂事件发生的规律和发生的原因，为加强工作决策，采取预防措施，防止事故发生，起到举一反三、防微杜渐的作用。

根据GTC606管线项目一年时间的数据统计。全年共报告未遂事件66起。其中7月和8月为未遂事件高发期，分别为9件和10件，11月未发生未遂事件，其他月份未遂事件发生数相对平均，GTC606管线项目未遂事件月统计见图1。

根据GTC606管线项目未遂事件分类统计表。未遂事件报告中有45起未遂事件属于管沟边物体坠落（大风、震动、边坡防护不及时等），10起未遂事件属于绊倒、滑倒，其他未遂事件为电器故障、车辆故障和地下设施等。而项目合计发生两起事故（均为轻伤），一起是一名在管沟内清理沟底人员被边坡滑下来的石块砸伤

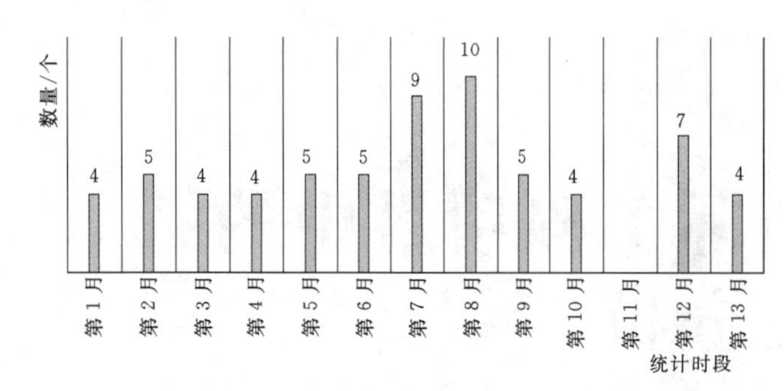

图1　GTC606管线项目未遂事件月统计

胳膊；一起为一名开挖人员掉入管沟摔伤小腿。不难看出，占据六成以上管沟边物体坠落的未遂事件和两次事故如出一辙，严格来讲，未遂事件和事故之间是随时可以转换的，在本质上并无不同。GTC606管线项目未遂事件分类统计见图2。

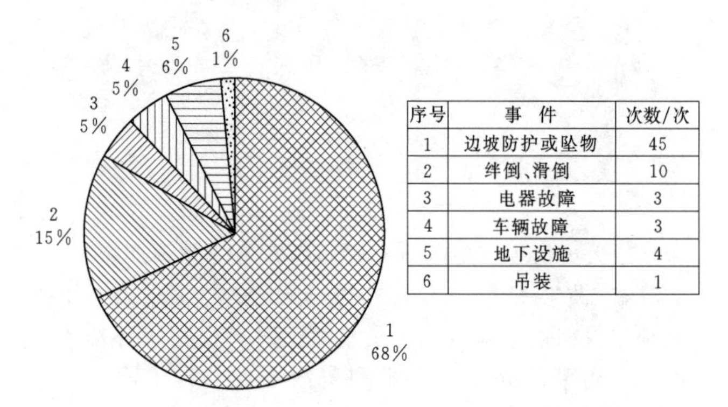

序号	事　件	次数/次
1	边坡防护或坠物	45
2	绊倒、滑倒	10
3	电器故障	3
4	车辆故障	3
5	地下设施	4
6	吊装	1

图2　GTC606管线项目未遂事件分类统计

未遂事件统计的基本任务包括：①通过调查，弄清未遂事件发生的经过和原因；②对一定时间内、一定范围内未遂事件发生的情况进行测定；③根据大量统计资料，借助数理统计手段，对一定时间内、一定范围内未遂事件发生的情况、趋势以及相关因子进行分析、归纳和推断。

未遂事件统计工作一般分为三个步骤。

（1）资料收集。资料收集是根据统计分析的目的，对大量零星的原始材料进行技术分组，是整个未遂事件统计工作的前提和基础，也是未遂事件上报之后的聚合点。未遂事件的报送因无明确法律法规的要求，只能定性为鼓励上报，而不是强制上报。卡塔尔GTC606项目在施工高峰期，开展未遂事件报送的有奖征集活动，有效地发现了高强度施工条件下可能出现的各种风险，员工互相监督、避免了严重事故的发生。

（2）资料整理。资料整理又称统计汇总，是将收集的未遂事件资料进行审核、汇总，并根据未遂事件统计的目的和要求计算有关数值。汇总的关键是统计分组，就是按一定的统计标志，将分组研究的对象划分为性质相同的组。

（3）综合分析。综合分析是将汇总整理的资料及有关数值，填入统计表或绘制统计图，使大量的零星资料系统化、条理化、科学化，是统计工作的结果。借助于事故统计方法，未遂事件的统计方法亦可采用综合分析法、分组分析法和统计图表法等。

未遂事件调查的目的是查明事件发生的原因、经过，搜集事件的言证、物证，提取影响未遂事件发生的因素，提高防范事故发生的警惕性，提出具体防控措施。未遂事件发生后可以不用保护现场，只需拍摄照片或录制影像资料等，采取相应措施后，即可恢复现场作业，以便减少事件对于生产经营的影响。未遂事件调查的主要方式为现场询问和现场勘查，其中现场询问是最重要的手段和方法。现场询问的主要内容包括事件发生前现场情况和事件发生的详细经过以及相关状态等。现场询问的具体方法有自由陈述法、广泛提问法、联想刺激法、检查性提问法和质证提问法等。调查人应保留相关询问笔录，记录必须及时、准确、客观、完整、合法。

卡塔尔GTC606项目未遂事件调查报告，涵盖了事件发生的时间、地点、工作类型、事件发生的过程描述及分析、事件的直接原因和间接原因、应采取的控制措施和照片等。其中控制措施包含技术类措施和管理类措施，有效地弥补了施工过程中容易忽视的因素。

事故要遵循“四不放过”的原则，即事故原因没有查清楚不放过，事故责任者没有受到处理不放过，群众没有受到教育不放过和防范措施没有落实不放过。而未遂事件处理侧重于原因查清、防范措施落实到位、提高群众的安全意识、发现和掌握隐患控制的侧重点，无须处理责任者。

双重预防机制就是构筑防范生产安全事故的两道防火墙。第一道是“管风险”，以安全风险辨识和管控为基础，从源头上系统辨识风险、分级管控风险，努力把各类风险控制在可接受范围内，杜绝和减少事故隐患；第二道是“治隐患”，以隐患排查和治理为手段，认真排查风险管控过程中出现的缺失、漏洞和风险控制失效环节，坚决把隐患消灭在事故发生之前。但是无论风险管控还是隐患排查，都是过程管理，而事故的发生就仅仅需要一次疏忽和漏洞，因此，将未遂事件管理与“双重预防”机制相结合，首先避免事故的发生，其次当事故或事件发生的时候，能够采取有效的应对措施并弥补双重预防过程中的问题。

3　未遂事件管理重要性分析

未遂事件属于隐患由“隐”爆发到“明”，既然在常规上无法预计隐患爆发的准确时间，不能确定隐患爆发的频率，不如用事实证明隐患爆发的概率大小，以便确定隐患的分级，而未遂事件就是明证，具有形象化隐患的作用。隐患排查的难点在于不同的人对于风险可能性的定位不同，造成侧重点不同，整改措施的落地就打了问号。而实实在在发生的未遂事件可以对可能性指出一条方向，改变人们的认知，好比“山雨欲来风满楼”的“风”，用事实说话的分量相较于言之凿凿更受重视。

既相比于隐患排查来的清晰、直观，又对比于事故具有前瞻性和高发性，未遂事件管理的重要性可见一斑，如果能够做好未遂事件管理，那么安全管理将迈上一个新的台阶。

4 未遂事件管理推广的意义和注意事项

近年来，国际市场对安全生产的要求越来越严格，项目生产安全事故的成本越来越高，事故一旦发生，首先项目停工整顿、影响进度是必然的结果，其次后续投标经营都会受到很大的限制。同时，国家对安全生产工作的重视程度越来越高，特别是党的十九大精神对于安全生产的战略部署，树立安全发展理念，完善安全生产责任制，大力推动企业安全生产主体责任的落实，各企业在隐患排查和事故管理上已经形成完善的体系。尽管如此，国家的生产安全形势依然不容乐观，一般及较大事故时有发生，生产安全事故的不断发生昭示着安全管理工作必然存在某些管理弱项——未遂事件的管理就是其中之一。当前，未遂事件管理基本上处于一片空白，不成体系，未能体现其在安全管理过程中的重要作用。因此加强对未遂事件管理的重视程度将对安全生产管理起到重要的推动作用。

未遂事件管理的基础有两点：一是全体员工的主动报告，二是管理层的积极响应，从目前来看，这两点都不尽如人意。究其原因，首先未遂事件管理的规章制度缺失。通过各认证机构和培训机构对各大企业的调研，目前很少有企业真正把未遂事件作为安全管理的一个重要环节来对待，即便偶有提及，也是简单的一笔带过。其次，领导层和安全管理部门对未遂事件的重视程度不够，或者说对安全管理的侧重点不同。领导层多以结果来看待问题，没有发生事故就证明安全工作到位。安全管理部门强调预防为主，甚至陷入“预防为全部”的误区，未遂事件特征一就是事实上已经发生，既然已经发生，有工作履职不到位的嫌疑。各层级员工主动报告的积极性不高，甚至相反，存在刻意隐瞒的现象。从通俗意义上来说，既然未造成伤害，那么多一事不如少一事，避免小题大做。因此，为了筑牢未遂事件管理的基础，杜绝未遂事件报告成为众矢之的，防止未遂事件管理成为无根之萍，最终达到人人重视未遂事件，全员主动报告未遂事件，领导层和安全管理人员合理应用未遂事件的信息，采取相应措施，举一反三，彻底防范事故于未然，提高安全管理水平的目的，应关注以下三个方面的内容：

（1）鼓励上报未遂事件。

（2）未遂事件现场可以不用持续保护，保留相关照片、影像资料等证据即可。

（3）无须处理责任人。

5 结语

安全是当今社会每一个行业的追求，这既是行业生存发展的内在动力，也是社会对于该行业的基本要求。没有安全保驾护航，任何行业都寸步难行。未遂事件相比于隐患排查来的清晰、直观，对比于事故具有前瞻性和高发性，且国际通用标准明确要求记录并分析未遂事件，因此，未遂事件管理对于提升国际工程项目安全管理水平具有重要的意义，可以有效减少事故发生率，在事故发生之前及时发现风险，并提供有依据的针对性措施。中国电建卡塔尔 GTC606 管线施工项目的安全顺利实施验证了未遂事件管理在项目安全管理中的重要作用，给国际工程项目安全管理提供了经验，为进一步提高国际工程项目整体安全管理水平掀开了新的一页。

海外水电投资项目风险及防范措施探讨

刘省忠/中国电建集团海外投资有限公司

【摘　要】 海外水电投资金额大，项目建设和运营周期比较长，管理工作复杂，风险无时不在，风险控制管理永远在路上。近十多年来中国企业“走出去”投资项目较多，有的项目取得丰硕成果，有的项目收效平平，管理层的忧患意识和风险意识在不断增强。本文以在尼泊尔投资某水电站为例，通过梳理项目管理中涉及的现实风险点，提出相应风险防范措施。

【关键词】 尼泊尔　投资项目　风险管理　防范措施

尼泊尔是一个山地国家，水力资源丰富，经济较落后。20 世纪 60 年代之前，尼泊尔所有水电站是在苏联、印度、中国等友好国无偿援助下建成的。20 世纪 70—80 年代，随着世界银行、亚洲开发银行、日本工业银行、前海外经济合作基金等金融机构与尼泊尔政府的双边、多边融资合作，尼泊尔的水电开发取得了一定的成果；20 世纪 90 年代以来，随着私营企业的介入，尼泊尔的水电开发建设进入了一个新的发展阶段。

中尼两国睦邻友好，有很早的来往历史渊源。自 20 世纪 60 年代以来，中国政府曾先后援建了尼泊尔逊科西水电站、下马相迪水电站、库里卡尼水电站、上塔马克西水电站、那苏瓦卡里水电站、上马蒂水电站以及荪莎里灌溉工程、西克塔灌溉工程、唐神公路工程等一大批民生工程。

随着我国“走出去”战略和“一带一路”倡议的先后推出，近年来我国企业在尼泊尔的工程承包和直接投资的水电项目数量增多，规模增大，模式也不断创新。从最早开始的建设施工、设备输出分包逐步转换为 EPC（设计、采购和施工总承包）、PMC（项目管理总承包）等一揽子工程以及包含 BOT（建设、运营、转让）在内的广义 PPP（公共与私营合作）等带资承包模式。目前，中国电力建设集团有限公司（以下简称中国电建）在尼泊尔正在执行的工程项目有：上塔马克西水电站、上崔树里水电站、上博迪克西水电站、塔纳湖水电站等 12 项工程。跟踪投资的项目有上达吉水电站，已完成投资建设并运营的项目有：上马相迪 A 水电站、上马蒂水电站等。

2019 年 10 月，尼泊尔政府投资委员会向中国电建与尼泊尔水电投资开发公司组成的联营体颁发了塔莫水电站的授标函，中国电建与尼泊尔水电投资开发公司签署了马迪水电站的合作备忘录。这标志着通过多年的深耕，中国电建对尼泊尔水电市场的开发取得了新的成就。

2004 年 10 月，中国电建为投资开发上马相迪 A 水电站，与尼泊尔当地公司萨格玛塔电力公司联合组建中国水电-萨格玛塔电力有限公司（以下简称项目公司），以 BOOT 形式共同投资开发建设上马相迪 A 水电站。

1　尼泊尔水电投资项目风险因素及应对措施

在海外水电工程实施过程中，需要对现时的风险和潜在的风险因素加以识别和评估，并有针对性采取措施做好应对。在尼泊尔投资建设水电项目突出的风险点主要有：国别市场风险、投资项目风险、成本管理风险、非传统安全风险、对外支付风险、涉税风险、电力营销风险等。

1.1　国别市场风险

国别市场视角下，尼泊尔存在政局不稳定、党派林立、政权更迭频繁、政策缺乏连贯性等政治风险因素，项目实施期间出现了由于劳动权益问题频繁引发罢工阻工事件、出现了尼泊尔卢比汇率贬值和国际收支逆差大、政府限制雇佣外籍劳工、政府官员腐败以及外事廉洁风险等。

为保证项目正常动作和经营目标的实现，项目公司采取如下措施：

（1）在当地聘请了专业咨询机构和律师为项目提供专门咨询服务。

（2）针对当地务工诉求，从技能培训入手，逐步接纳就业，并依据当地劳动法制定工资标准以及薪酬逐年上调标准。

(3) 针对不确定不完善的商业投资环境，向国内专门保险公司投保海外投资商业保险，并在当地进行商业保险投保招标，使之符合所在国规定。

(4) 针对当地政府限制中方员工进入尼泊尔务工数量，积极寻找对策，解决中方员工签证问题，规避劳工遣返及经济处罚风险。

此外，我们还在项目公司内部设置法律顾问和纪检监察员，梳理尼泊尔主要法律和规约清单，在对外业务中，严守法律底线。

1.2 投资项目风险

征地移民工作点多面广，一方面森林砍伐和森林土地使用审批难，另一方面私人土地征用和移民协商难。建设征地移民事关工程能否正常施工，必须有专人提前完成项目用地国家森林土地使用和树木砍伐的政府审批批文，并聘请合适的当地人员提前介入配合完成私人土地征用和移民工作。

项目融资和投资额度受控于批准的执行概算，需要前期招标发包，严选国内实力强、重合同、守信誉的设计、施工、监理、制造单位精诚合作，确保项目按期完工投产。

上马相迪A水电站项目库区及上下游河道、入场八公里道路、营地后边坡、厂房后边坡、厂坝道路边坡、调压井道路边坡地质条件不稳，每年雨季存在发生滑坡、崩塌、泥石流风险。针对暴雨、地质灾害风险和安全隐患，项目公司安排专门人员，在雨季开展巡查，提高安全监测频次，对已发生的灾害适时制订应急预案和应急处置方案，并及时排险修复。

1.3 成本管理风险

在投资项目建设和运营实施中，成本风险一般体现为：施工承包商低报价中标、后期索赔，设计方设计深度不够和设计变更多以及设计漏项，运维承包商低报价中标而在履约后期申报补偿等诸多因素；使成本管理难度加大，进而带来成本管理风险。

项目公司推行工作标准化，遵从设计概算和执行概算，注意过程控制和工作细节，严格执行招标管理制度和行业规范，并建立和完善了相关管理办法。在建设阶段充分发挥监理的作用，对项目施工进度、质量、安全、费用进行全过程严格控制；同时，坚持以执行概算为统领，营造和形成全员参与投资控制管理的氛围，以有效地控制工程建设成本，提高投资效率，对投资人负责。在运营期核定人员编制，推行两位一体的组织管控模式，优化项目公司和运维单位资源配置，构建高效运维管控机制。

1.4 非传统安全风险

近年来，随着对外投资业务的不断扩大，中资企业面临的新的安全威胁较为突出，非传统安全风险管理得到重视。

上马相迪A水电站建设期出现罢工、游行示威、蓄意破坏等事件，尼泊尔当地地方政府管辖力不足，易发冲突事件。尼泊尔为民主联邦制国家，党派较多，各政党为彰显自己的诉求与力量，罢工事件经常发生。由于尼泊尔复杂的政治环境，不排除一些极端人士做出诸如绑架、武装袭击、纵火、投毒等恐怖行为，给项目公司人员生命安全造成威胁，使项目公司的合法权益得不到保证。此外，上马相迪A水电站又处在当地自然保护区及徒步旅游大环线上，一旦项目实施过程中出现涉及生态环境保护问题，将严重影响项目公司的企业声誉乃至我国的国家形象。

在实施项目过程中，采取了如下应对措施：

(1) 积极传递正能量，通过多种途径进行正面宣传，提高对外沟通协调能力和对舆情的处置能力。

(2) 与当地安保机构签订安保协议，制定相应的管理标准，编制总体应急预案，做好风险监测与预警，开展应急演练和教育培训。

(3) 积极开展和参与当地的公益事业，实施惠民工程和捐助活动，融洽项目公司与当地的社会关系，展现中国企业的社会责任和担当，提高中国电建影响力。

(4) 做好疾病预防知识宣传，督促员工年度体检，建立诊疗室，并与当地公立医院建立友好联系，加强对饮水、食品安全的管控工作，严防食品安全事件和传染疾病的发生。

(5) 在环保方面，聘请当地有实力的环境咨询机构，参与对项目环境保护的管理，并提供专业的咨询服务。

以上措施发挥了积极良好的作用，赢得当地政府和社会的赞同认可，为保障电站安全稳定运营奠定了基础。

1.5 对外支付风险

尼泊尔政府实行外汇管制，美元汇出非常严格。凡是需要向境外支付相关款项，首先必须经过尼泊尔电力开发署审核，在电力开发署出具推荐信函后，还需完成尼泊尔央行外管局的支付审批。不仅审核手续繁杂，而且周期较长。

针对当地外汇管制严格的情况，项目公司认真研究尼泊尔对外支付汇款法律规定，认真做好报批材料的内部审核，避免文件出现错误或模糊之处，并按规定进行报批；对于国内采购事项，做到超前筹划，精心准备；此外，加强对外的公关能力，主动出击，积极增进与尼泊尔政府及有关审批部门的联系，以达到缩短审批时间，尽快完成支付回国相关款项的审批程序的目的。

1.6 涉税风险

在尼泊尔投资涉及的基本税种有企业所得税、预扣税、增值税、关税，其他税种有资本利得税、退出税、注册税、转让税、车辆购置税、消费税等，尼泊尔是一个高税收国家，涉税风险直接影响投资企业的利润，进而影响海外业务市场发展和项目收益。

对于涉税风险，在项目筹划前期阶段，充分做好市场调研和市场预测，预先了解和掌握项目东道国税法和税收征管制度，建立符合东道国要求的外账核算管理体系。项目开工之前，应完成税收筹划，制定税收风险防范方案；聘请第三方独立审计，规避财税风险，减少税收成本，增加投资企业的利润。要研究和掌握东道国海关法、进口管制法，以便办理有关建设物资的进口免税和退税。

1.7 电力营销风险

尼泊尔当地电网容量较小，电力营销存在一定的市场消纳风险。根据在尼泊尔电力市场调研，由当地独立发电企业开发的新项目与本项目同时投产的有 10 个。另外，尼泊尔最大水电站上塔马克西水电站（456MW）计划将于 2020 年投产发电。此电站投产后，尼泊尔很可能出现电力供应饱和或电力过剩的风险。

对于上马相迪 A 水电站电力消纳风险，项目公司采取了如下应对措施：

（1）认真研究和分析尼泊尔的电力装机容量、负荷特性和电网调度情况，实时掌握尼泊尔电量消纳动态，做到心中有数，有针对性开展工作。

（2）深入调研尼泊尔电网建设情况、新增投产发电情况，做好尼泊尔用电负荷预测，分析电力市场变化对本项目的影响，科学指导项目公司电力营销工作。

（3）创新营销举措，增强与尼泊尔国家电力局的联谊沟通，采取有效措施规避电力消纳风险。

2 海外水电投资项目风险防范应对策略

开发国际市场是一篇大文章，由于受所在国政治、经济、民族、宗教以及市场环境等不确定因素的影响，国际市场的开拓存在着许多风险需引起我们的高度重视。海外水电投资项目风险防范和应对要重点把握以下几方面。

2.1 增强风险意识

海外投资项目的风险是客观存在的，它不以人的主观意志为转移。只要存在海外投资行为，其投资风险就有可能发生。所以在项目的寿命周期内，风险无时不有、无处不在。为实现预期投资目标、走可持续发展道路，投资公司必须增强全员风险意识，培育和塑造良好的风险管理文化，将风险管理意识转化为员工的共同认识和自觉行动，以此促进风险辨识和预控能力的提高。

2.2 做好风险内控基础工作

要加强法务工作和风险内控管理。首先，要建立健全法治与风险内控管理工作组织机构，配置法律顾问和风险内控人员，明确职责，为项目风险内控工作提供组织保障；其次，要建立健全法治与风险内控管理制度体系，通过法务人员的贯彻执行，保证各管理制度的良好运行，为防范风险提供制度保障。

企业的竞争实际上是人才的竞争，要加强法务人员的业务培训，培养一支责任心强、工作能力强、业务流程精通的现代管理体系的人才队伍，为企业在投资开发、海外融资、建设管理、运营管理等方面提供人才保证，以防范可能出现的投资风险，不断提升企业竞争力。

2.3 适时风险分析

在完善组织机构和制度保障的前提下，做好以下风险管理的基础工作：

（1）收集风险内容。海外投资面临着多重风险，需组织法务和风险内控人员定期进行风险排查，从市场风险和非市场风险着手，对东道国的政治、经济、法律、协议条款以及投资企业内部工作涉及的问题等进行风险辨识和整理；阶段性收集业务工作中的风险点，进行识别、分类、提炼和汇总，为规避和防范风险提供决策依据。

（2）风险辨识和分析。应根据项目实际业务情况，按月、半年、全年编制风险信息报表，组织和开展“灰犀牛”风险事件的辨识和分析，对阶段出现的各风险点进行描述，如实反映风险是否已经发生、所处阶段、要素类型、是否成立专门工作小组、应对预案及措施、处理结果及当前管控情况。此外，还应对这些潜在的或已出现的风险，根据风险评估标准分析其发生的可能性以及影响程度，并按照风险值打分，从高向低排序，为领导决策提供参考。

2.4 制定风险解决方案

风险管理是一个系统工程，在对各具体风险点进行分析和评估后，对确定的风险源应制定出应对方案并立即进行处理。做好投资项目的风险管理，首先，要有超前意识，提前梳理，尽量规避风险，让风险损失和问题少出现、不出现；其次，做好事前预测和控制，通过购买保险等措施，进行风险转移；再次，正确对待不可避免的风险损失问题，主动接受和承担，主动解决问题并将损失控制在可控范围内。

2017 年 9 月，尼泊尔政府颁布新《劳动法》，规定外资公司的外国公民总数不得超过5%。政策颁发后，劳工部暂停了工作许可的签发，项目多名员工存在罚款和遣送风险，如严格按法律撤回相关人员，则现场生产将陷入瘫痪。针对这种情况，项目公司高度重视风险管控，积极寻找应对策略，通过研究学习尼泊尔政府新修订的《劳动法》，在寻求法律法规突破口的同时，通过多种途径呼吁，并多次与尼泊尔有关政府部门沟通，在当地政府的协调下，与有关部门签署了该项目用工特许协议，外籍员工比例及工作签风险得到化解，为项目公司合法合规经营奠定了法律基础。

2.5 强化合规经营意识

近年来，我国企业在境外遭到违规制裁的数量明显增多，国际国内企业合规监管日趋严格。随着“一带一路”倡议的推进，越来越多的中国企业走出去，伴随而来的风险不只是沿线国家的政治、经济、文化环境、自然灾害、竞争对手等，还必须面临经济全球化过程中日趋严峻的监管环境和法律风险。中国企业一方面要清醒地认识到诸如美国长臂管辖权、反海外腐败法及经合组织跨国公司行为准则等可能带来的风险；另一方面还要加强风控体系建设，重视法规学习，将合规理念内化于心、外化于行，将合规性工作落到实处，规避风险，做到程序合规、行为合规，遵守法律和规章，以此促进海外投资项目生产经营的健康发展。

3 结语

风险管理事关海外投资项目的成败和效益。风险永远存在，需要治理层和管理层从制度、人才、组织等保障措施入手，强化合规理念、增强风险意识、识别风险、重视风险，制订风险应对预案并跟踪落实，在总结过往经验教训、借鉴他人经验和教训的基础上，建立一套契合东道国实际情况的风险管控机制，达到规避风险、化解风险，将风险损失降到最低，进而促进海外项目的健康稳定发展，进一步拓宽海外投资之路。

参考文献

[1] 易祥大，李燕峰. 海外投资项目税收筹划与税收风险防范对策 [J]. 国际经济合作，2016 (7)：67-70.

[2] 贺炬. 试议海外投资风险及其防范措施 [J]. 当代经济，2012 (14)：80-81.

浅谈企业知识产权的管理

吕　茜/中国电力建设集团股份有限公司总部

【摘　要】在经济全球化背景下，企业在竞争过程中知识产权的地位愈发凸显。为增强企业竞争中的优势，加大知识产权管理成为必要手段之一。本文就当前企业在知识产权管理方面的现状以及存在的一些问题进行了一些探讨。

【关键词】企业　知识产权管理　策略研究

企业知识产权管理，主要包括综合管理开发、保护、运营知识产权这三个方面，并且也是企业战略管理中重要的组成部分之一。通常情况下企业知识产权管理一般具有如下四大显著特征，即：一是规范性，二是市场性，三是系统性，四是专业性。加强企业知识产权管理，须从多角度、全方位的入手。通过加强企业的知识产权管理，不仅能有效提高企业管理质量水平，也能极大增强企业软实力。

1　企业知识产权管理现状

目前，企业知识产权主要还存在诸如知识产权意识淡薄、保护机制欠缺、专业人才队伍建设薄弱、相关制度不完善等多方面的问题，深入分析各类现状问题，是制定相应策略措施的重要前提。

1.1　知识产权意识淡薄

首先，作为企业无形资产之一的知识产权往往被忽视，企业通常把管理重点集中在有形资产上；加上知识法律意识淡薄，对知识成果不能善用法律进行保护，因此给企业带来损失。

其次，从总体来看，对知识产权管理方面的重视度不高。具体体现在：一是对知识产权的运营进行策划时战略的高度不够；二是缺乏知识产权战略管理意识；三是我国企业知识产权管理水平相比国外较低；四是在定位知识产权时误区现象尤为凸显，即普遍认为企业知识产权管理等同于技术生产管理或法律事务管理，未能给予应有的重视。

1.2　知识产权保护机制欠缺

知识产权主要具有显著的四大特征：一是空间上的区域性，二是保护期的有限性，三是对他人的绝对性，四是权能上的独占性，并且不同国家的知识产权保护体系也存在一定的差异。当前我国企业知识产权存在冲突，主要与外国企业的纠纷较多，特别在专利方面更为严重。另外，当前我国企业在众多品牌和商标上也出现类似剽窃的情况，基于此就会产生知识产权上的冲突，进而便会给企业知识产权的管理工作加大难度。

1.3　专业人才队伍建设薄弱

第一，对于当前多数企业来说，知识产权管理的人才都处于紧缺状态。企业知识产权的管理工作在没有强有力的人才队伍支撑，就很难紧密结合企业的业务，进而给企业的发展带来一定的不利影响。第二，相关的专业人员缺乏后，知识产权管理工作易出现如下情况，一是无人管，二是不会管，并且组织保障得不到有效的保证。因此，企业在管理知识产权时形式化的现象尤为凸显，进而不仅难以达到理想的管理效果，同时还会给企业管理工作的开展带来一定的弊端。

1.4　相关制度不够完善

目前在企业管理范畴中，多数企业并未完全将知识产权管理纳入其中，加上对此方面的重视度不够，对知识产权管理的制度建设不够健全完善。此外，甚至一些企业还没有制定相关的制度。由于知识产权战略规划缺乏，企业知识产权没有相关制度支撑保护，以此确保知识产权的利用率得以充分的提高，价值作用得以最大限度地体现。

2　加强企业知识产权管理策略

针对目前知识产权管理的现状与存在的诸多问题，

建议采取以下策略，从而有效提升知识产权管理水平，推动企业良性发展。

2.1 加强知识产权人才队伍建设

为了确保知识产权管理工作适应新的发展，企业应建立完善的知识产权管理的组织体系，这也是进行该项工作的前提。为此企业应设立专业管理知识产权管理机构，并且在企业中要赋予其一定的权利和明确该机构的职责。同时，为了确保知识产权管理组织能充分发挥其价值作用，企业也要进一步予以明确和细化相关组织结构。由于专业性和技术性是知识产权工作的显著特性，因而为确保各项工作得以有序的开展，还应将知识产权管理部门细分成不同的职能子部门，然后通过彼此的协调合作促进知识产权管理效率的提高。此外，为了确保任意一项工作有专门的人员负责，不同职能部门还应完善人员配备，以此确保任何事务都有专人负责，确保该部门的人力资源保障。

2.2 建立健全知识产权制度

（1）创新机制。在对企业的综合实力进行评价时，自主知识产权的开发能力和存量是重要的衡量指标。相比大多数发达国家的企业而言，在自主创新能力方面明显我国差距较大，即自主知识产权存量不多。而当前我们所处的知识经济时代，企业若想取得更多自主知识产权就要善于进行创新，并且建立健全相关的创新机制。在申请专利、注册商标、等级版权等方面要制定合理的制度和流程予以保证。建立相应创新机制后，企业新产品、新技术得以开发时就能及时获得专利权，为后期进行知识产权管理奠定基础。

（2）人才培养和培训机制。从某种程度来看，知识产权管理质量和负责该项工作的人的综合素质以及能力密切相关。同时对知识产权而言其属于一种无形财产，并且涉及的方面较广，即法律、经济、科技、管理等都会牵涉其中，故而作为知识产权管理人员具备复合知识和能力。企业应该从如下方面入手：第一，结合企业新时代形式以及自身的知识产权政策情况和实际，建立健全相关的人才培养计划，确保在培养该方面的人才时能够有合理的计划作为参考。第二，确立相关培训机制，针对不同类型和层次的人员要采用不同形式的培训方式，并且确保培训方式的丰富化。通过开展大型的知识产权报告会、举办知识产品培训班、进行知识产权的讨论会等形式，提升相关工作人员专业素养和水平。

（3）保护机制。在完善知识产权的保护机制时要重点关注如下两大方面：一方面，对于市场中其他企业侵犯知识产权的行为企业要能准确的进行识别，并且要善于利用法律途径维权。另一方面，对于其他企业的知识产权企业自身也要能够清楚的辨识，防止自身陷入侵权危机，进而不仅会对企业自身的声誉造成影响，甚至对企业带来不可挽回的困境。因此，在完善知识产权的管理体系时注重完善保护机制，从而切实有效维护企业自身权益。

（4）冲突管理机制。要完善知识产权冲突管理机制，并且加大知识产权冲突管理力度。具体进行该项工作时首先对专利文献的检索要予以重视，因为基本囊括了专利的技术领域的开发、应用研究成果。因此，基于专利文献检索基础上，大部分知识产权可以得到有效避免。此外，在进行知识产权的冲突管理工作时还要重视依法确权、积极维权，并且要善于利用诉讼和法律途径，避免因为知识产权冲突问题进一步恶化。

2.3 完善管理评估体系

为了促进企业知识产权管理工作的开展，完善管理评估体系也是关键的重要环节。当前多数企业在评估知识产权时实行的评价体系主要以论文、鉴定成果为核心，而该种评价体系并不能适应新时代的要求，并且也与市场脱离，在科技成果和知识产权转化时存在一定的阻碍作用。因此，为了确保评估体系充分发挥其价值作用则应注重如下问题：第一，充分考虑影响评估的因素；第二，应合理选择量化计算方法。目前对于知识产权管理评估指标由于我国尚未详细明确和统一，因此企业在具体对此予以确定时可以参考国外先进企业的评估指标，以此对本企业的知识产权管理评估体系予以建立并完善。

3 结语

简而言之，为了适应新形势的发展，确保企业在激烈的市场竞争中能够发挥更大的竞争优势，加大知识产权管理工作有很大的必要性。综上所述，知识产权管理工作目前还存在不少问题，故而企业针对存在的问题要及时采取行之有效的策略方法进行解决，从而促进企业知识产权管理工作的有序开展，推动企业健康可持续发展。

参考文献

[1] 刘雪菁，杨宇，刘芳. 新形势下企业知识产权管理策略探讨 [J]. 中国发明与专利，2019 (8).

[2] 郭晓凤. 高新技术企业知识产权管理与绩效分析 [J]. 中国高新科技，2017，1 (1)：70 - 72.

[3] 胥巍然. 企业知识产权管理模式标准化实施探讨要求 [J]. 科技与创新，2019 (10)：102 - 103.

[4] 刘烈森. 我国企业知识产权管理存在的缺陷及对策 [J]. 法制博览，2018 (35).

[5] 天则，韩彤. 我国中小企业知识产权管理与战略 [J]. 河南科技，2017 (8)：26 - 30.

[6] 张飞东. 浅谈企业知识产权管理 [J]. 现代冶金，2018 (1).

征稿启事

各网员单位、联络员：
广大热心作者、读者：

《水利水电施工》是全国水利水电施工技术信息网的网刊，是全国水利水电施工行业内刊载水利水电工程施工前沿技术、创新科技成果、科技情报资讯和工程建设管理经验的综合性技术刊物。本刊宗旨是：总结水利水电工程前沿施工技术，推广应用创新科技成果，促进科技情报交流，推动中国水电施工技术和品牌走向世界。《水利水电施工》编辑部于2008年1月从宜昌迁入北京后，由全国水利水电施工技术信息网和中国电力建设集团有限公司联合主办，并在北京以双月刊出版、发行。截至2016年年底，已累计发行54期（其中正刊36期，增刊和专辑18期）。

自2009年以来，本刊发行数量已增至2000册，发行和交流范围现已扩大到120个单位，深受行业内广大工程技术人员特别是青年工程技术人员的欢迎和有关部门的认可。为进一步增强刊物的学术性、可读性、价值性，自2017年起，对刊物进行了版式调整，由杂志型调整为丛书型。调整后的刊物继承和保留了原刊物国际流行大16开本，每辑刊载精美彩页6～12页，内文黑白印刷的原貌。本刊真诚欢迎广大读者、作者踊跃投稿；真诚欢迎企业管理人员、行业内知名专家和高级工程技术人员撰写文章，深度解析企业经营与项目管理方略、介绍水利水电前沿施工技术和创新科技成果，同时也热烈欢迎各网员单位、联络员积极为本刊组织和选送优质稿件。

投稿要求和注意事项如下：

（1）文章标题力求简洁、题意确切，言简意赅，字数不超过20字。标题下列作者姓名与所在单位名称。

（2）文章篇幅一般以3000～5000字为宜（特殊情况除外）。论文需论点明确，逻辑严密，文字精练，数据准确；论文内容不得涉及国家秘密或泄露企业商业秘密，文责自负。

（3）文章应附150字以内的摘要，3～5个关键词。

（4）正文采用西式体例，即例“1”“1.1”“1.1.1”，并一律左顶格。如文章层次较多，在“1.1.1”下，条目内容可依次用“（1）”“①”连续编号。

（5）正文采用宋体、五号字、Word文档录入，1.5倍行距，单栏排版。

（6）文章须采用法定计量单位，并符合国家标准《量和单位》的相关规定。

（7）图、表设置应简明、清晰，每篇文章以不超过8幅插图为宜。插图用CAD绘制时，要求线条、文字清楚，图中单位、数字标注规范。

（8）来稿请注明作者姓名、职称、职务、工作单位、邮政编码、联系电话、电子邮箱等信息。

（9）本刊发表的文章均被录入《中国知识资源总库》和《中文科技期刊数据库》。文章一经采用严禁他投或重复投稿。为此，《水利水电施工》编委会办公室慎重敬告作者：为强化对学术不端行为的抑制，中国学术期刊（光盘版）电子杂志社设立了“学术不端文献检测中心”。该中心将采用“学术不端文献检测系统”（简称AMLC）对本刊发表的科技论文和有关文献资料进行全文比对检测。凡未能通过该系统检测的文章，录入《中国知识资源总库》的资格将被自动取消；作者除文责自负、承担与之相关联的民事责任外，还应在本刊载文向社会公众致歉。

（10）发表在企业内部刊物上的优秀文章，欢迎推荐本刊选用。

（11）来稿一经录用，即按2008年国家制定的标准支付稿酬（稿酬只发放到各单位，原则上不直接面对作者，非网员单位作者不支付稿酬）。

来稿请按以下地址和方式联系。

联系地址：北京市海淀区车公庄西路22号A座
投稿单位：《水利水电施工》编委会办公室
邮编：100048
编委会办公室：杜永昌
联系电话：010－58368849
E－mail：kanwu201506@powerchina.cn

全国水利水电施工技术信息网秘书处
《水利水电施工》编委会办公室
2020年2月28日